校企合作土木与建筑工程专业系列丛书

互联网+创新型“十四五”精品教材

土力学与地基基础

（微课版）

主　编　毛会永　张基伟　胡　旭
副主编　赵瑞仙　王　军　吴建梁　郭　林
　　　　姚淑松　王　灿　杨　超　祝红丹

哈爾濱工程大學出版社
Harbin Engineering University Press

内 容 简 介

本书结合高等职业教育的特点，强调针对性和实用性，结合多年教学实践编写而成。本书内容包括绪论、工程地质与工程勘察、地基应力计算、土的压缩性与地基沉降量计算、土的抗剪强度和地基承载力、土坡稳定性评价与土压力计算、浅基础设计与施工、深基础设计与施工、地基处理、区域性地基及其工程处理。

本书可作为职业院校建筑专业的通用教材，也可供建筑工程业内施工、设计、勘察、监理人员参考。

图书在版编目（CIP）数据

土力学与地基基础 ： 微课版 / 毛会永，张基伟，胡旭主编. -- 哈尔滨 ： 哈尔滨工程大学出版社，2024. 7.
ISBN 978-7-5661-4499-7

Ⅰ. TU4

中国国家版本馆 CIP 数据核字第 2024KC0547 号

土力学与地基基础（微课版）
TULIXUE YU DIJI JICHU（WEIKE BAN）

策划编辑 张林峰
责任编辑 苏 莉

出版发行 哈尔滨工程大学出版社
社 址 哈尔滨市南岗区南通大街 145 号
邮政编码 150001
发行电话 0451-82519328
传 真 0451-82519699
经 销 新华书店
印 刷 三河市中晟雅豪印务有限公司
开 本 787 mm×1 092 mm 1/16
印 张 15.5
字 数 397 千字
版 次 2024 年 7 月第 1 版
印 次 2024 年 7 月第 1 次印刷
书 号 ISBN 978-7-5661-4499-7
定 价 49.80 元
http://www.hrbeupress.com
E-mail:heupress@hrbeu.edu.cn

前　言

党的二十大报告指出，“坚持尊重劳动、尊重知识、尊重人才、尊重创造，实施更加积极、更加开放、更加有效的人才政策”“着力形成人才国际竞争的比较优势，加快建设国家战略人才力量”“深化人才发展体制机制改革……把各方面优秀人才集聚到党和人民事业中来”。

本书根据高等职业教育建筑工程技术专业的教学要求，按照国家最新颁布的《建筑地基基础设计规范》（GB 50007—2011）和其他新规范、新标准、新技术编写而成，以突出实用性和实践性为原则，在保证土力学与地基基础相关理论框架完整性的基础上，引入一些工程案例。本书体系完整、内容精练、重点突出、通俗易懂、紧密结合工程实践。

本书以知识够用、理实一体、部分拓展的原则，力求更好、更高、更全地培养土建施工及其相关领域的高素质技术人才。本书具有以下特点。

（1）思政融合，理念创新。融入课程思政元素，注重政治立场、政治方向、政治标准，大力弘扬劳动光荣、技能宝贵、创造伟大的思想。

（2）体例新颖，实践性强。为了厘清教学思路和帮助读者学习，本书设置了“提示”“课后实训”“课后习题”等模块，坚持“实用为主、够用为度”的基本原则。

（3）资源丰富，方便教学。为满足多媒体教学需要，本书配套开发了微课视频、课件、参考答案、教案等多项数字资源。

本书由毛会永（中国电建集团西北勘测设计研究院有限公司）、张基伟（北京科技大学）、胡旭（辽宁城市建设职业技术学院）担任主编，由赵瑞仙（重庆艾特兰斯园林建筑规划设计有限公司）、王军（重庆中检工程质量检测有限公司）、吴建梁（重庆智恒检验检测有限公司）、郭林（陕西西咸新区水务集团有限公司）、姚淑松（滕州市交通运输局）、王灿（重庆设计集团有限公司市政设计研究院）、杨超（重庆工贸职业技术学院）、祝红丹（郑州工程技术学院）担任副主编。本书相关资料可扫封底二维码或登录www.bjzzwh.com下载获得。

编者在编写本书的过程中参考了大量资料，在此向相关人员表示感谢。由于编者水平有限，书中难免存在不足之处，恳请广大读者批评指正并提出宝贵意见。

编　者

目　录

绪 论

0.1 土力学与地基基础概述

1. 土

土是岩石经过物理、化学、生物等风化作用的产物，也是由矿物颗粒组成的集合体。土由三相组成，包括固体颗粒（土粒）、水和气体。土最主要的特征是具有散粒性、多孔性、复杂性与易变性，以及特殊自然地理条件形成的一些具有明显区域性的特殊性质。

2. 土力学

土力学是一门研究土体在外力作用下的力学性质和变形规律的学科，它涵盖了土体的力学性质、变形规律、强度特性以及土体在工程中的应用等多个方面。土力学研究的对象是分散土，分散土与岩石、土壤既有联系又有区别。实际上，土力学是一门非常实用的学科，它在土木工程中扮演着非常重要的角色。

3. 基础

建筑物的下部通常要埋入土层一定深度，使之坐落在较好的土层上。基础是指将埋入土层一定深度的建筑物下部的承重结构，它位于建筑物上部结构和地基之间，承受上部结构传来的荷载，并将荷载传递给下部的地基。因此，基础是将结构所承受的各种作用传递到地基上的结构组成部分，如图 0-1 所示。

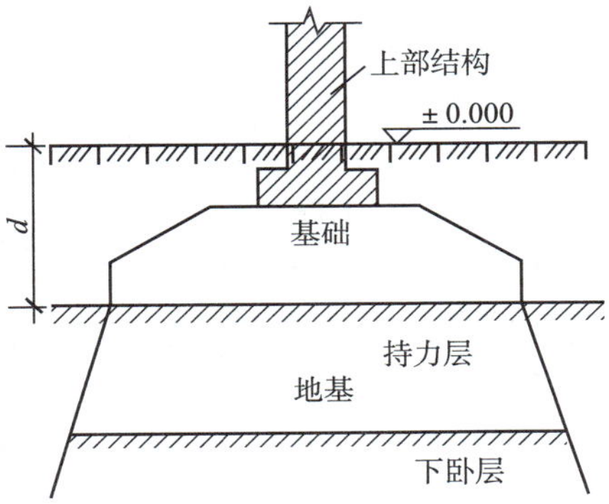

图 0-1　地基与基础示意图

基础都有一定的埋置深度（简称埋深），根据埋深、施工方式和受力机理的不同，基础可分为浅基础和深基础。对一般房屋的基础，若土质较好、埋深不大，宜采用敞开开挖基坑的方法。修筑基础后再回填侧面土而形成的基础称为浅基础，如独立基础、条形基础、筏板基础、箱形基础及壳体基础等。此类基础不考虑侧面土对基础侧面的摩阻力及其对地基承载力贡献。如果建筑物荷载较大或下部土层较软弱，则需要将基础埋置于较深处的优质土层上，可采用挤压成孔或成槽的方法，然后浇筑混凝土或者采用挤压的方法将基础直接置于土中。此类基础称为深基础，如桩基础、沉井基础及地下连续墙基础等，其基础侧壁与天然土体直接接触，侧向土层对基础的制约作用非常明显，需要考虑其对承载力的贡献。

4. 地基

土层承受建筑物的荷载作用后，会在一定范围内改变其原有的应力状态，产生附加应力和变形，该附加应力和变形随着深度的增加向周围土中扩散并逐渐减弱。土层中附加应力与变形所不能忽略的那部分地层或岩层被称为地基。换言之，地基是支撑基础的土层或岩层，如图 0-1 所示。

5. 地基的范围及其分类

地基是有一定深度和范围，当地基由两层及两层以上土层组成时，通常将直接与基础底面接触的土层称为持力层；在地基范围内，持力层以下的土层称为下卧层。当下卧层的承载力低于持力层的承载力时，称为软弱下卧层，如图 0-1 所示。

良好的地基应该具有较高的承载力和较低的压缩性，如果地基土较软弱，工程性质较差，需对地基进行人工加固处理后才能作为建筑物地基，称为人工地基；未经加固处理直接利用天然土层作为地基，称为天然地基。人工地基施工周期长、造价高，基础工程的造价一般占建筑物总造价的 10%~30%。因此，建筑物应尽量建造在良好的天然地基上，以减少基础部分的工程造价。

在土木工程中，地基基础工程是一个非常重要的领域，它主要研究在地面以下的土体中建造建筑物、桥梁、水坝等结构时，如何确定合适的基础形式、尺寸和加固方式，以保证结构的安全稳定。地基基础工程的设计和施工通常需要考虑到土力学的基本原理和方法。通过土力学的理论，可以深入了解土体的强度和变形特性，从而为地基基础设计提供基础数据和理论支持。

在土力学中，一些基本内容是地基基础设计中需要考虑的关键因素。例如，孔隙水压力、土体的变形以及土体的承载能力等。这些因素对于地基基础的设计和施工具有非常重要的影响。在实际工程中，工程师们需要结合土体的物理性质和力学性质，通过合理的地基基础设计和加固措施，确保工程结构在不同外力和环境条件下的安全可靠。此外，随着现代土木工程的发展，还需要考虑更多的因素，如环境影响、施工方法、材料选择等。因此，土力学和地基基础工程是一门不断发展与完善的学科，需要工程师们不断探索和创新，以适应不同工程条件和环境的要求。

总的来说，土力学和地基基础工程是土木工程中的一个重要领域，它需要深入了解土体的力学性质和变形规律，以及如何在工程实践中应用这些知识。通过不断的研究和探索，才可保障工程结构的安全和稳定。

0.2 本课程内容及学习任务

1. 课程学习内容

土力学与地基基础课程涵盖了土力学基本理论及其在地基基础设计中的应用。以下为常见的学习内容。

（1）土力学相关概念：包括土力学的概念、土的分类、土的结构等内容。

（2）土的物理性质：涉及土壤颗粒组成、颗粒分布、孔隙比、饱和度、孔隙水压力、孔隙水流等。

（3）土壤力学参数：学习土壤的重度、压缩性、固结性、剪切强度等力学参数的确定方法和使用。

（4）应力与变形理论：研究土受力时的应力分布、应力路径以及变形特性，包括土应力分布图和法向应力与剪切应力的计算。

（5）地基基础设计：学习地基基础的类型、设计方法、承载力计算和沉降预测等。

（6）基坑支护与土方工程：了解基坑开挖的基本方法、支护结构设计、地下水控制、土方运输等。

（7）岩土工程施工监测：学习岩土工程施工过程中的监测方法和技术，包括土壤和岩石的采样、实验室和现场试验等。

以上内容可以帮助工程师在地基基础工程中对土进行合理的力学分析，保证建筑物的稳定和安全。

2. 课程学习任务

土力学与地基基础是一门理论性和实践性均较强的专业基础课程，它涉及工程地质学、土力学、建筑结构、建筑材料及建筑施工等众多学科领域，内容广泛，综合性强。学习时，应理论联系实际、熟悉概念、掌握原理、抓住重点，从而学会设计、计算与工程应用。通过本课程的学习，学生应完成以下学习任务。

（1）掌握地基土的物理性质与土力学的基本知识。

（2）能阅读与正确理解工程地质勘察报告。

（3）掌握浅基础与桩基础的基本知识。

（4）能进行一般房屋的地基基础方案设计。

（5）熟悉地基处理的基本方法。

0.3 地基与基础工程的发展概况

地基与基础工程，作为土木工程领域中非常重要的一个分支，其发展历史悠久。从古代建筑时期开始，地基与基础工程就在工程建设中扮演着举足轻重的角色。它的发展历程，如同一条蜿蜒的长河，汇集了无数工程先辈们的智慧和汗水，不断推进着这个领域的进步和完善。随着科学技术的不断发展，以及工程建设需求的日益复杂化，地基与基础工程在现代得到了迅速的发展和完善。

在发展过程中，地基与基础工程经历了许多重要的里程碑事件和技术革新。例如，基坑支护技术的出现，为大型基坑开挖提供了安全保障；深基坑开挖技术的推广，使得更深层次的地下空间得以开发；软土地基加固技术的研发，解决了许多工程中的难题；而岩土力学理论的进展，更是为地基与基础工程提供了坚实的理论基础。这些技术的不断发展和创新，为工程建设提供了更加可靠和经济的解决方案。

如今，随着城市化进程和基础设施建设的不断加快，地基与基础工程的重要性愈发凸显。工程师们不断探索和研究新的地基与基础技术，以适应更复杂的工程背景和要求。在这个过程中，他们不仅注重工程质量的提高，还注重环保和可持续发展，努力减少资源消耗，保护环境。因此，地基与基础工程的发展不断推动着工程建设技术的进步和提高，为国家和人民的生命财产安全提供了有力保障。同时，地基与基础工程也在注重提高工程效益、降低成本方面做出了重要贡献，为工程建设行业的发展注入了新的活力。

地基与基础工程的发展不仅推动了工程建设技术的进步和提高，更为我国的现代化建设提供了坚实的基础。在未来，我们相信地基与基础工程将继续发挥其至关重要的作用，为我国的工程建设行业和城市化进程做出更大的贡献。

项目 1

工程地质与工程勘察

项目概述

地球是人类赖以生存的家园，它在漫长的地质作用下已形成了复杂的地质环境，而且还在不断发生变化。人类为了改善生存环境进行着各类工程活动。这些工程活动与地质环境相互影响和制约，因此任何工程活动开始之前，都必须开展工程地质工作，充分掌握工程活动场所的工程地质条件，认证和评价工程活动稳定性、适宜性、不良地质现象及其处治的技术决策和实施方案。

学习目标

知识目标

◆理解工程地质的概念和重要性。

◆熟悉土的工程特性和分类。

◆了解土的三相组成和结构特点。

◆掌握地质年代的相关概念和分类。

◆理解不良地质构造对工程的影响。

能力目标

◆掌握土的物理与力学性质，理解土的物理性质指标和物理状态指标对工程的重要性。

◆掌握工程地质勘察的内容和方法，能够正确识读和理解工程地质勘察报告，为工程设计和施工提供可靠的地质数据支持。

素质目标

◆培养学生良好的沟通能力，能够准确描述和表达地质信息，并有效地与工程团队或相关专业人员沟通交流。

◆培养学生分析和解决问题的能力，能够应对工程中遇到的地质挑战和风险。

案例导入

某地区发育有震旦系、上泥盆系、石炭系、上三叠系、侏罗系、白垩系、第三系、第四系陆相冲洪积和海相淤积层，大范围被燕山早期、晚期花岗岩侵入，火山喷发岩覆盖。各类岩石受侵入接触变质、断裂热变质，加上受北东、北西、东西向三组主要断裂的切割破坏，使地区地层变得十分复杂。在城市建设中，在各类建筑池基勘察、设计、施工时，经常遇到各类工程地质问题。

问题思考

请根据此地区的地质条件，分析该地区可能遇见的问题。

1.1 工程地质概述

1.1.1 工程地质

工程地质在工程项目的规划、设计、施工和监测过程中起着重要的作用。工程地质工作做得好，工程的设计与施工就能顺利进行，工程的安全运营就能得到保证，这也是工程技术人员必须深入学习工程地质的根本原因。各类建筑物无不建造在地球表面。因此，地表的工程地质条件的优劣，直接影响建筑物的地基与基础设计方案的类型、施工工期的长短和工程投资的大小。

工程地质有助于查明各类工程场区的地质条件，对场区及其有关的各种地质问题进行综合评价，分析、预测在工程建筑作用下，地质条件可能出现的变化和作用，选择最优场地，并提出解决不良地质问题的工程措施，为保证工程的合理设计、顺利施工及正常使用提供可靠的科学依据。

工程地质的重点如下。

（1）第四纪沉积层，即松散岩石——土。

（2）矿物与岩石。

（3）不良地质现象对工程的危害。

（4）地下水的埋藏深度、运动规律与地下水水质对工程的影响等。

1.1.2 地质年代

地质发展史的五个时期

1. 地质作用

地质作用是由自然动力引起地球的物质组成、内部结构和地表形态发生变化的作用，主要表现为对地球的矿物、岩石、地质构造和地表形态等进行的破坏和建造作用。地质作用主要包括内力和外力的作用。

（1）内力的地质作用

内力主要指地球内部的构造运动和地质作用，包括地壳板块的运动和构造变形、火山喷发、地震等现象。这些内力作用导致地壳的变形、地表地貌的变化，对地球表面和生物环境产生重要影响。

（2）外力的地质作用

外力主要指来自外部的风化、侵蚀、沉积等力量对地表的作用。风化作用使岩石发生物理性和化学性变化，形成土壤；侵蚀作用则造成地表岩石的破碎和移动；沉积作用则是将侵蚀后的碎屑沉积下来，形成新的地质体。

地质作用对地球的形成、地貌的塑造、资源的形成和分布等都起着至关重要的作用。它们塑造了地球的外观，影响了地球的环境和生态系统。地质力量的作用也导致了地质灾害的发生，如地震、火山喷发、泥石流等，给人类生活和建设带来了挑战。因此，了解地质作用对于地质学研究、资源勘探和自然灾害预防都具有重要意义。

2. 地质年代表

根据地层形成顺序、生物演化阶段、构造运动、古地理特征以及同位素年龄测定，对全球的地层进行划分和对比，综合得出地质年代表，见表 1-1。表中将地质历史（时代）划分为太古宙、元古宙和显生宙三大阶段，宙再细分为代，代再细分为纪，纪再细分为世。每个地质时期形成的地层，又赋予相应的地层单位，即宇、界、系、统，分别与地质历史的宙、代、纪、世相对应，它们经国际地层委员会通过并在世界通用。在此基础上，各国结合自己的实际情况，都建立了自己的地质年代表。

表 1-1　地质年代表

地质时代（地层系统及代号）					同位素年龄/百万年	生物界			构造阶段（构造运动）
宙（宇）	代（界）	纪（系）		世（统）		植物	动物		
显生宙	新生代（K2）	第四纪（Q）		全新世		被子植物繁盛	人类出现	无脊椎动物继续演化发展	新阿尔卑斯与喜马拉雅构造阶段
				更新世	2				
		第三纪（R）	晚第三纪（N）	上新世			哺乳动物及鸟类繁盛		
				中新世	26				
			早第三纪（E）	渐新世					
				始新世					
				古新世	65				
	中生代（M2）	白垩纪（K）		晚白垩纪			爬行动物繁盛		
				早白垩纪	137	裸子植物繁盛			
		侏罗纪（J）		晚侏罗纪					老阿尔卑斯构造阶段；燕山构造阶段、印支构造阶段
				中侏罗纪					
				早侏罗纪	195				
		三叠纪（T）		晚三叠纪					
				中三叠纪					
				早三叠纪	230				
	古生代（P2）	二叠纪（P）		晚二叠纪			两栖动物繁盛		
				早二叠纪	285	蕨类与裸子植物繁盛			
		石炭纪（C）		晚石炭纪					海西-华里力构造阶段
				中石炭纪					
				早石炭纪	350				
		泥盆纪（D）		晚泥盆纪			鱼类繁盛		
				中泥盆纪		裸蕨植物繁盛			
				早泥盆纪	400				
		志留纪（S）		晚志留纪			海生无脊椎动物繁盛		
				中志留纪					
				早志留纪	435				
		奥陶纪（O）		晚奥陶纪		藻类及菌类植物繁盛			
				中奥陶纪					加里东构造阶段
				早奥陶纪	500				
		寒武纪（e）		晚寒武纪					
				中寒武纪					
				早寒武纪	570				
元古宙	晚元古代	震旦纪（Z）		晚震旦纪			裸露无脊椎动物繁盛		晋宁阶段
				早震旦纪	800				
	中元古代						生命现象开始出现		吕梁阶段
太古宙	太古代								

1.1.3 不良地质构造

在漫长的地质历史发展演变过程中，地壳在内、外力地质作用下，不断运动、发展和变化，所造成的各种不同的构造形迹，如褶皱、断裂等，称为地质构造（geologic structure）。地质构造反映了地球地壳的运动和演化历史，控制着地球地表地貌的形成和分布，对资源分布、地震活动、火山喷发等地质现象具有重要影响。研究地质构造有助于揭示地球演化的规律和预测地质灾害风险。

1. 褶皱构造

组成地壳的岩层，受构造应力的强烈作用，使岩层形成一系列波状弯曲而未丧失其连续性的构造，称为褶皱构造（fold）。褶皱的基本单元（即岩层的一个弯曲）称为褶曲。褶曲虽然各式各样，但基本形式只有两种，即背斜和向斜，如图 1-1 所示。背斜由核部老岩层和翼部新岩层组成，横剖面呈凸起弯曲的形态；向斜则由核部新岩层和翼部老岩层组成，横剖面呈向下凹曲的形态。在山区见到的褶曲，一般来说其形成的年代久远，由于长期暴露地表使得部分岩层，尤其是软质或裂隙发育的岩石，受到风化和剥蚀作用的严重破坏而丧失了完整的褶曲形态，如图 1-2 所示。

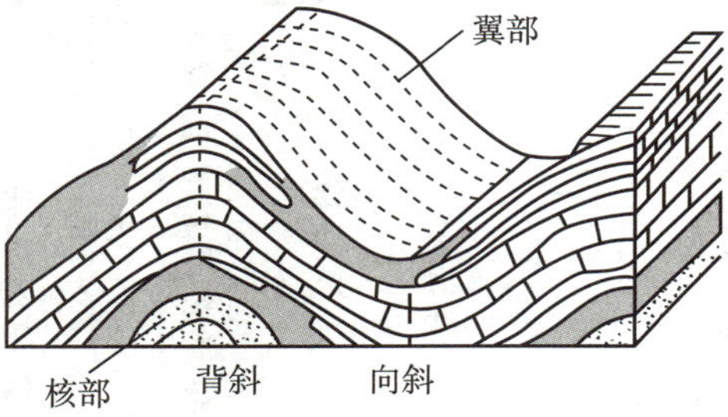

图 1-1　背斜与向斜示意图

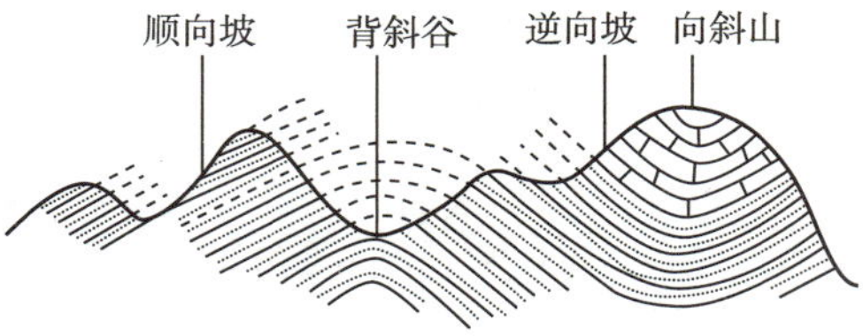

图 1-2　剥蚀后的褶曲地形剖面示意图

在褶曲山区，岩层遭受的构造变动通常较大，地形起伏不平，坡度也大。因此，在褶曲山区的斜坡或坡脚做建筑物时，必须注意边坡的稳定问题。坡面与岩层倾斜方向相反的山坡称为逆向坡，其边坡稳定性较好；坡面与岩层倾斜方向一致的山坡称为顺向坡，其稳定性与岩石性质、倾角大小和有无软弱结构面等因素有关。当岩层倾角小于边坡坡脚时，其稳定性一般较差，存在滑坡的危险。岩层倾角大于边坡坡脚时，在自然条件下，边坡一般是稳定的。但如果施工开挖切去斜坡坡脚，则上部岩体就有可能沿层面发生滑动，尤其是夹有薄层泥页岩或软弱夹层的边坡，更容易发生滑动。

2. 断裂构造

岩体受力断裂，使原有的连续完整性遭受破坏而形成断裂构造，沿断裂面两侧的岩层未发生位移或仅有微小错动的断裂构造，称为节理（joint）；若发生了相对的位移，则称为断层（fault）。对于分居于断层面两侧相互错动的两个断块，其中位于断层面之上的称为上盘，位于断层面之下的称为下盘。若按断块之间相对错动的方向来划分，上盘下降、下盘上升的断层称为正断层；反之，上盘上升、下盘下降的断层称为逆断层。如两断块水平互错，则称为平移断层，如图 1-3 所示。

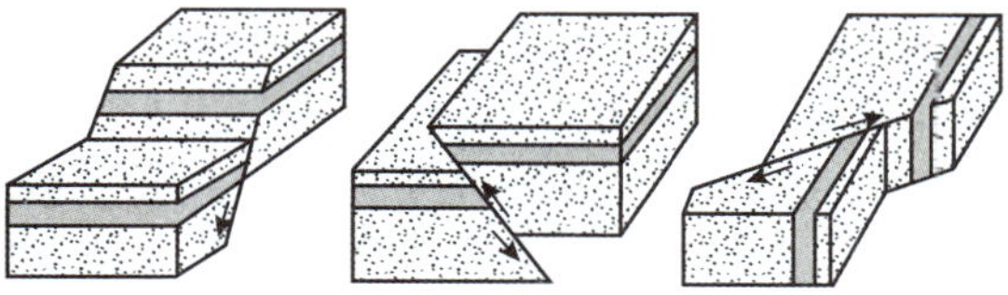

（a）正断层　（b）逆断层　（c）平移断层

图 1-3　断层类型示意图

断层面往往不是一个简单的平面，而是有一定宽度的断层带。断层规模越大，这个带就越宽，破坏程度也越严重。断层形成的年代越新，断层活动的可能性就越大。对于活动性的断层带，常潜伏着发生地震的可能性，如我国营口—郯城—庐江大断裂带，长度超过 2 000 km，历史上此断裂带发生过多次大地震。例如，1668 年的山东郯城 8.5 级强烈地震、1969 年的渤海 7.4 级大地震和 1975 年的海城 7.3 级大地震，都与该断裂带的活动密切相关。

《岩土工程勘察规范》（GB 50021—2001）中将在全新世地质时期（1 万年）内有过地震活动或近期正在活动，在将来（今后 100 年）可能继续活动的断裂叫作全新活动断裂。并将全新活动断裂中，近期（近 500 年）发生过地震，且震级 $M \geqslant 5$ 的断裂，或在未来 100 年内预测可能发生 $M \geqslant 5$ 级的断裂叫作发震断裂。把在工程使用期或寿期（一般为 50~100 年）内，可能影响和危害工程安全的活断层叫作工程活断层。

因此，工程设计原则上应避免将建筑物跨放在断层带上，尤其要注意避开近期活动的断层带。调查活动断层的位置、活动特点和强烈程度对于工程建设有着重要的实际意义。

1.1.4　地下水

1. 地下水的分类

储藏和运动于岩土的孔隙和裂隙的水称为地下水。在土木工程建设中，一方面地下水是生产生活供水的重要来源，特别是在干旱地区，地表水缺乏，供水主要靠地下水；另一方面，地下水的活动又是威胁施工安全、造成工程病害的重要因素，如基坑、隧道涌水，滑坡活动，基础沉陷和冻胀变形等都与地下水活动有直接关系。目前，我国工程地质工作中采用的是地下水综合分类，见表 1-2。

表 1-2　我国工程地质工作中采用的是地下水综合分类

埋藏条件	孔隙水（疏松岩土孔隙中的水）	裂隙水（坚硬岩石裂隙中的水）	岩溶水（岩溶裂隙空洞中的水）
上层滞水	包气带中局部隔水层上的水、土壤水等	基岩风化层中各种季节储存的水	岩溶区垂直渗入带中的水
潜水	坡积、洪积、冲积、湖积、冰渍和冰水沉积物中的水。沙漠和滨海砂丘中的水等	基岩上部裂隙中的水，成岩裂隙中的水	裸露岩溶化岩层中的水
承压水（自流水）	疏松岩土构成的向斜或自流盆地中的水，疏松岩土构成的单斜或自流斜地中的水	构造盆地、向斜和背斜基岩中的裂隙承压水，构造断裂带及不规则裂隙中的深部水	构造盆地、向斜和背斜岩溶化岩层中的承压水

（1）上层滞水

埋藏在地表浅处，局部隔水透镜体的上部，且具有自由水面的地下水。它的分布范围有限，其来源主要是由大气降水补给。上层滞水可能对地基和工程结构造成不利影响，例如增加地基土体的季节性变形、降低地基的承载能力、导致地基沉降等问题。

（2）潜水

埋藏在地表以下第一个稳定隔水层以上的具有自由水面的地下水称为潜水。潜水由雨水直接渗透或河流渗入土中而得到补给；同时也由于直接蒸发或汇入河流而得到排泄，它的分布区与补给区是一致的。因此，潜水水位变化直接受气候条件变化的影响。

（3）承压水

充满于两个连续的稳定隔水层之间的含水层中的地下水，它承受一定的静水压力。

2. 地下水作用的现象

地下水对土木工程会产生一些不良影响，如某些地下水对混凝土产生腐蚀；降低地下水会使软土地基产生固结沉降；不合理的地下水流动会诱发某些土层出现流砂现象和机械潜蚀；地下水对位于水位以下的岩石、土层和建筑物基础产生浮托作用等。

（1）渗流力

地下水在渗流过程中受到土骨架的阻力。相应地，水对土骨架的反作用力称为渗流力。

（2）砂土液化

砂土液化是指在地震等动力荷载作用下，原本固体状态的砂土由于孔隙水压力的增加而失去了内聚力，表现为土体失去支撑力，且整个土体呈现液化流动的状态。砂土液化通常发生在孔隙水含量较高、颗粒间隙较大的砂土地层中，地震等振动荷载会增加孔隙水压力，导致土体失去稳定性。

提示

选址时应避开液化地区、采用地基加固技术、改善排水状况、控制地下水位等。

（3）流砂

流砂多发生在颗粒均匀的细粉、细砂等砂性土中，有时在粉土中也会发生，指松散细颗粒土被地下水饱和后，在动水压力即水头差的作用下，产生的悬浮流动现象。流砂的发展结果是使基础发生滑移或不均匀下沉、基坑坍塌、基础悬浮等。

（4）管涌

地基土在具有某种渗透速度（或梯度）的渗透水流作用下，其细小颗粒被冲走，岩土的孔隙逐渐增大，慢慢形成一种能穿越地基的细管状渗流通路，从而掏空地基或坝体，使地基或斜坡变形、失稳，此现象称为管涌。

（5）基坑突涌

当基坑下有承压水存在时，开挖基坑减小了含水层上覆不透水层的厚度。当厚度减小到一定程度时，承压水的水头压力能冲毁基坑底板，造成突涌现象。基坑突涌是工程施工中常见的问题之一，可能对工程和人员安全造成不良影响，如使基坑内的土方崩塌、导致工程物资和设备被损坏甚至危及生命安全。

知识链接

基坑突涌的防治措施

1. 科学斟察

在工程施工前进行充分的勘察和分析，对基坑周围的地下水情况和土体物理力学性质变化进行科学合理的预测，并采取相应的预防措施。

2. 有效排水

加强基坑降水处理，控制地下水位，降低地下水压力，防止基坑突涌。

3. 土体加固

根据基坑周围土体的力学特性，采取土体加固措施，如灌浆、加固钢筋网等，增强土体的稳定性。

采取科学有效的防治措施，可以大大减少基坑突涌的危害，确保施工工程的质量和人员的安全。

1.2　土的工程特性与分类

1.2.1　土的三相组成

土是由连续、坚固的岩石在风化作用下形成的大小悬殊的颗粒，经过不同的搬运方式，在各种自然环境中生成的没有胶结或弱胶结的沉积物。土是由固体颗粒、水和气体组成的三相体系。土的三相组成物质的性质、相对含量以及土的结构构造等各种因素，必然在土的轻重、松密、干湿、软硬等一系列物理性质上有不同的反映。土的物理性质又在一定程度上决定了它的力学性质，所以物理性质是土的最基本的工程特性。

在一般情况下，土是由三相组成的：固相（矿物颗粒和有机质）、液相（水）、气相（空气）。矿物颗粒构成土的骨架，空气与水则填充骨架间的孔隙。土的性质取决于各相的特征及其相对含量与相互作用。

1. 土的固体颗粒

岩石经风化作用形成大小不同的固体土颗粒，它的矿物成分，颗粒大小、形状与级配是影响土的物理性质的重要因素。

(1) 土的矿物成分

土颗粒按矿物成分可分为原生矿物和次生矿物。

① 原生矿物。岩石由于温度变化、裂隙水的冻结以及盐类结晶而逐渐破碎崩解，这个过程称为物理风化。岩石经物理风化作用形成粗粒的碎屑物，它的矿物成分与母岩相同，这种矿物称为原生矿物。常见的有石英、长石、云母等，它们的性质较稳定。砾石和砂主要是由原生矿物组成的。

② 次生矿物。岩石在水溶液、大气及有机物的化学作用或生物化学作用下引起的破

坏过程称为化学风化。它不仅破坏了岩石的结构，而且使其化学成分改变并形成新的矿物，这种矿物称为次生矿物。如黏土矿物、铝铁氧化物及氢氧化合物等。常见的黏土矿物有蒙脱石、伊利石和高岭石等。由于黏土矿物颗粒很细，颗粒的比表面（单位体积或单位质量的颗粒的总表面积）很大，所以颗粒表面具有很强的与水作用的能力。土中含黏土矿物越多，土的黏性、塑性和胀缩性就越大。

（2）土的颗粒级配

土颗粒的大小与土的性质有密切关系。例如，土颗粒由粗变细，土可由无黏性变为有黏性，而透水性随之减小。粒径大小在一定范围内的土粒，其矿物成分及性质都比较接近。因此，可将土中各种不同粒径的土粒，按适当范围，分为若干粒组。图 1-4 所示为常用的粒径分组方法，图中根据粒径大小把土粒分为六大组：漂石（块石）颗粒、卵石（碎石）颗粒、圆砾（角砾）颗粒、砂粒、粉粒和黏粒。土中各个粒组相对含量百分比称为土的颗粒级配。土的颗粒级配可通过土的颗粒分析试验测定。

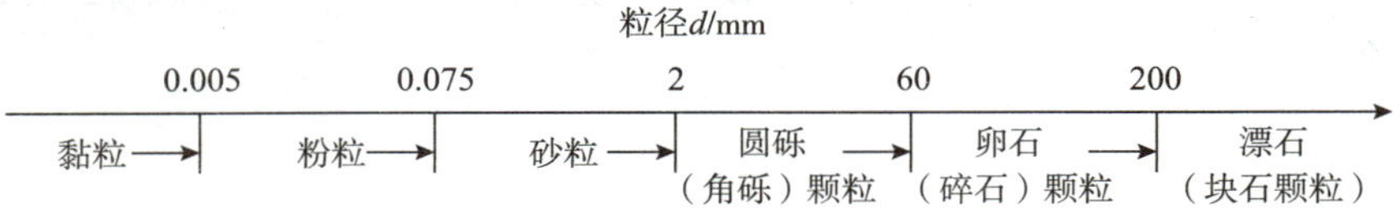

图 1-4 常用的粒径分组方法

2. 土中水

土中水对细粒土的性质影响很大，可使其产生黏性、塑性及胀缩性等一系列变化。究其原因，可从土中水的存在形态及其与土粒的相互作用进行分析。土中水有液态、固态、气态三种形态。

（1）液态水

土中液态水主要有结合水和自由水两类。

结合水是受电分子吸引力的作用吸附在土颗粒表面的水。研究表明，细小土粒表面带负电荷，围绕土粒形成电场。在电场范围内的水分子以及水溶液中的阳离子（如 Na^+、Ca^{2+} 等）一起被吸附在土粒周围，而水分子被极化，在电场力的作用下，呈定向排列，形成结合水膜。水分子与土颗粒表面远近不同，形成不同的结合形式，如图 1-5 所示。自由水离土颗粒表面较远，距离超过电分子引力的作用范围以外的水分子，呈自由排列，称为自由水。自由水的性质和普通水相同，能传递静水压力，冰点为 0 ℃，有溶解能力。

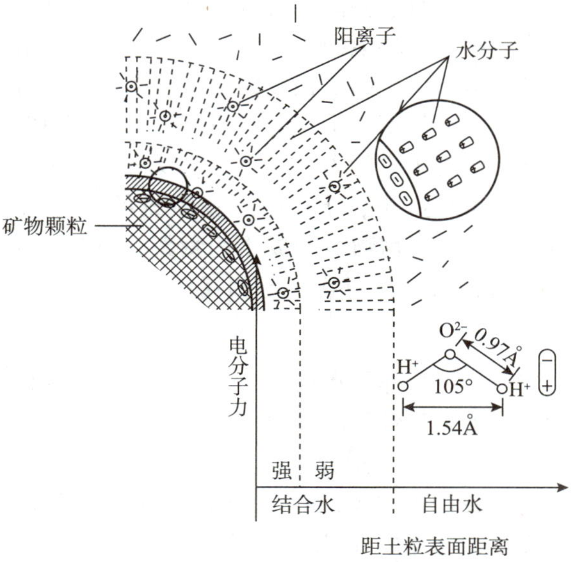

图 1-5 黏土矿物和水分子的相互作用

(2) 固态水

当土中的温度降至冰点以下时，土中的水结冰，成为固态水，形成冰的夹层、冰透镜体，称为“冻土”。由于冰的体积膨胀使基础产生冰胀现象，基础因起鼓而损坏。另外，冻土强度增大，但融化后强度会急剧下降，造成基础下沉，因此，在北方寒冷地区，基础的埋深要考虑冻胀问题。

(3) 气态水

气态水即水汽，对土的性质影响不大。

3. 土中气体

土的骨架形成的孔隙中，没有被水占据的部分都被气体充满。土中气体可分为以下两种。

(1) 自由气体

土的孔隙中的气体与大气连通的部分为自由气体。通常在土层受到外部压力后，土体压缩时气体逸出，对工程不产生影响。

(2) 封闭气泡

存在于黏土中的封闭气泡，与大气隔绝。当土层受到外部荷载作用时，封闭气泡被压缩。土中的封闭气泡较多时，能增加土的压缩性，减小土的渗透性。

1.2.2 土的结构

土颗粒之间的相互排列和联结形式称为土的结构。土颗粒的形状、大小、位置和矿物成分以及土中水的性质与组成，对土的结构有直接的影响。土的结构可分为单粒结构、蜂窝结构和絮状结构三种类型。

1. 单粒结构

单粒结构是由较粗大的土粒在水或空气中下落沉积而形成的，是碎石类土和砂类土的主要结构形式，如图 1-6（a）所示。因颗粒较大，土粒间的分子吸引力相对很小，颗粒间几乎没有联结，在沉积过程中颗粒间力的影响与重力相比可以忽略不计，即土粒在沉积过程中主要受重力控制。这种结构的特征是土粒之间以点与点的接触为主。根据其排列情况，可分为疏松状态和紧密状态。其中，具有疏松单粒结构的土稳定性差，当受到震动及其他外力作用时，土粒易发生移动，土中孔隙减小，会引起土的较大变形。这种土层如未经处理一般不宜作为建筑物的地基或路基。具有紧密单粒结构的土稳定性好，在动、静荷载作用下都不会产生较大的沉降，这种土强度较大，压缩性较小，一般是良好的天然地基。

2. 蜂窝结构

蜂窝结构主要是由粉粒或细砂粒组成的土的结构形式。粒径为 0.005~0.075 mm 的土粒在水中因自重作用而下沉时，当碰到其他正在下沉或已下沉稳定的土粒，由于粒间的引力大于下沉土粒的重力，土粒就停留在最初的接触点上不再继续下沉，逐渐形成链环状单元。很多这样的链环联结起来，便形成孔隙较大的蜂窝结构，如图 1-6（b）所示。具有蜂窝结构的土有很大的孔隙，可以承担一般的水平静荷载，但当其承受较高水平荷载或动力荷载时，其结构将被破坏，会导致严重的地基沉降，不可用作天然地基。

3. 絮状结构

絮状结构又称絮凝结构，是黏性土常见的结构形式。由于细微的黏粒（粒径小于0.005 mm）在水中常处于悬浮状态，当悬浮液的介质发生变化（如黏粒被带到电解质浓度较大的海水中），土粒在水中做杂乱无章的运动时，一旦接触，颗粒间力表现为净引力，彼此容易结合在一起逐渐形成小链环状的土粒集合体，质量增大而下沉，当一个小链环碰到另一个小链环时相互吸引，不断扩大形成大链环状，成为絮状结构，如图 1-6（c）所示。

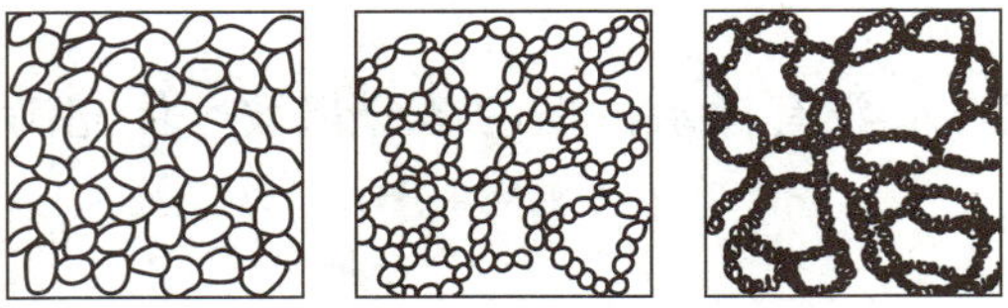

（a）单粒结构　（b）蜂窝结构　（c）絮状结构

图 1-6　土的结构

具有絮状结构的土有较大的孔隙，强度低，压缩性高，对扰动比较敏感，但土粒间的联结强度（结构强度）也会因长期的压密作用和胶结作用而得到加强。具有絮状结构的土不可用作天然地基。

上述三种结构中，密实的单粒结构土的工程性质最好，蜂窝结构其次，絮状结构最差。

1.3　土的物理与力学性质

1.3.1　土的物理性质指标

土是三相体系，不能用一个单一的指标来说明三相间量的比例。对于一般连续性材料，如钢或混凝土等，只要知道密度 ρ 就能直接说明这种材料的密实程度，即单位体积内固体的质量。对于三相体的土，同样一个密度 ρ，单位体积内可以是固体颗粒的质量多一些，水的质量少一些，也可以是固体颗粒的质量少一些而水的质量多一些，因为气体的体积可以不相同。因此要全面标明土的三相量的比例关系，就需要有若干个指标。土的三相比例指标有土的质量密度（密度）、土粒相对密度（比重）、含水量（含水率）、土的干密度、土的饱和密度、土的有效密度、孔隙率、孔隙比、饱和度等。一类是通过土工试验测定的，如含水量、密度和土粒相对密度，称为试验（基本）指标；另一类是根据试验指标换算的，如孔隙比、孔隙率、饱和度等，称为导出指标。

土的物理性质直接反映土的松密、软硬等物理状态，也间接反映土的工程性质。而土的松密和软硬程度主要取决于土的三相各自在数量上所占的比例。因此，要研究土的物理性质，就要分析土的三相比例关系，以其体积或质量上的相对比值，作为衡量土最基本的物理性质指标，并利用这些指标间接地评定土的工程性质。

1. 土的三相物理性质指标

为了研究三相比例指标和说明问题，方便起见，可把土中本来交错分布的固体颗粒、水和气体三相分别集中起来，构成理想的三相关系图，如图 1-7 所示，气体的质量相对很小，可以忽略不计。

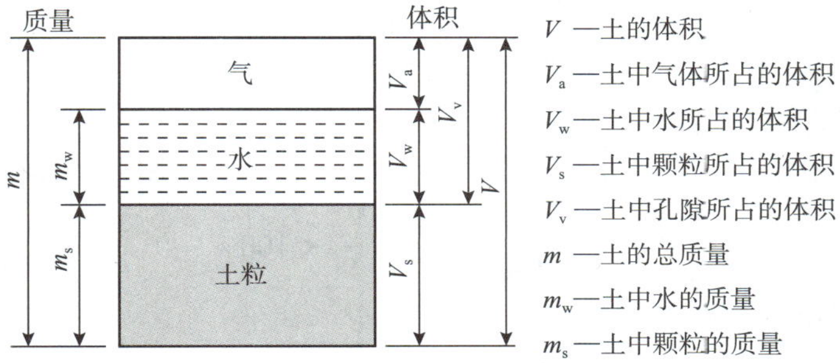

图 1-7　土的三相关系图

土的天然密度、含水量、土粒相对密度三个指标可由土工试验直接测定，称为三个基本试验指标。

（1）土的天然密度（ρ）和重度（γ）

土在天然状态时单位体积的质量称为土的天然密度（g/cm^3 或 t/m^3），土在天然状态时单位体积的重力称为土的重度（kN/m^3），即

$$\rho = \frac{m}{V} \tag{1.1}$$

$$\gamma = \rho g \tag{1.2}$$

式中，g 为重力加速度，约为 9.8 m/s^2，一般在工程计算中通常取 $g = 10$ m/s^2。

土的密度一般采用“环刀法”测定。

（2）土的含水量（ω）

土中水的质量与土粒的质量之比（用百分数表示）称为土的含水量，也称为土的含水率，即

$$\omega = \frac{m - m_s}{m_s} \times 100\% \tag{1.3}$$

土的含水量是表示土湿度的一个重要指标。天然土层含水量变化范围较大，与土的种类、埋藏条件及其所处的自然地理环境等有关。土的含水量越小，土越干；反之，土越湿或饱和。土的含水量一般采用“烘干法”测定。

（3）土粒的相对密度（G_s）

土粒的质量与同体积的 4 ℃时纯水的质量之比称为土粒的相对密度，也称为土粒比重，无量纲，即

$$G_s = \frac{m_s}{V_s \rho_w^{4℃}} = \frac{\rho_s}{\rho_w^{4℃}} \tag{1.4}$$

式中　ρ_s ——土粒的密度，g/cm^3；

$\rho_w^{4℃}$ ——纯水在 4 ℃时的密度（单位体积的质量），取 1 g/cm^3 或 1 t/m^3。

土粒的相对密度可在实验室采用“比重瓶法”测定。

2. 反映土的松密程度的指标

（1）土的孔隙（e）

土的孔隙（e）指孔隙体积与固体颗粒实体体积之比。其表达式为

$$e=\frac{孔隙体积}{固体颗粒体积}=\frac{V_v}{V_s} \tag{1.5}$$

常见值：砂土 $e=0.5\sim1.0$；黏性土 $e=0.5\sim1.2$。

（2）土的孔隙度（孔隙率）（n）

土的孔隙度（孔隙率）（n）指孔隙体积与土体总体积之比，用百分数表示。其表达式为

$$n=\frac{孔隙体积}{土体总体积}=\frac{V_v}{V}\times100\% \tag{1.6}$$

常见值：$n=30\%\sim50\%$。

确定方法：据 ρ、G_s、ω 与实测值计算而得。

3. 反映土中含水程度的指标

（1）含水率（ω）

含水率（ω）是表示土中含水程度的一个重要指标。

（2）土的饱和度（S_r）

物理意义：土的饱和度表示水在孔隙中的充满程度。其表达式为

$$S_r=\frac{水的体积}{孔隙体积}=\frac{V_w}{V_v} \tag{1.7}$$

常见值：$S_r=0\sim1$。

确定方法：据 ρ、G_s 和 ω 计算而得。

工程应用：砂土和粉土以饱和度作为湿度划分的标准，分为稍湿的、很湿的与饱和的三种湿度状态，如图 1-8 所示。

图 1-8　砂土和粉土的湿度标准

4. 特定条件下土的密度

（1）土的干密度（ρ_d）和土的干重度（γ_d）

物理意义：土的干密度为单位土体体积干土的质量（g/cm^3）。土的干重度为单位土体体积干土所受的重力，即 $\gamma_d=\rho_d g=9.8\rho_d\ kN/m^3\approx10\rho_d\ kN/m^3$。其表达式为

$$\rho_d=\frac{固体颗粒质量}{土的总体积}=\frac{m_s}{V} \tag{1.8}$$

常见值：$\rho_d=1.3\sim2.0\ g/cm^3$，$\gamma_d=13\sim20\ kN/m^3$。

（2）土的饱和密度（ρ_{sat}）和土的饱和重度（γ_{sat}）

物理意义：土的饱和密度为孔隙中全部充满水时，单位土体体积的质量。土的饱和重度为孔隙中全部充满水时，单位土体体积所受的重力，即

$$\gamma_{sat}=\rho_{sat}g=9.8\rho_{sat}kN/m^3\approx10\rho_{sat}kN/m^3$$

其表达式为

$$\rho_{sat}=\frac{\text{孔隙全部充满水的总质量}}{\text{土的总体积}}=\frac{m_s+V_v\rho_w}{V} \tag{1.9}$$

常见值：$\rho_{sat}=1.8\sim2.3\ g/cm^3$，$\gamma_{sat}=18\sim23\ kN/m^3$。

(3) 土的有效重度（浮重度）(γ')

物理意义：土的有效重度为地下水位以下，扣除浮力后的土体单位体积所受重力。其表达式为

$$\gamma'=\gamma_{sat}-\gamma_w \tag{1.10}$$

常见值：$\gamma'=8\sim13\ kN/m^3$。

上述各物理指标中，三相基本指标由试验测定，其余指标都可由这三个基本指标导出。为了便于查阅，现列出土的常用物理性质指标关系，见表 1-3。

表 1-3　土的物理性质指标常用换算公式及常见值

名称	符号	表达式	单位	常见值	换算公式
密度 重度	ρ γ	$\rho=\frac{m}{V}$ $\gamma\approx10\rho$	g/cm^3 kN/m^3	1.6～2.2 16～22	$\rho=\rho_d(1+\omega)$ $\gamma=\gamma_d(1+\omega)$
相对密度	G_s	$G_s=\frac{m_s}{V_s}$		砂土 2.65～2.69 粉土 2.70～2.71 黏性土 2.72～2.75	
含水率	ω	$\omega=\frac{m-m_s}{m_s}\times100\%$		砂土 0%～40% 黏性土 20%～60%	$\omega=\left(\frac{\gamma}{\gamma_d}\right)\times100\%$
孔隙比	e	$e=\frac{V_v}{V_s}$		砂土 0.5～1.0 黏性土 0.5～1.2	$e=\frac{n}{1-n}$
孔隙度	n	$n=\frac{V_v}{V}\times100\%$		30%～50%	$e=\left(\frac{e}{1+e}\right)\times100\%$
饱和度	S_r	$S_r=\frac{V_w}{V_v}$		0～1	
干密度 干重度	ρ_d γ_d	$\gamma_d\approx10\rho_d$	g/cm^3 kN/m^3	1.3～2.0 13～20	$\gamma_d=\frac{\gamma}{1+\omega}$
饱和密度 饱和重度	ρ_{sat} γ_{sat}	$\rho_{sat}=\frac{m_w+V_v\rho_w}{V}$ $\gamma_{sat}\approx10\rho_{sat}$	g/cm^3 kN/m^3	1.8～2.3 18～23	
有效重度	γ'	$\gamma'=\gamma_{sat}-\gamma_w$	kN/m^3	8～13	

1.3.2 土的物理状态指标

1. 无黏性土的密实度

无黏性土（如砂、卵石）均为单粒结构，它们最主要的物理状态指标为密实度。

（1）以孔隙比 e 为标准

用一个指标 e 判别砂土的密实度，应用方便。同一种土，若密砂的孔隙比为 e_1，松砂的孔隙比为 e_2，则必然 $e_1<e_2$。需要注意的是，仅用一个指标 e，无法反映土的粒径级配的因素。例如，两种级配不同的砂，一种是颗粒均匀的密砂，其孔隙比为 e'_1，另一种是级配良好的松砂，其孔隙比为 e'_2，则 $e'_1 < e'_2$，即密砂的孔隙比反而大于松砂的孔隙比。

（2）以相对密度 D_r 为标准

为了克服上述用一个指标 e，对级配不同的砂土难以准确判别的缺陷，用天然孔隙比 e 与同一种砂的最松状态孔隙比 e_{max} 和最密实状态孔隙比 e_{min} 进行对比，看 e 靠近 e_{max} 还是靠近 e_{min}，以此来判别它的密实度，即相对密度法，如图 1-9 所示。

相对密度

$$D_r = \frac{e_{max} - e}{e_{max} - e_{min}} \tag{1.11}$$

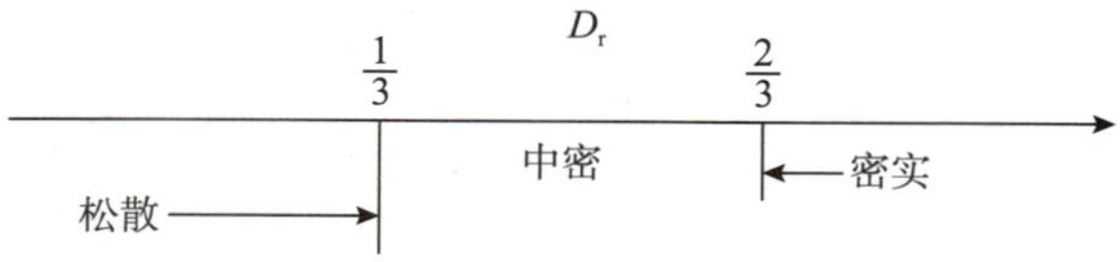

图 1-9 相对密度判别密实度标准

（3）以标准贯入试验 N 值为标准

标准贯入试验，是在现场进行的一种原位测试，用卷扬机将质量为 63.5 kg 的钢锤提升 76 cm 高度，让钢锤自由下落击在锤垫上，使贯入器贯入土中 30 cm 所需的锤击数，记为 N 值的大小，以反映土的贯入阻力的大小，即密实度的大小，如图 1-10 所示。

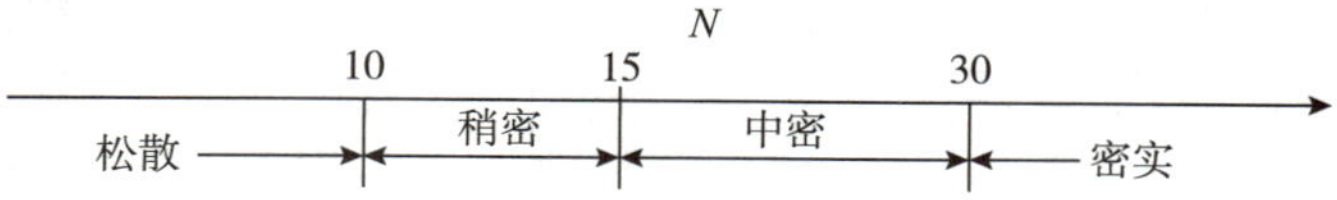

图 1-10 以标准贯入试验锤击数划分砂土密实度标准

2. 黏性土的物理状态指标

黏性土最主要的物理特征并非 e、D_r，而是土的软硬程度或土对外力引起变形或破坏的抵抗能力，即稠度。黏性土的稠度，反映土粒之间的联结强度随着含水率高低而变化的性质，其中，不同状态之间的分界含水率具有重要的意义。

（1）液限（W_L）

黏性土在液态与塑态之间的分界含水率称为液限（W_L）。

测定方法：锥式液限仪；碟式液限仪。

（2）塑限（W_P）

黏性土在塑态与半固态之间的分界含水率称为塑限（W_P）。

测定方法：滚搓法；液、塑限联合测定法。

（3）缩限（W_S）

黏性土在半固态与固态之间的分界含水率称为缩限（W_S）。

测定方法：收缩皿法。

（4）塑性指数（I_P）

液限与塑限的差值，去掉百分数符号，称为塑性指数，记为 I_P，即

$$I_P = (W_L - W_P) \times 100 \tag{1.12}$$

细颗粒土体处于可塑状态下，含水率变化的最大区间。一种土的 W_L 与 W_P 之间的范围大，即 I_P 大，表明该土能吸附结合水多，但仍处于可塑状态，亦即该土黏粒含量高或矿物成分吸水能力强。

常用塑性指数（I_P）作为黏性土与粉土定名的标准。

（5）液性指数（I_L）

黏性土的液性指数（I_L）为天然含水率与塑限的差值和液限与塑限差值之比，即

$$I_L = \frac{W - W_P}{W_L - W_P} \tag{1.13}$$

液性指数又称相对稠度，是将土的天然含水率 W 与 W_L 及 W_P 相比较，以表明是靠近 W_L，还是靠近 W_P，反映土的软硬程度。

据液性指数 I_L 的大小不同，可将黏性土分为 5 种软硬不同的状态，见表 1-4。

表 1-4　黏性土稠度状态的划分

状态	坚硬	硬塑	可塑	软塑	流塑
液性指数	$I_L \leq 0$	$0 < I_L \leq 0.25$	$0.25 < I_L \leq 0.75$	$0.75 < I_L \leq 1.0$	$I_L > 1.0$

当 $W<W_P$ 时，$W-W_P$ 为负值，$I_L \leq 0$，土呈坚硬状态。当 $W>W_L$ 时，$W-W_P>W_L-W_P$，即 $I_L>1$，土处于流塑状态。$I_L=0\sim1$ 为塑态，靠近坚硬的为硬塑，靠近流塑的为软塑，中间的为可塑状态。

（6）灵敏度（S_t）

黏性土的原状土无侧限抗压强度与原土结构完全破坏的重塑土（保持含水率和密度不变）的无侧限抗压强度的比值，称为灵敏度，记为 S_t，即

$$S_t = \frac{q_u}{q_u'} \tag{1.14}$$

式中　q_u——原状土的无侧限抗压强度，kPa；

q_u'——重塑土的无侧限抗压强度，kPa。

灵敏度反映黏性土结构性的强弱。根据灵敏度的数值大小，黏性土可分为三类土：$S_t>4$，为高灵敏土；$2<S_t \leq 4$，为中灵敏土；$S_t \leq 2$，为低灵敏土。

1.4 工程地质勘察

1.4.1 工程地质勘察内容

工程地质勘察简称工程勘察（也称岩土工程勘察），是土木工程建设的基础工作。工程地质勘察必须符合国家、行业制定的现行有关标准和技术规范的规定。工程地质勘察的现行标准，除水利、铁道、公路、核电站工程执行相关的行业标准之外，一律执行《岩土工程勘察规范》（GB 50021—2001）。

1. 工程地质勘察的目的与任务

（1）工程地质勘察的目的

各项工程建设在设计和施工之前，必须按基本建设程序进行工程地质勘察。工程地质勘察的目的，就是按照建筑物或构筑物不同勘察阶段的要求，为工程的设计、施工以及岩土体病害治理等提供地质资料和必要的技术参数，对有关的工程地质问题做出论证、评价，通过精心勘察、详细分析，提出资料完整、评价准确的勘察报告。

（2）工程地质勘察的任务

工程地质勘察具体任务归纳如下。

① 阐述建筑场地的工程地质条件，指出场地内不良地质现象的发育情况及其对工程建设的影响，对场地稳定性做出评价。

② 查明工程范围内岩土体的分布、性状和地下水活动条件，提供设计、施工和整治所需的地质资料和岩土技术参数。

③ 分析、研究有关的工程地质问题，做出评价结论。

④ 根据场地工程地质条件，对建筑总平面布置及各类工程设计、岩土体加固处理、不良地质现象整治等具体方案做出相关论证和建议。

⑤ 预测工程施工和运行过程中对地质环境和周围建筑物的影响，并提出保护措施的建议。

2. 工程地质勘察分级

工程地质勘察等级划分的主要目的是勘察工作量的布置。工程规模较大或较重要、场地地质条件以及岩土体分布和性状较复杂者，所投入的勘察工作量就较大，反之则较小。工程勘察的等级是由工程安全等级、场地和地基的复杂程度三项因素决定的。首先应分别对以下因素进行分级，在此基础上进行综合分析，以确定工程勘察的等级划分。

（1）工程安全等级

工程的安全等级是根据由于工程岩土体或结构失稳破坏，导致建筑物破坏而造成生命财产损失、社会影响及修复可能性等后果的严重性来划分的。在颁布的有关技术规范中一般均划分为三级，见表 1-5。

表 1-5　工程安全等级

安全等级	破坏后果	工程类型
一级	很严重	重要工程
二级	严重	一般工程
三级	不严重	次要工程

（2）场地复杂程度等级

场地复杂程度是根据建筑抗震稳定性、不良地质现象发育情况、地质环境破坏程度和地形地貌条件 4 个条件衡量的，也划分为三个等级，见表 1-6。

表 1-6　场地复杂程度等级

等级	一级	二级	三级
建筑抗震稳定性	危险	不利	有利（或地震设防烈度≤Ⅵ度）
不良地质现象发育情况	强烈发育	一般发育	不发育
地质环境破坏程度	已经或可能强烈破坏	已经或可能受到一般破坏	基本未受破坏
地形地貌条件	复杂	较复杂	简单
地下水赋存条件	多层地下水、岩溶裂隙水、水文地质条件复杂	基础位于地下水以下	地下水对工程无影响

注：一、二级场地各条件中只要符合其中任一条件者即可。

（3）地基复杂程度等级

地基复杂程度也划分为如下三级。

① 一级地基（符合下列条件之一者即为一级地基）：岩土种类多，很不均匀，性质变化大，地下水对工程影响大，且需特殊处理；严重湿陷、膨胀、盐渍、污染的特殊性岩土，以及其他情况复杂，需做专门处理的岩土。

② 二级地基（符合下列条件之一者即为二级地基）：岩土种类较多，不均匀，性质变化较大；除上述规定之外的特殊性岩土。

③ 三级地基：岩土种类单一、均匀，性质变化不大；无特殊性岩土。

（4）工程勘察等级

根据工程重要性等级、场地复杂程度等级和地基复杂程度等级，可按下列条件划分工程勘察等级，见表 1-7。

表 1-7　工程勘察等级的划分

勘察等级	确定勘察等级的因素		
	工程安全等级	场地等级	地基等级
甲级	一级	任意	任意
	二级	一级	任意
		任意	一级

续表

<table>
<tr><th rowspan="2">勘察等级</th><th colspan="3">确定勘察等级的因素</th></tr>
<tr><th>工程安全等级</th><th>场地等级</th><th>地基等级</th></tr>
<tr><td rowspan="5">乙级</td><td rowspan="2">二级</td><td>二级</td><td>二级或三级</td></tr>
<tr><td>三级</td><td>二级</td></tr>
<tr><td rowspan="3">三级</td><td>一级</td><td>任意</td></tr>
<tr><td>任意</td><td>一级</td></tr>
<tr><td>二级</td><td>二级</td></tr>
<tr><td rowspan="3">丙级</td><td>二级</td><td>三级</td><td>三级</td></tr>
<tr><td rowspan="2">三级</td><td>二级</td><td>三级</td></tr>
<tr><td>三级</td><td>二级或三级</td></tr>
</table>

注：建筑在岩质地基上的一级工程，当场地复杂程度等级和地基复杂程度等级均为三级时，工程勘察等级可定为乙级。

3. 工程地质勘察阶段

为保证建筑物自规划设计到施工和使用全过程达到安全、经济、合理的标准，使建筑物场地、结构、规模、类型与地质环境、场地工程地质条件相互适应，任何工程的规划设计过程必须遵照循序渐进的原则，即科学地划分为若干阶段进行。工程设计是分阶段进行的，与设计阶段相适应，工程地质勘察也是分阶段的。一般建筑工程地质勘察可分为可行性研究勘察（选址勘察）、初步勘察、详细勘察及施工勘察。

（1）可行性研究勘察

可行性研究勘察的目的是取得几个场址方案的主要工程地质资料，对拟选场地的稳定性和适宜性进行工程地质评价和方案比较。一般情况应避开工程地质条件恶劣的地区或地段。可行性研究勘察，应对拟建场地的稳定性和适宜性做出评价，并进行下列主要工作。

① 搜集区域地质、地形地貌、地震、矿产、当地的工程地质、岩土工程和建筑经验等资料。

② 在充分搜集和分析已有资料的基础上，通过踏勘了解场地的地层、构造、岩性，不良地质作用和地下水等工程地质条件。

③ 当拟建场地工程地质条件复杂，已有资料不能满足要求时，应根据具体情况进行工程地质测绘和必要的勘探工作。

④ 当有两个或两个以上拟选场地时，应进行比选分析。

⑤ 查明地上、地下是否有应保护的主要文物、古迹。

（2）初步勘察

初步勘察的任务之一就是查明建筑场地不良地质现象的成因、分布范围、危害程度及发展趋势，在确定建筑总平面布置时使主要建筑避开不良地质现象比较发育的地段。除此之外，还要查明地层及其构造、土的物理力学性质、地下水埋藏条件以及土的冻结深度等。初步勘察应对场地内拟建建筑地段的稳定性做出评价，并进行下列主要工作。

① 搜集拟建工程的有关文件、工程地质和岩土工程资料以及工程场地范围的地形图。

② 初步查明地质构造、地层结构、岩土工程特性、地下水埋藏条件。

③ 查明场地不良地质作用的成因、分布、规模、发展趋势，并对场地的稳定性做出评价。

④ 对抗震设防烈度等于或大于6度的场地，应对场地和地基的地震效应做出初步评价。

⑤ 对季节性冻土地区，应调查场地土的标准冻结深度。

⑥ 初步判定水和土对建筑材料的腐蚀性。

⑦ 高层建筑初步勘察时，应对可能采取的地基基础类型、基坑开挖与支护、工程降水方案进行初步分析和评价。

（3）详细勘察

详细勘察的任务是针对具体的建筑物地基或具体的地质问题，为进行施工图设计和施工提供可靠的依据或设计计算的参数。主要应进行下列工作。

① 搜集附有坐标和地形的建筑总平面图，场区的地面整平标高，建筑物的性质、规模、荷载、结构特点、基础形式、埋置深度、地基允许变形等资料。

② 查明不良地质作用的类型、成因、分布范围、发展趋势和危害程度，提出整治方案的建议。

③ 查明建筑范围内岩土层的类型、深度、分布、工程特性，分析和评价地基的稳定性、均匀性和承载力。

④ 对需进行沉降计算的建筑物，提供地基变形计算参数，预测建筑物的变形特征。

⑤ 查明埋藏的河道、沟渠、墓穴、防空洞、孤石等对工程不利的埋藏物。

⑥ 查明地下水的埋藏条件，提供地下水位及其变化幅度。

⑦ 在季节性冻土地区，提供场地土的标准冻结深度。

⑧ 判定水和土对建筑材料的腐蚀性。

（4）施工勘察

施工勘察指的是施工阶段遇到异常情况进行的补充勘察，主要是配合施工开挖进行地质编录、校对、补充勘察资料，进行施工安全预报等。当遇到下列情况时，应配合设计和施工单位进行施工勘察，解决施工中的工程地质问题，并提供相应的勘察资料。

① 对高层或多层建筑，均需进行施工验槽，发现异常问题需进行施工勘察。

② 对较重要的建筑物复杂地基，需进行施工勘察。

③ 深基坑的设计和施工，需进行有关检测工作。

④ 对软弱地基处理时，需进行设计和检验工作。

⑤ 当地基中岩溶、土洞较为发育时，需进一步查明分布范围并进行处理。

⑥ 当施工中出现基壁坍塌、滑动时，必须勘测并进行处理。

各阶段应完成的任务不同，主要体现在工程地质工作的广度、深度和精度要求上有所不同。各阶段工程地质工作的工作程序和基本内容则是相同的。

1.4.2 工程地质勘察方法

在实际工程地质勘察中，可采取工程地质测绘、工程勘探、原位测试与室内试验等勘察方法与手段。以下介绍几种常见的勘察方法。

1. 工程地质测绘

工程地质测绘是工程地质勘察的基础工作，一般在勘察的初期阶段进行。工程地质测绘主要包括下列内容。

（1）地形、地貌：查明地形、地貌形态的成因和发育特征，以及地形、地貌与岩性、构造等地质因素的关系，划分地貌单元。

（2）地层、岩性：查明地层层序、成因、时代、厚度、接触关系，岩石名称、成分、胶结物及岩石风化破碎的程度和深度等。

（3）地质构造：查明有关断裂和褶曲等的位置、走向、产状等形态特征和力学性质；查明岩层产状、节理、裂隙等的发育情况；查明新构造活动的特点。

（4）水文地质：通过地层、岩性、构造、裂隙、水系和井、泉地下水露头的调查，判明区域水文地质条件。

（5）查明不良地质和特殊地质的性质、范围及其发生、发展和分布规律。

（6）查明土、石成分及其密实程度、含水情况、物理力学性质，划分岩土施工工程分级等。

（7）查明天然建筑材料的分布范围、储量、工程性质。

工程地质测绘是整个工程地质工作中最基本、最重要的工作，它不仅能获取大量所需的各种基本地质资料，也是正确指导下一步勘探、测试等项工作的基础。因此，调查测绘的原始记录资料，应准确可靠、条理清晰、文图相符，重要的、代表性强的观测点应用素描图或照片以补充文字说明。

2. 工程地质勘探

当地表缺乏足够的、良好的露头，不能对地下一定深度内的地质情况做出判断时，就需要进行适当的地质勘探工作。因此，勘探工作必须在详细调查测绘的基础上进行，用勘探工作成果来补充、检验和修改调查测绘工作的成果。

（1）勘探工作的布置

勘探工作总体布置要求如下。

① 按特定方向沿线布置勘探点（等间距或不等间距），了解沿线工程地质条件，并提供沿线剖面及定量指标。适用于初勘阶段、线形工程勘察、天然建材初查等。

② 勘探点选布在相互交叉的勘探线及其交叉点上，形成网状（方格状、三角状、弧状等），用于了解面上的工程地质条件，并提供不同方向的剖面图或场地地质结构立体投影图及定量指标。适用于基础工程场地详勘、天然建材详查阶段。

③ 结合建筑物基础轮廓，一般建筑物设计要求勘探工作按建筑物基础类型、形式、轮廓布置，并提供剖面及定量指标。

（2）常用简易勘探手段

挖探是最简易的勘探方法，常用的有剥土、槽探和坑探。挖探的优点是成本低、工具简单、进度快、能取得直观资料和原状土样；缺点是劳动强度大、勘探深度浅。因此，挖探适用于小桥涵基础、隧道进出口及大中桥两侧桥台基础的勘探，也可用于了解覆盖层厚度和性质，追索构造等。

轻便勘探是指使用轻便工具如洛阳铲、锥具及小螺纹钻等进行勘探（图 1-11 至图 1-13）。

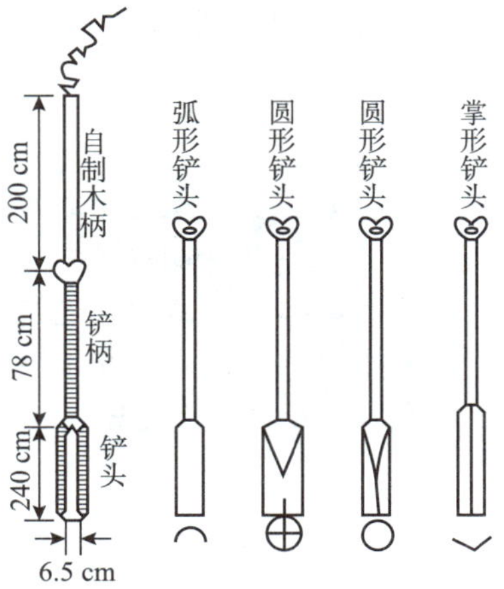

图 1-11　洛阳铲

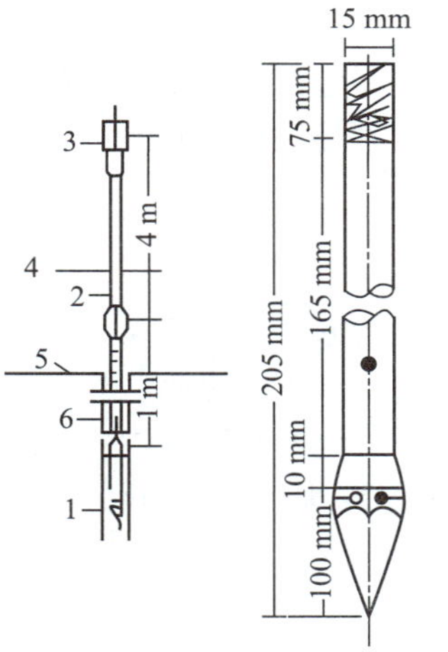

1—锥头；2—锥杆；3—接头；
4—手把；5—锥孔；6—地面。

图 1-12　锥具

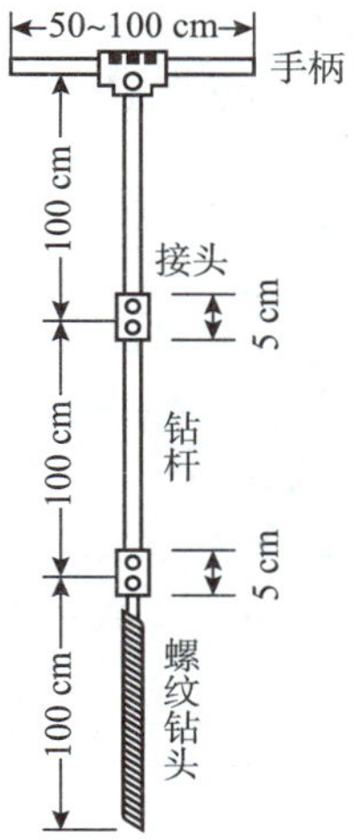

图 1-13　小螺纹钻

轻便勘探的优点是工具轻便、简单，容易操作，进尺快，成本低，劳动强度不大；缺点是不能取得原状土样，在密实或坚硬的地层中一般不能使用。因此，轻便勘探适用于较疏松的地层。

在工程地质勘察中，钻探是最常用的一类勘探手段。与坑探、物探相比较，钻探有其突出的优点：它可以在各种环境下进行，一般不受地形、地质条件的限制；能直接观察岩芯和取样，勘探精度较高；能提供做原位测试和监测工作，最大限度地发挥综合效益；勘探深度大，效率较高。

因此，不同类型、结构和规模的建筑物，在不同的勘察阶段，不同环境和工程地质条件下，凡是布置勘探工作的地段，一般均需采用此类勘探手段。

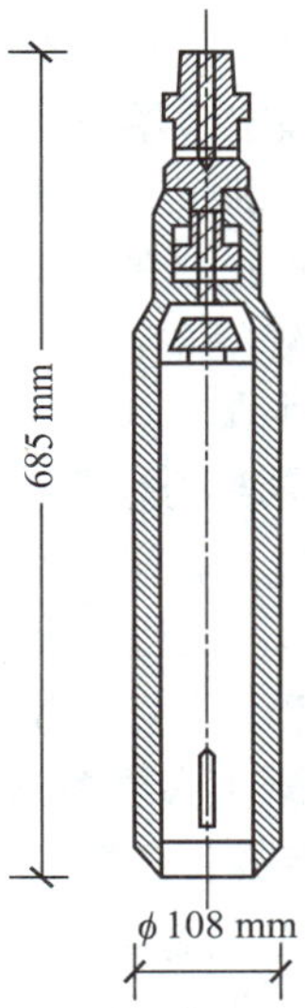

图 1-14　上提活阀式取土器

场地内布置的钻孔，一般分技术孔和鉴别孔两类。在技术孔中，按照不同土层、深度取原状土样，采用取土器采取原状土样，取土器上部封闭性能的好坏决定了取土器能否顺利进入土层提取土样。根据其上部封闭装置的结构形式，取土器可分为活阀式和球阀式两类。图 1-14 为上提活阀式取土器。

钻探需要大量设备和经费，较多的人力，较大的劳动强度，较长的工期，往往成为野外工程地质工作控制工期的因素。因此，钻探工作必须在充分的地面测绘基础上，根据钻探技术的要求，选择合适的钻机类型，采用合理的钻进方法，安全操作，提高岩芯采取率，保证钻探质量，为工程设计提供可靠的依据。钻探工作还应当与其他各项工作，如与工程地质、水文地质、物探、试验、原位测试等项工作密切配合，积极开展钻孔综合利用与综合勘探，以达到减少钻探工作量、降低成本、缩短工期、减轻劳动强度、提高勘探工作质量的目的。

地球物理勘探简称物探，是以观测地质体的天然物理场或人工物理场的空间或时间分布状态，来研究地层物理性质和地质构造的方法。物探是一种先进的勘探方法，它的优点是效率高、成本低、装备轻便、能从较大范围勘察地质构造和测定地层各种物理参数等。合理有效地使用物探可以提高地质工作质量、加快勘探进度、节省勘探费用。因此，在勘探工作中应积极采用物探。当前常用的物探方法主要包含电法勘探、地震勘探、磁法勘探、声波探测、触探等。其他的物探方法还有重力勘探、放射性勘探及电磁波探测、钻孔电视、地质雷达探测等。

知识链接

土层是工程地质钻探的主要对象，应可靠地鉴定土层名称，准确判定分层深度，正确鉴别土层天然的结构、密度和湿度状态。为此，要求钻进深度和分层深度的量测误差范围应为±0.05 m，非连续取芯钻进的回次进尺应控制在 1 m 以内，连续取芯钻进的回次进尺应控制在 2 m 以内；对于某些特殊土类，需根据土体特性选用特殊的钻进方法；在地下水位以上的土层中钻进时应进行干钻，当必须使用冲洗液时应采取双层岩芯管钻进。

1.4.3 工程地质勘察报告

1. 工程地质勘察报告内容

勘察报告是工程地质勘察的总结性文件，一般由文字报告（工程地质说明书）和所附图表组成。工程地质勘察报告的内容，应根据任务要求、勘察阶段、地质条件、工程特点等情况确定。鉴于工程地质勘察的类型、规模各不相同，目的要求、工程特点和自然地质条件等差别很大，因此只能提出报告基本内容。

（1）报告的内容

① 委托单位、场地位置、工作简况，勘察的目的、要求和任务，以往的勘察工作及已有资料情况。

② 勘察方法及勘察工作量布置，包括各项勘察工作的数量布置及依据，工程地质测绘、勘探、取样、室内试验、原位测试等方法的必要说明。

③ 场地工程地质条件分析，包括地形地貌、地层岩性、地质构造、水文地质和不良地质现象、天然建筑材料等内容，对场地稳定性和适宜性做出评价。

④ 岩土参数的分析与选用，包括各项岩土性质指标的测试成果及其可靠性和适宜性，评价其变异性，提出其标准值。

⑤ 工程施工和运营期间可能发生的工程地质问题的预测及监控、预防措施的建议。

⑥ 根据地质和岩土条件、工程结构特点及场地环境情况，提出地基基础方案、不良地质现象整治方案、开挖和边坡加固方案等岩土利用、整治和改造方案的建议，并进行技术经济论证。

⑦ 对建筑结构设计和监测工作的建议，工程施工和使用期间应注意的问题，下一步工程地质勘察工作的建议等。

（2）附件

随报告所附的图表一般包括下列内容。

① 勘探点平面布置图。

② 工程地质剖面图。

③ 室内土的物理力学性质试验总表。

④ 对于重大工程，根据需要应绘制综合工程地质图、工程地质分区图、钻孔柱状图或综合地质柱状图、原位测试成果图表等。

2. 工程地质勘察报告的阅读与使用

工程地质勘察报告的阅读和使用是非常重要的工作。阅读勘察报告应该熟悉勘察报告的主要内容，了解勘察报告提出的结论和岩土物理力学性质参数的可靠程度，从而判断勘察报告中的建议对拟建工程的适用性，以便正确使用勘察报告。在分析时需要将场地的工程地质条件及拟建建筑物具体情况和要求联系起来，进行综合的分析，既要从场地工程地质条件出发进行设计施工，又要在设计施工中发挥主观能动性，充分利用有利的工程地质条件。

（1）地基持力层的选择

在无不良地质现象影响的建筑地段，地基基础设计必须满足地基承载力和基础沉降这两个基本要求，而且应该充分发挥地基的承载力，尽量采用天然地基上浅基础的方案。此时，地基持力层的选择应该从地基、基础和上部结构的整体概念出发，综合考虑场地的土层分布情况和土层的物理力学性质，以及建筑物的体型、结构类型和荷载等情况。

选择地基持力层，关键是根据工程地质勘察报告提供的数据和资料，合理地确定地基的承载能力。地基承载力的取值可以通过多种测试手段，并结合实践经验来确定，而单纯依靠某种方法确定承载力值不一定十分合理。应通过对勘察报告的阅读，在熟悉场地各土层的分布和性质的基础上，初步选择适合上部结构特点和要求的土层作为持力层，经过试算或方案比较后最终做出决定。

（2）场地稳定性评价

在地质条件复杂的地区，首要任务是场地稳定性的评价，然后是地基承载力和地基沉降问题的确定。

场地的地质构造、不良地质现象、地层成层条件和地震等都会影响场地的稳定性，在勘察报告中必须说明其分布规律、具体条件、危害程度等。

在阅读和使用工程地质勘察报告时，应该注意报告所提供资料的可靠性。有时由于勘察的详细程度有限、地基土的特殊工程性质以及勘探手段本身的局限性，勘察报告不可能充分、准确地反映场地的主要特征，或者在测试工作中，由于仪器设备和人为的影响，都可能造成勘察报告成果的失真从而影响报告数据的可靠性。因此，在阅读和使用报告的过程中，应该注意分析以发现问题，并对有疑问的关键性问题进行进一步查清，尽量发掘地基潜力，确保工程质量。

思政链接

深部岩土力学与地下工程国家重点实验室成都中心揭牌

2023 年 3 月 2 日，新材料成果转化交流会暨深部岩土力学与地下工程国家重点实验室成都中心揭牌仪式在成都经开区（龙泉驿区）举行。

据了解，深部国重成都中心成立后，将加强校院企地合作，深化创新平台建设，强化领军人才支撑，搭建省内外产学研用交流合作平台，推动新材料产业链与创新链的双链融合发展，提升区域基础研究和应用基础研究水平，夯实校地协同创新机制，助推成都经开区（龙泉驿区）汽车城片区产业转型升级。未来，成都中心将利用 NPR 新材料的特性，在国防及人防产品和工程领域开展示范应用、推广，在灾害综合防治工程等方面开展研发，增强防灾减灾能力，保障人民群众的生命及财产安全。

深部国重成都中心由深部岩土力学与地下工程国家重点实验室、四川科志人防设备股份有限公司联合成立。未来，双方将在实验室设立、人才培养、课题研究、交流合作、成果转化等方面开展长期合作。

未来，成都经开区（龙泉驿区）围绕三个做优做强、产业建圈强链，谋划推动六大功能片区共进共兴，正处于产业转型、城市升级、治理提升、民生改进的攻坚期，深部岩土力学与地下工程国家重点实验室成都中心的建立，将为成都经开区建强科创平台、转化科创成果、赋能产业转型升级注入强劲动力。

项目小结

本项目首先对工程地质进行了全面的概述，包括工程地质的认识、地质年代、不良地质构造和地下水等内容，为后续的学习提供了基础知识。

其次，介绍了土的工程特性与分类，包括土的三相组成和结构，以及土的物理与力学性质，为工程中土壤的应用提供了重要的理论支持。

最后，本项目还涉及工程地质勘察的内容，包括熟悉工程地质勘察内容、掌握工程地质勘察方法以及识读工程地质勘察报告，这些内容对于工程建设和地质灾害防治具有重要意义。

通过本项目的学习，读者能够全面了解工程地质与勘察的相关知识，为未来的工程实践打下了坚实的基础。

课后实训

1. 成员分组

以 3~5 人为一组，选出组长并进行分工，将小组成员及分工情况填入表 1-8 中。

表 1-8　小组成员及分工情况

小组成员	姓名	学号	分工
组长			
组员			

2. 开展实训

将实训操作过程填入表 1-9 中。

表 1-9　实训开展工作表

姓名	日期
实训项目	
具体任务	
相关知识	
其他项目	

续表

实训记录
教师指导

3. 考核评价

各组展示任务完成情况，并完成表1-10所示的考核评价表。

表1-10　考核评价表

评价项目	评价内容	分值	评分		
			自评	互评	师评
职业素养考核项目（40%）	考勤、仪容仪表	10分			
	安全意识、责任意识及服从意识	10分			
	团队合作、沟通交流能力	10分			
	维护场地、设备及工具等干净整洁	10分			
专业能力考核项目（60%）	积极参与教学活动并理解实训活动要求	20分			
	工程基本专业知识查找及时、准确	20分			
	工程地质勘察操作符合规范，任务完成度	20分			
合计：综合分数______自评（20%）+互评（20%）+师评（60%）		100分			
综合评语		指导教师（签名）：			

课 后 习 题

一、填空题

1. ______主要指地球内部的构造运动和地质作用，包括地壳板块的运动和构造变形、火山喷发、地震等现象。

2. 地壳在内、外力地质作用下，不断运动、发展和变化，所造成的各种不同的构造形迹称为______。

3. 沿断裂面两侧的岩层未发生位移或仅有微小错动的断裂构造，称为______；若发生了相对的位移，则称为______。

4. 土中液态水主要有______和自由水两类。

5. 土的天然密度、含水量、__________三个指标可由土工试验直接测定，称为三个基本试验指标。

二、简答题

1. 简述反映土中含水程度的指标及其意义。

2. 简述工程地质测绘的主要内容。

项目 2

地基应力计算

项目概述

地基应力是指地基土体在受到外部荷载作用时所产生的应力状态。在工程中，准确计算地基应力是非常重要的，可以帮助工程师了解地基的承载能力、变形特性以及稳定性，从而制定相应的加固措施，确保工程项目的安全和可靠性。

学习目标

知识目标

◆了解地基应力的概念。

◆理解地下水位升降及填土对土的自重应力的影响。

◆熟悉基底压力的分布规律及影响因素。

能力目标

◆掌握土的自重应力计算公式，能够识别不同类型的应力状态。

◆掌握基底压力的简化计算方法，掌握基底压力的计算步骤和相关公式。

素质目标

◆了解地基应力对工程结构的安全性和稳定性至关重要，学习过程中要强化学生责任意识，认识到工程结构设计和施工的重要性，保障工程质量和安全性。

◆引导学生探究新的地基应力计算方法和改进措施，培养不断探索、创新的能力和精神。

案例导入

虎丘塔位于苏州市西北虎丘公园山顶，原名云岩寺塔，落成于宋太祖建隆二年（公元961年），距今已有1 000多年的悠久历史。全塔共7层，高47.5 m。塔的平面呈八角形，由外壁、回廊与塔心三部分组成。虎丘塔全部是砖砌，外形完全模仿楼阁式木塔，每层都有八个壶门，拐角处的砖特制成圆弧形，十分美观，在建筑艺术上是一个创新。1961年3月4日，国务院将此塔列为全国重点文物保护单位。

由于地基原因，自明代开始，虎丘塔就向东北倾斜，塔顶中心偏离底层中心2.34 m，斜度将近3°，被称之“东方比萨斜塔”。虎丘塔逐渐倾斜，是因为基底一半是岩石，而另一半是泥土。为了防止它进一步倾斜，苏州市政府几十年来对其进行了数次大修。当时由于全塔向东北方向严重倾斜，不仅塔顶离中心线已达 2.31 m，而且底层塔身出现不少裂缝，成为危险建筑而封闭、停止开放。仔细观察塔身的裂缝，发现一个规律，塔身的东北面为垂直裂缝，塔身的西南面却是水平裂缝。

问题思考

结合所学内容，试分析事故发生的原因。

2.1　地基应力概述

2.1.1　地基应力

地基应力是指土壤中由于土体本身重力和上覆土层的荷载作用而引起的应力状态。地基应力的大小取决于土壤的重度、土层的厚度、土层的密度以及上覆荷载的大小等因素。在土木工程中，地基应力的分布及大小对地基的稳定性和承载力有着重要的影响。土中应力过大时，会使土体因强度不够发生破坏，甚至使土体发生滑动失去稳定。此外，土中应力的增加会引起土体变形，使建筑物发生沉降、倾斜以及水平位移。因此，土中应力计算是地基沉降计算和地基稳定性分析的基础，也是分析地基固结过程的重要依据。通常工程设计中会考虑地基应力对地基工程的影响，以保证结构的安全和稳定。

为方便分析问题，按土中应力产生的原因，可将其分为自重应力与附加应力，前者是由于土受到重力作用而产生的。后者是由于受到建筑物、基坑开挖、人工降水等外部作用而产生的。由于产生的条件不同，其分布规律和计算方法也有所不同。

对于建筑物地基而言，由于地基土在水平方向及深度方向相对于建筑物基础的尺寸可以认为是无限延伸的，因此在土中附加应力的简化分析时，可将荷载看作作用在半无限空间体的表面，并假定地基土是均匀的、各向同性的弹性体，采用弹性力学的有关理论进行计算。这虽与地基土的实际性质不完全一致，如土的颗粒松散、黏性土具有明显塑性变形等，但工程上认为其误差一般都能满足要求。

由于土是散粒体，一般不能承受拉力，在土中出现拉应力的情况很少。因此，规定法向应力以压应力为正，拉应力为负，与一般固体力学中符号的规定相反。剪应力的正负号规定是：若剪应力作用面上的法向应力方向与坐标轴的正方向一致，则剪应力的方向与坐标轴正方向一致时为正，反之为负；若剪应力作用面上的法向应力方向与坐标轴正方向相反，则剪应力的方向与坐标轴正方向相反时为正，反之为负。

2.1.2　应力状态类型

地基中的典型应力状态一般有以下三种类型。

1. 三维应力状态（空间应力状态）

局部荷载作用下，地基中的应力状态均属于三维应力状态。三维应力状态是建筑物地基中最普遍的一种应力状态，例如，独立柱基础下，地基中各点应力就是典型的三维空间应力状态。

2. 二维应变状态（平面应变状态）

由于土不能切成薄片受力，故土中二维问题往往都是平面应变问题而不是平面应力问题。当建筑物基础一个方向的尺寸比另一个方向的尺寸大得多，且每个横截面上的应力大小和分布形式均一样时，在地基中引起的应力状态即可简化为二维应变状态，堤坝、水闸或挡土墙下地基中的应力状态即属于这一类问题。

3. 侧限应力状态

侧限应力状态是指侧向应变为零的一种应力状态，地基在自重作用下的应力状态即属于此种应力状态。由于把地基视为半无限弹性体，因此同一深度处的土单元受力条件均相同，土体不能发生侧向变形，只能发生竖直向的变形。又由于任何竖直面都是对称面，故在任何竖直面和水平面都不会有剪应力存在。又因为土的强度是土骨架的抗剪强度，因此，在侧限应力状态下，土是不会破坏的，比如地基仅在自重作用下是不会破坏的。

2.2 土的自重应力计算

2.2.1 土的自重应力

土的自重应力

土的自重应力是指上覆土体本身的重力所引起的应力，其值随深度的增加而增大。一般说来，自重应力不会使地基产生变形，这是因为土层形成的年代已经久远，在自重应力作用下，压缩变形早已完成，土的自重应力不再引起地基沉降。但对于新近沉积的土或新填土，一般来说，应考虑在自重应力作用下的地基变形。

2.2.2 土的自重应力计算公式

自重应力是由于土的自重产生的应力，竖向自重应力用 σ_{cz} 表示，侧向自重应力用 σ_{cx} 或 σ_{cy} 表示。计算土的自重应力时，假设天然地面为一无限大的水平面，因而任一竖直面可视作对称面，对称面上的剪应力为零。由剪应力互等定理可知，任意水平面上的剪应力也为零。因此，竖直面和水平面上只有正应力（为主应力）存在，竖直面和水平面均为主平面。

对于天然重度为 γ 的均质土层，在天然地面下任意深度 z 处的竖向自重应力用 σ_{cz} 表示，可取作用于该深度水平面上任一单位面积的土柱体为研究对象，如图 2-1（a）所示。根据静力平衡条件可知，在 z 深度处的平面，因土柱自重产生的竖向自重应力等于单位面积土柱的重力，即

$$\sigma_{cz}=\frac{G}{A}=\frac{\gamma zA}{A}=\gamma z \tag{2.1}$$

式中　σ_{cz}——土的竖向自重应力，kPa；

G——土柱的重力，kN；

γ——土的重度，kN/m^3；

z——地面至计算点的深度，m。

由式（2.1）可知，土的自重应力 σ_{cz} 沿水平呈均匀分布如图 2-1（b）所示，随深度

z 线性增加，当重度不变时，σ_{cz} 与 z 成正比，呈三角形分布，如图 2-1（c）所示。

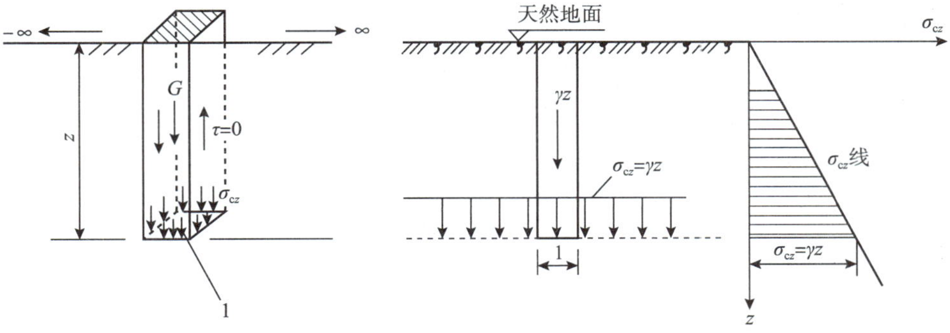

（a）单位土柱受力分析　　（b）任意水平面上的分布　　（c）沿深度的分布

图 2-1　均质土中竖向自重应力

由于 σ_{cz} 沿任一水平面上均匀地无限分布，所以地基土在自重作用下只能产生竖向变形，而不能产生侧向变形和剪切变形。从这个条件出发，根据弹性力学，侧向（水平向）自重应力 σ_{cx} 和 σ_{cy} 应与 σ_{cz} 成正比，剪应力均为零，即

$$\sigma_{cx} = \sigma_{cy} = K_0\sigma_{cz} \tag{2.2}$$

$$\tau_{xy} = \tau_{yz} = \tau_{zx} = 0 \tag{2.3}$$

式中，比例系数 K_0 称为土的静止土压力系数或静止侧压力系数，可通过实验测定，或采用经验值。

1. 成层土的自重应力分布

天然地层往往由不同厚度、不同重度的土层组成，各土层具有不同的重度。设天然地面下深度 z 范围内有 n 个土层，在计算自重应力时，需按式（2.1）将每个土层的自重应力分别求出，然后叠加，则可得到成层土的自重应力计算公式，如图 2-2 所示。z 深度处的自重应力为

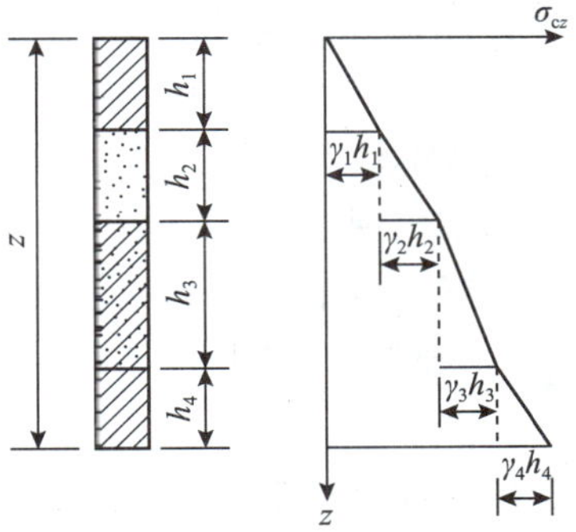

图 2-2　成层土的竖向自重应力

$$\sigma_{cz} = \gamma_1 h_1 + \gamma_2 h_2 + \cdots + \gamma_n h_n = \sum_{i=1}^{n} \gamma_i h_i \tag{2.4}$$

式中　n——深度 z 范围内的土层总数；

γ_i——第 i 层土的重度，kN/m^3；

h_i——第 i 层土的厚度，m。

分层土的自重应力沿深度呈折线分布。

知识链接

实际情况下土是成层的非均质的各向异性体，试验表明土的变形具有明显的非线性特征。只有通过土粒接触点传递的粒间应力（有效应力），才能使土粒彼此挤紧，从而引起土体的变形，因此，土中自重应力可定义为土自身有效重力在土体中引起的应力。土中竖向和侧向的自重应力一般均指有效自重应力。

【例 2-1】某工程地基土层及其物理性质指标如图 2-3 所示，试计算土中自重应力并绘出分布图。

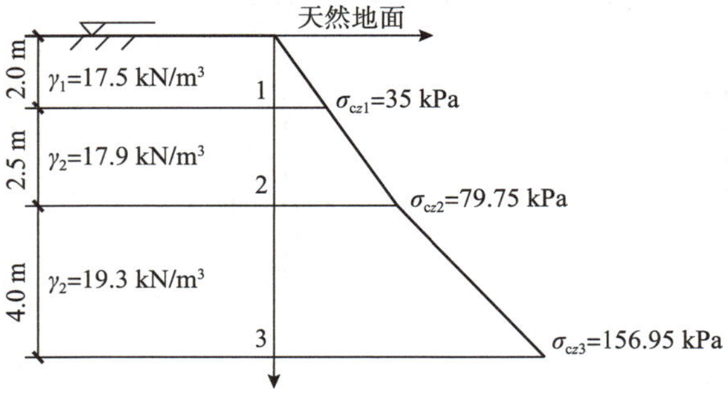

图 2-3　例 2-1 图

【解】第一层土底面处：$\sigma_{cz1} = \gamma_1 h_1 = 17.5 \times 2.0 = 35(\text{kPa})$

第二层土底面处：$\sigma_{cz2} = \gamma_1 h_1 + \gamma_2 h_2 = 35 + 17.9 \times 2.5 = 79.75(\text{kPa})$

第三层土底面处：$\sigma_{cz3} = \gamma_1 h_1 + \gamma_2 h_2 + \gamma_3 h_3 = 79.75 + 19.3 \times 4.0 = 156.95(\text{kPa})$

2. 存在地下水与不透水层时土体中的自重应力分布

(1) 地下水的影响

如果土层在水位（地表水或地下水）以下，计算自重应力时，应根据土的透水性质选用符合实际情况的重度。对于透水土（如砂土、黏砂土等），孔隙中充满自由水，土颗粒将受到水的浮力作用，应采用浮重度 γ'，如果地下水位出现在同一土层中，如图 2-4 中所示的细砂层，地下水位线应视为土层分界线，则细砂层底面处的自重应力为

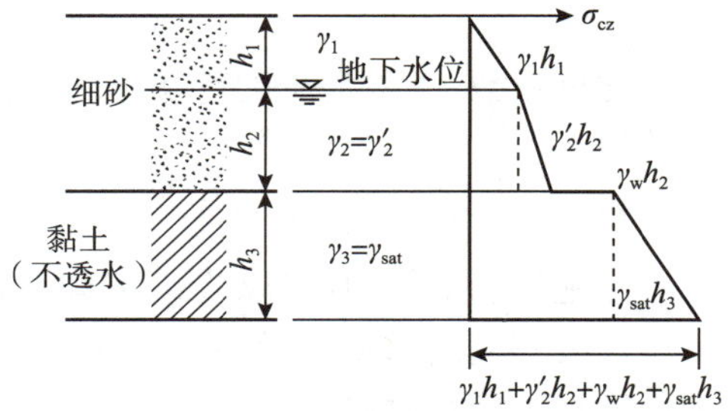

图 2-4　地下水与不透水层对自重应力的影响

$$\sigma_{cz} = \gamma_1 h_1 + \gamma'_2 h_2 \tag{2.5}$$

(2) 不透水层的影响

当地层中有不透水层（不透水的基岩或致密黏土层）存在时，不透水层中的静水压力为零，土颗粒不受浮力影响，计算自重应力时应采用饱和重度 γ_{sat}，不透水层顶面处的自重应力等于全部上覆土层的土水总重，即

$$\sigma_{cz} = \sum_{i=1}^{n} \gamma_i h_i + \gamma_w h_w \tag{2.6}$$

式中，γ_w 为水的重度，kN/m³。

黏性土层底面处的自重应力为

$$\sigma_{cz} = \gamma_1 h_1 + \gamma'_2 h_2 + \gamma_w h_2 + \gamma_{sat} h_3 \tag{2.7}$$

【例 2-2】某工程地基土层及其物理性质指标如图 2-5 所示，试计算土中自重应力并绘出分布图。

【解】粉土层底面处：$\sigma_{cz1} = \gamma_1 h_1 = 18 \times 3.0 = 54(\text{kPa})$

地下水位处：$\sigma_{cz2} = \gamma_1 h_1 + \gamma_2 h_2 = 54 + 18.4 \times 2.0 = 90.8(\text{kPa})$

黏土层底面处：$\sigma_{cz3}=\gamma_1h_1+\gamma_2h_2+\gamma'_2h_3=90.8+(19.0-10)\times3.0=117.8(\text{kPa})$

基岩层面处：$\sigma_{cz4}=\gamma_1h_1+\gamma_2h_2+\gamma'_2h_3+\gamma_wh_w=117.8+10\times3.0=147.8(\text{kPa})$

绘制出自重应力分布图，如图 2-5 所示。

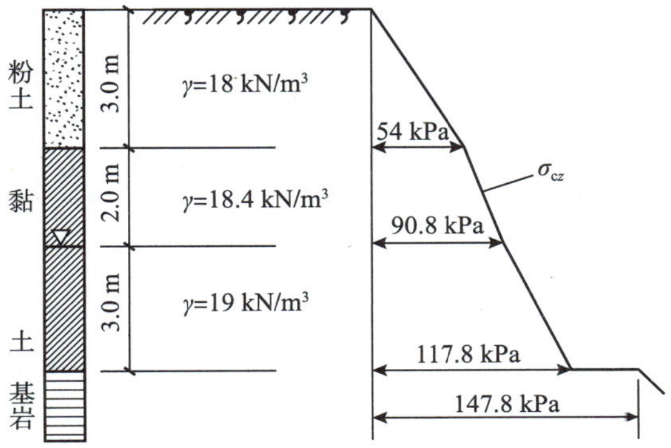

图 2-5　例 2-2 图

提 示

天然土层比较复杂，对于黏性土，很难确切判定其是否透水，一般认为，长期浸在水中的黏性土，若其液性指数 $I_L\leqslant0$，则表明该土处于半干硬状态，可按不透水考虑；若 $I_L\geqslant1$，则表明该土处于流塑状态，可按透水考虑；若 $0<I_L<1$，则表明该土处于可塑状态，则按两种情况考虑其不利者。

2.2.3　地下水位升降及填土对自重应力的影响

形成年代久远的天然土层在自重应力作用下的变形早已稳定，但当地下水位发生下降或土层为新近沉积或地面有大面积人工填土时，土中的自重应力会增大，如图 2-6 所示。

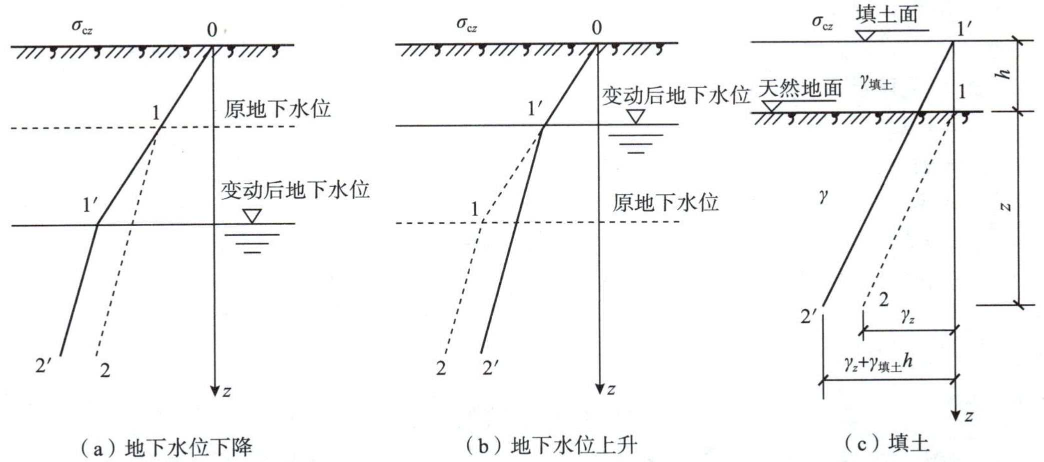

虚线—变化前的自重应力；实线—变化后的自重应力。

图 2-6　由于填土或地下水位升降引起自重应力的变化

其中，自重应力分布曲线的变化规律如下。

（1）土的自重应力分布曲线是一条折线，地下水位以上用天然重度，一般情况下地下水位以下用有效重度，拐点在土层交界处和地下水位处。

（2）同一层土的自重应力按直线变化。

（3）自重应力随深度的增加而增大。

（4）地下水位的升降会引起自重应力的变化，地下水位下降，自重应力增大。

【例 2-3】已知如图 2-7 所示的地层剖面，试计算其自重应力并绘制自重应力的分布图。

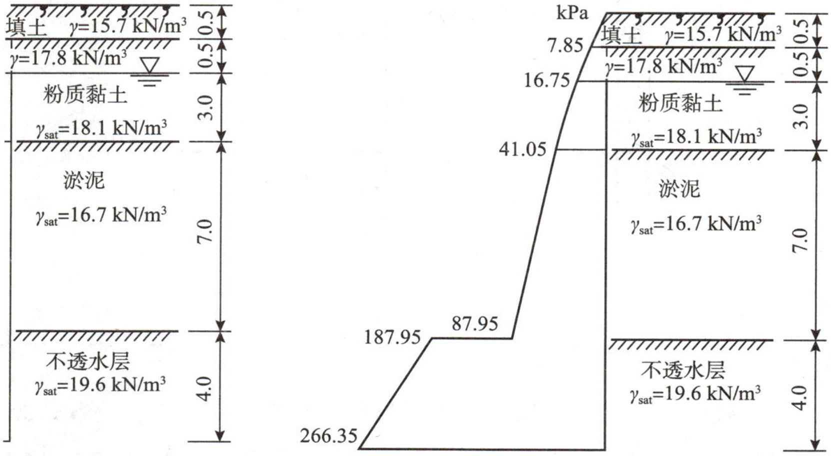

图 2-7 例 2-3 图

【解】填土层底处：

$$\sigma_{cz1} = \gamma_1 h_1 = 15.7 \times 0.5 = 7.85(\text{kPa})$$

地下水位处：

$$\sigma_{cz2} = \gamma_1 h_1 + \gamma_2 h_2 = 7.85 + 17.8 \times 0.5 = 16.75(\text{kPa})$$

粉质黏土层底处：

$$\sigma_{cz3} = \gamma_1 h_1 + \gamma_2 h_2 + \gamma'_3 h_3 = 16.75 + (18.1 - 10) \times 3 = 41.05(\text{kPa})$$

淤泥层底处：

$$\sigma_{cz4} = \gamma_1 h_1 + \gamma_2 h_2 + \gamma'_3 h_3 + (\gamma_{sat} - \gamma_w) h_4 = 41.05 + (16.7 - 10) \times 7 = 87.95(\text{kPa})$$

不透水层顶层面处：

$$\sigma'_{cz4} = \gamma_1 h_1 + \gamma_2 h_2 + \gamma'_3 h_3 + (\gamma_{sat4} - \gamma_w) h_4 + \gamma_w (h_3 + h_4)$$
$$= 87.95 + 10 \times (3 + 7) = 187.95(\text{kPa})$$

钻孔底处：

$$\sigma_{cz5} = \gamma_1 h_1 + \gamma_2 h_2 + \gamma'_3 h_3 + (\gamma_{sat4} - \gamma_w) h_4 + \gamma_w (h_3 + h_4) + \gamma_{sat5} h_5$$
$$= 187.95 + 19.6 \times 4 = 266.35(\text{kPa})$$

知识链接

地下水位下降的原因

造成地下水位下降的原因主要是城市超量开采地下水及基坑开挖时的降水，其直接后果是导致地面下沉。地下水位下降后，新增加的自重应力会引起土体本身产生压缩变形。由于这部分自重应力的影响深度很大，故所引起的地面沉降往往是很可观的。我国相当一部分城市由于超量开采地下水，出现了地表大面积沉降、地面塌陷等严重问题。在进行基坑开挖时，若降水过深、时间过长，则常引起坑外地表下沉而导致邻近建筑物开裂、倾斜。解决这一问题的方法是，在坑外设置端部进入不透水层或弱透水层、平面上呈封闭状的截水帷幕或地下连续墙（防渗墙），以便将坑内外的地下水分隔开。此外，还可以在邻近建筑物的基坑一侧设置回灌沟或回灌井，通过水的回灌来维持邻近建筑物下方的地下水位不变。

地下水位上升也会带来一些不利影响。在人工抬高蓄水水位的地区，滑坡现象常增多。在基础工程完工之前，如停止基坑降水工作而使地下水位回升，则可能导致基坑边坡坍塌，或使新浇注、强度尚低的基础底板断裂。一些地下结构（如水池等）可能因水位上升而上浮，带来新的问题和麻烦。

2.3　基底压力的分布与计算

2.3.1　基底压力的分布

建筑物荷载通过基础传递至地基，如图 2-8 所示。在基础底面与地基的接触面产生了接触应力，它既是基础作用于地基表面的压力，即基底压力，又是地基反作用于基础底面的反力，又称基底反力。在工程设计和施工中，基底压力是一个重要参数，影响着基础结构的稳定性和承载能力。

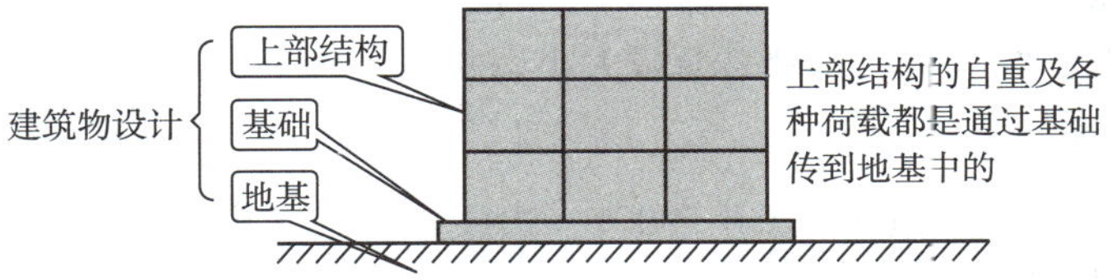

图 2-8　建筑物荷载传递

基底压力的分布与基础的大小和刚度、作用于基础上的荷载大小和分布、地基土的力学性质、地基的均匀程度以及基础的埋深等许多因素有关。

当向地基土中传递荷载的是刚性基础时，基础刚度大大超过土的刚度，基础底面始终保持平面，其基底应力分布与荷载分布情况不同，可能有马鞍形、抛物线形、钟形三种。如图 2-9（a）所示。当向地基土中传递荷载的是柔性基础时，假想基础本身能随地基表面一起变形，基础底接触压力分布与上部荷载分布情况相同，如果上部荷载为均匀分布，那么基础底面上的压应力也是均匀分布，但此时基础各点的沉降量是不同的，呈现出中部大，边缘小的碗状曲线，如图 2-9（b）所示。

由上述情况可知，要从理论上求得作用在基底上的真正应力图是一个很困难的问题。对于具有一定刚度以及尺寸较小的柱下独立基础和墙下条形基础等，其基底压力可看成呈直线或平面分布，进行简化计算。

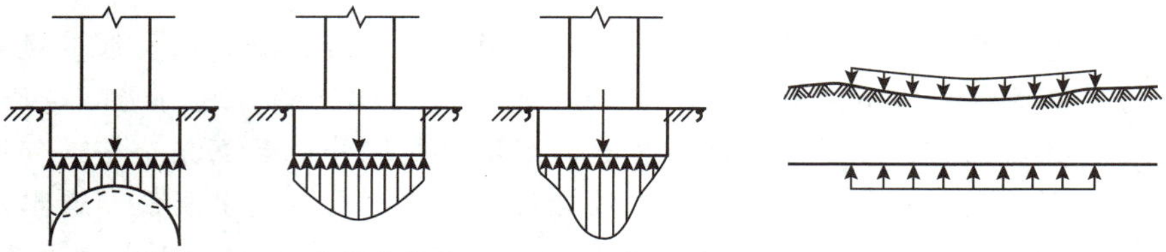

图 2-9　基底压力分布形式

知识链接

刚性基础指基础受力后其本身变形很小，并且只能承受压力而不能承担拉力，如用混凝土或砖石筑成的大块整体基础。柔性基础则没有抵抗弯曲变形的能力，基础允许变形，除承受压力外还能承担一定量的弯矩，如钢筋混凝土做成的基础就属于此类。土质路堤也相当于柔性基础，因为它本身不传递剪力，路堤填土自重引起的基底压力分布与路堤横断面形状相同，都是梯形，如图 2-10 所示。

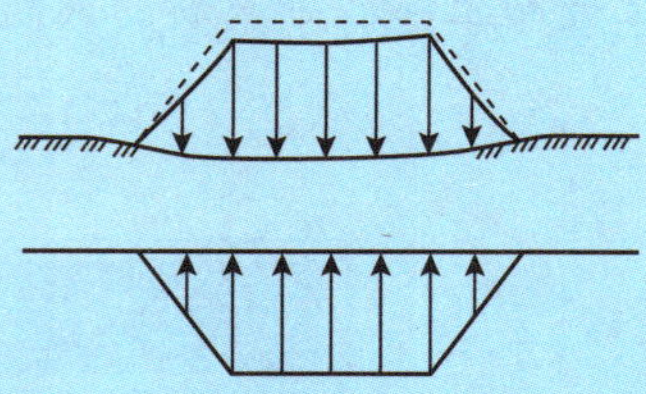

图 2-10　土路堤的基底应力分布

2.3.2　基底压力的简化计算

由于基底压力的分布情况对于地基土中的附加应力分布的影响是随着深度的增加而减少，在地基表面以下深度超过基础宽度 1.5 倍时，地基中引起的附加应力分布几乎与基础压力分布情况无关，而主要与基础总荷载大小有关。

1. 中心受压基础

《建筑地基基础设计规范》（GB 50007—2011）规定，在中心荷载作用下，假定基底应力为均匀分布，如图 2-4 所示。基底应力为

$$p_k = \frac{F_k + G_k}{A} \tag{2.8}$$

式中　p_k——基底平均应力，kPa；

F_k——上部结构作用在基础上的竖向力，kN；

G_k——基础及基础上回填土的总重量，kN；$G_k = \gamma_G A d$，其中 γ_G 为基础及回填土的平均重度，一般取 20 kN/m^3，但在地下水位以下部分应扣去浮力 10 kN/m^3；d 为基础埋深（m），必须从设计地面算起，如图 2-11（a）所示，对于室内外地面有高差的外墙、外柱，取室内外平均埋深，如图 2-11（b）所示；

A——基底面积，m^2，矩形基础 $A = lb$，其中 l 和 b 分别为矩形基底的长度和宽度。

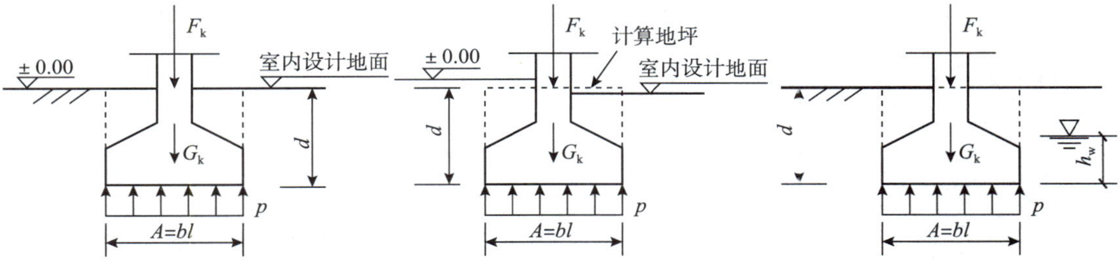

（a）内墙或内柱基础　　（b）外墙或外柱基础　　（c）有地下水

图 2-11　中心荷载作用下的基底应力分布

对于荷载沿长度方向均匀分布的条形基础，需沿长度方向截取一单位长度（即取 l = 1 m）的截条进行计算，此时 F_k 和 G_k 为条形基础单位长度上作用的荷载，A 为单位长度的基底面积，其值等于 bl，则基底应力 p_k 为

$$p_k = \frac{F_k}{b} + 20d \tag{2.9}$$

当基础埋深范围内有地下水时如图 2-11（c）所示，$G = \gamma_G Ad - \gamma_w Ah_w$，因此

$$p_k = \frac{F_k}{A} + 20d - 10h_w \tag{2.10}$$

式中，h_w 为基础底面至地下水位的距离，m。

2. 偏心受压基础

偏心受压基础有单向偏心和双向偏心之分，现讲述单向偏心受压基础。

单向偏心荷载作用下的矩形基础底应力分布，如图 2-12 所示，通常取基底长边方向与偏心方向一致。假定基底应力为线性分布，当基础荷载作用在某一主形心轴上且对另一主形心轴有一偏心距 e 时，可将偏心荷载的作用看作在基底形心的中心荷载和它对形心主轴的力距 M_k 的共同作用。《建筑地基基础设计规范》（GB 50007—2011）规定，根据材料力学短柱偏心受压公式，有

$$\begin{aligned} \left.\begin{matrix} P_{kmax} \\ P_{kmin} \end{matrix}\right\} &= \frac{F_k + G_k}{A} \pm \frac{M_k}{W} \\ &= \frac{F_k + G_k}{A} \pm \frac{(F_k + G_k)e}{A} = p_k\left(1 \pm \frac{6e}{l}\right) \end{aligned} \tag{2.11}$$

式中　F_k、G_k、l、b——意义同式（2.8）；

M_k——竖向荷载对形心主轴偏心距 e 引起的力矩，$M_k = (F_k + G_k)e$；

W——基底面积对 y 轴的截面抵抗矩，即 $W = \frac{1}{6}bl^2$。

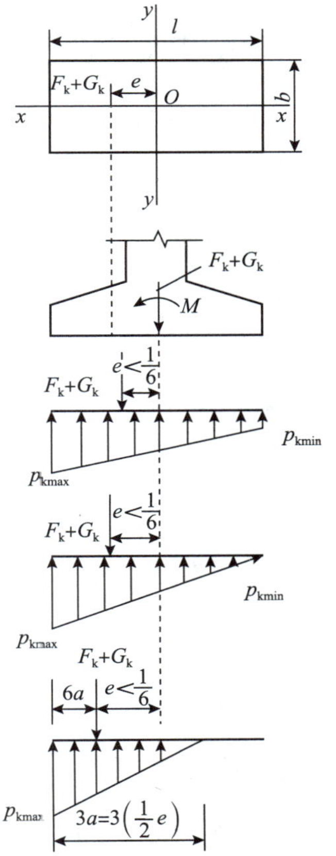

图 2-12　单向偏心荷载作用下的矩形基础基底应力分布

从式（2.11）及图2-12中可以看出，基底应力分布有三种情况。

当 $e < \frac{l}{6}$ 时，p_{kmin} 为正值，基底应力呈梯形分布。

当 $e = \frac{l}{6}$ 时，p_{kmin} 为零，基底应力呈三角形分布。

当 $e > \frac{l}{6}$ 时，由式（2.11）计算结果可知，p_{kmin} 为负值，表示基底一侧出现拉应力。

实际上，基底与地基之间不能传递拉应力而出现局部分离，受力面积有所减少，基底应力会重新分布，此时，用式（2.11）计算的基底应力就和实际不符合，须按应力重分布后的情况进行计算。

根据偏心荷载与基底反力相平衡的条件，基底反力的合力应与荷载 $F_k + G_k$ 的大小相等，方向相反，并作用在同一竖直线上，从而可得

$$p_{kmin} = \frac{2(F_k + G_k)}{3ba} = \frac{2(F_k + G_k)}{3(l/2 - e)b} \tag{2.12}$$

式中　b——垂直于力矩作用方向的基础底边边长；

a——合力作用点至基础底面最大压力边缘的距离，即 $a = \frac{l}{2} - e$。

【例2-4】已知基底面积为3 m × 2 m，如图2-13所示。基底中心处的偏心力矩 M= 147 kN·m，作用于基础底面的荷载竖向力大小为490 kN，试求基底压力。

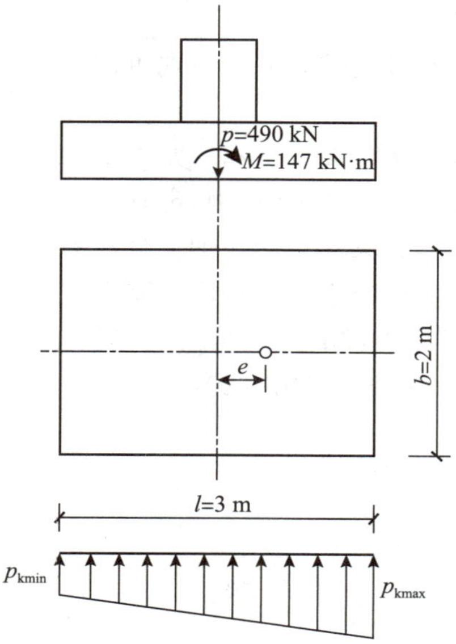

图2-13　例2-4图

【解】偏心距 $e = \frac{M_k}{F_k + G_k} = \frac{147}{490} = 0.3(\text{m}) < \frac{l}{6} = \frac{3}{6} = 0.5(\text{m})$

$$\left.\begin{matrix} p_{kmax} \\ p_{kmin} \end{matrix}\right\} = \frac{F_k + G_k}{A} \pm \frac{M_k}{W} = P_k\left(1 \pm \frac{6e}{b}\right) = \frac{490}{3 \times 2} \times \left(1 \pm \frac{6 \times 0.3}{3}\right) = \begin{matrix} 130.67(\text{kPa}) \\ 32.67(\text{kPa}) \end{matrix}$$

【解析】判断 e 与 $\frac{l}{6}$ 的关系是关键，当 $e < \frac{l}{6}$ 时，$\frac{p_{kmax}}{p_{kmin}} = \frac{F_k + G_k}{A}\left(1 \pm \frac{6e}{b}\right)$。

对于矩形基础，l 为力矩作用方向基础的边长。

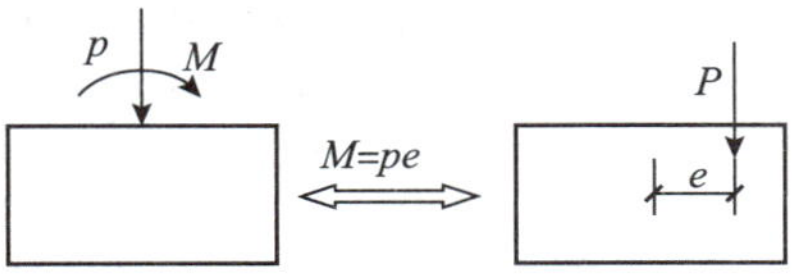

如果荷载是作用于基础底面，则已包含了基础自重。

提 示

偏心距是作用于基础底面形心处的总弯矩与竖向力合力的比值。例如，当基础顶面作用有上部结构传来的竖向力 500 kN 和力矩 150 kN·m，基础埋深 2 m，基础尺寸 4 m×3 m 时，则偏心距

$$e = \frac{M_k}{F_k + G_k} = \frac{150}{500 + 20 \times 4 \times 3 \times 2} = 0.153(\text{m})$$

2.3.3　基底附加压力的计算

在建筑物建造之前，土中早已存在自重应力。如图 2-14 所示，距地面深度为 h 的基底处，原来就存在自重应力 γh，此自重应力 γh 称为基底处的原存应力，一般天然土层在自重应力作用下的变形也早已稳定，不会引起地基沉降。当建造建筑物时，通常需先开挖基坑，这时，基底就卸除了自重应力 γh。而建筑物建造完成后，全部建筑物荷载作用在基础底面上，基底应力为 p_k。显然，能使建筑物产生沉降的应力，并不是基底应力 p_k，而是从其中扣去相应于基底标高处原有土中自重应力 γh 后的那部分新增加的应力，即建筑物建成后使基础底面净增加的压力，又叫基底净加压力或基底附加应力。

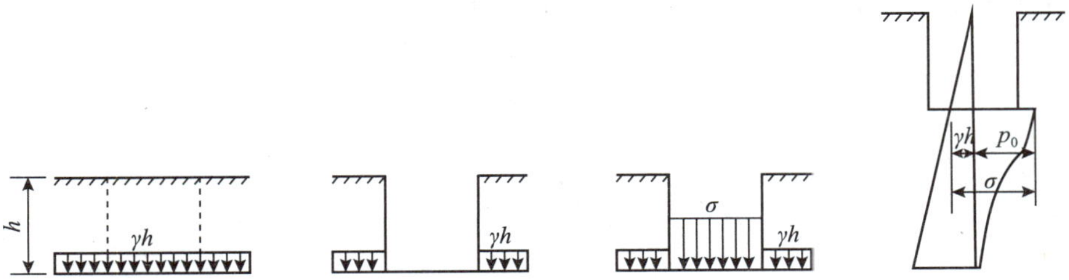

（a）建筑物建造前　（b）基坑开挖后　（c）建筑物建造后　（d）基底下应力分布

图 2-14　建筑物在建造过程中基底应力的变化

基底平均附加应力 p_0(kPa) 可按下式计算

$$p_0 = p_k - \sigma_{cd} = p_k - \gamma_m d \tag{2.13}$$

式中　p_0——基底平均附加应力，kPa；

σ_{cd}——基底处土的自重应力，kPa；

γ_m——基底标高以上天然土层的加权平均重度，$\gamma_m = p_c/d = (\gamma_1 h_1 + \gamma_2 h_2 + \cdots)/d$，kN/m^3；

d——基底埋置深度，一般由天然地面算起，新填土场地则应从老天然地面算起，若受水流冲刷时，由一般冲刷线算起，m。

由公式可以看出，在荷载 F_k 不变的情况下，若能将建筑物的基础或地下部分做成中空、封闭的形式，例如地下室，那么就可以大大减小基底附加应力，即被挖去的土重可以用来抵消上部结构的部分甚至全部重力。这样即使地基极其软弱，地基的稳定性和沉降也可以容易得到保证。

2.4 地基附加应力计算

在建筑物荷载作用下，地基中必然产生应力和变形。由建筑物等荷载在土体中引起的附加于原有应力之上的应力称为地基附加应力，用 σ_z 表示。

地基附加应力计算方法：假定地基土是各向同性的、均质的线性变形体，而且在深度和水平方向上都是无限延伸的，即把地基看作均质的线性变形半空间，这样就可以直接采用弹性力学中关于弹性半空间的理论解答，按弹性理论求解。

2.4.1 竖向集中荷载作用下的地基附加应力计算

设在无限伸展的地面 O 点上，如图 2-15 所示，作用一竖向集中荷载 p（kN），土中任意一点 M 的竖向附加应力 σ_z 的计算公式为

$$\sigma_z = \frac{3p}{2\pi} \cdot \frac{z^3}{R^5} \tag{2.14}$$

式中 p——作用于坐标原点 O 的竖向集中力，kN；

R——M 点至原点 O 的距离，$R=\sqrt{x^2+y^2+z^2}=\sqrt{r^2+z^2}$，m；

r——M 点与集中力作用点的水平距离，m。

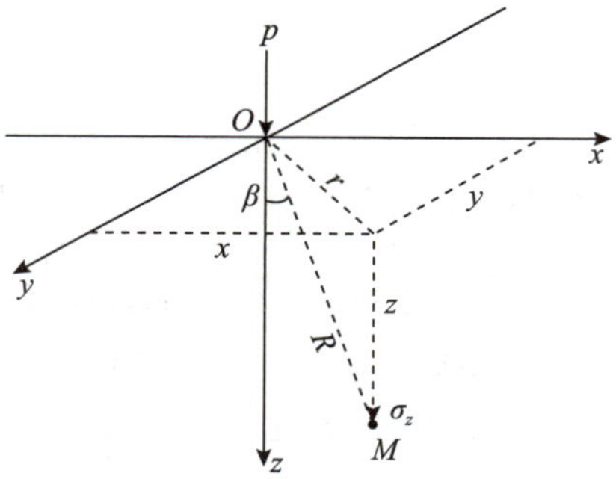

图 2-15 集中荷载 p 作用下土中附加应力

在式（2.14）中，若 $R=0$，则所得结果为无限大，因此，所选择的计算点不应过于接近集中力作用点。

为计算方便，将 $R=\sqrt{r^2+z^2}$ 代入式（2.14），可得

$$\sigma_z=\frac{3}{2\pi}\cdot\frac{1}{[1+(r/z)^2]^{\frac{5}{2}}}\cdot\frac{p}{z^2} \tag{2.15}$$

令 $K=\frac{3}{2\pi}\frac{1}{[1+(r/z)^2]^{\frac{5}{2}}}$，则上式简化为

$$\sigma_z=K\frac{p}{z^2} \tag{2.16}$$

K 称为集中荷载作用下地基竖向附加应力系数，其值可按比值 r/z 由表 2-1 查得。

表 2-1　集中荷载作用下的地基竖向附加应力系数

r/z	K	r/z	K	r/z	K	r/z	K
0.00	0.477 5	0.65	0.197 8	1.30	0.040 2	1.95	0.009 5
0.05	0.474 5	0.70	0.176 2	1.35	0.035 7	2.00	0.008 5
0.10	0.465 7	0.75	0.156 5	1.40	0.0317	2.20	0.005 8
0.15	0.451 6	0.80	0.138 6	1.45	0.028 2	2.40	0.004 0
0.20	0.432 9	0.85	0.122 6	1.50	0.025 1	2.60	0.002 9
0.25	0.410 3	0.90	0.108 3	1.55	0.022 4	2.80	0.002 1
0.30	0.384 9	0.95	0.095 6	1.60	0.020 0	3.00	0.001 5
0.35	0.357 7	1.00	0.084 4	1.65	0.017 9	3.50	0.000 7
0.40	0.329 4	1.05	0.074 1	1.70	0.016 0	4.00	0.000 4
0.45	0.301 1	1.10	0.065 8	1.75	0.014 4	4.50	0.000 2
0.50	0.273 3	1.15	0.058 1	1.80	0.012 9	5.00	0.000 1
0.55	0.216 6	1.20	0.051 3	1.85	0.011 6		
0.60	0.221 4	1.25	0.045 4	1.90	0.010 5		

当地面上有若干个竖向集中荷载 p_i（$i=1$，2，，⋯，n）作用在地基表面时，由于集中力作用下地基中的竖向附加应力 σ_z 是荷载的一次函数，因此可应用叠加原理。地面下 z 深度处任一点 M 的附加应力 σ_z 为各集中力单独作用时在该点所引起的附加应力总和，即

$$\sigma_z=K_1\frac{p_1}{z^2}+K_2\frac{p_2}{z^2}+\cdots=\sum_{i=1}^{n}K_i\frac{p_i}{z^2} \tag{2.17}$$

式中，K 为在集中荷载 p_i 作用下，深度 z 处 M 点上的竖向附加应力系数。

【例 2-5】在地基上土作用一集中力 $p=200$ kN，试计算：

（1）在地基中 $z=2$ m 的水平面上，水平距离 $r=0$、1、2、3、4（m）处各点的附加应力值，并绘出分布图；

（2）在地基中 $r=0$ 的竖直线上距地基表面 $z=0$、1、2、3、4（m）处各点的附加应力值，并绘出分布图。

【解】（1）在地基中，$z=2$ m 处水平面上点的 σ_z 计算列于表 2-2 中，应力分布如图 2-16 所示。由图可见，σ_z 在水平面上的分布范围相当大，这种现象称为附加应力扩散现象。

（2）$r=0$ 处竖直面上 σ_z 的计算列于表 2-3 中，应力分布如图 2-17 所示。

表 2-2　$z=2$ m 处水平面上不同 r 处的竖向附加应力 σ_z 计算

z/m	r	r/z	K（查表 2-1）	$\sigma_z=K\frac{P}{z^2}$/kPa
2	0	0	0.477 5	23.9
2	1	0.5	0.273 3	13.7
2	2	1.0	0.084 4	4.2
2	3	1.5	0.025 1	1.3
2	4	2.0	0.008 5	0.4

表 2-3　r=0 处在荷载作用点下不同深度 z 处的竖向附加应力 σ_z 的计算

z/m	r	r/z	K（查表 2-1）	$\sigma_z=K\frac{P}{z^2}$/kPa
0	0	0	0.477 5	∞
1	0	0	0.477 5	95.5
2	0	0	0.477 5	23.9
3	0	0	0.477 5	10.6
4	0	0	0.477 5	6.0

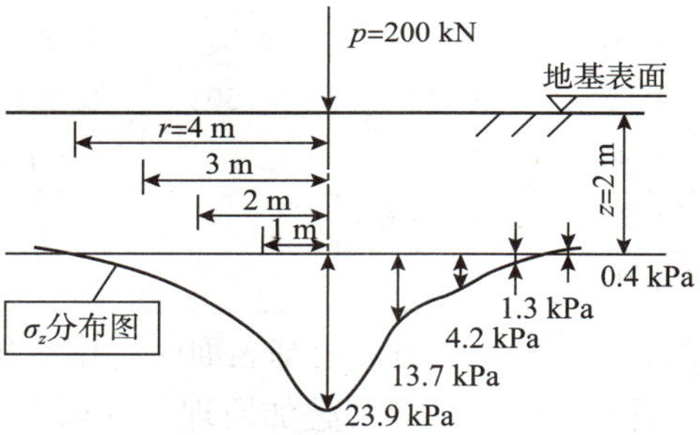

图 2-16　同一水平面上不同 r 处 σ_z 分布图

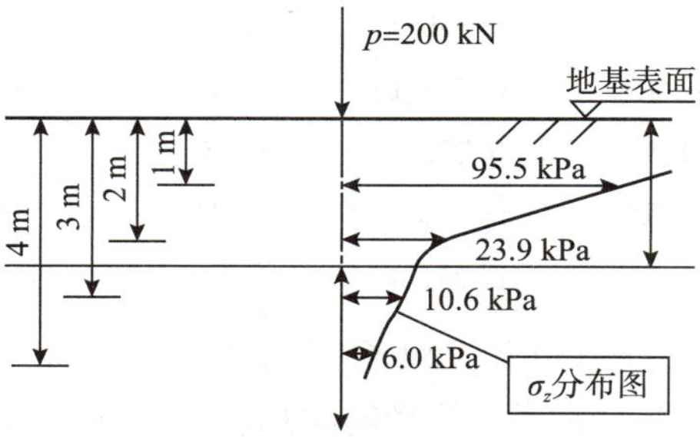

图 2-17　$r=0$ 不同深度 z 处 σ_z 分布图

σ_z 分布规律总结如下。

① 集中力作用线上最大。

② 随着 r 的增加而逐渐减小。

③ 集中力作用点处为奇异点。

2.4.2　矩形面积上竖向均布荷载作用下的地基附加应力计算

1. 矩形面积角点下的竖向附加应力

轴心受压柱基础的基底附加应力即属于竖向均布荷载（简称为均布矩形荷载）这一情况。如图 2-18 所示，矩形面积的长度和宽度分别为 l 和 b，竖向均布荷载为 p，从荷载面内任取一微面积 $dxdy$，并将其上的分布荷载以集中力 $pdxdy$ 来代替，则由此集中力产生的

角点 O 下任意深度 z 处 M 点竖向附加应力 $\mathrm{d}\sigma_z$，由公式（2.13）得

$$\mathrm{d}\sigma_z=\frac{3}{2\pi}\cdot\frac{pz^3}{(x^2+y^2+z^2)^{\frac{5}{2}}}\cdot\mathrm{d}x\mathrm{d}y \tag{2.18}$$

对整个矩形面积积分后，得

$$\sigma_z=\alpha p \tag{2.19}$$

式中，α 为矩形面积上均布荷载作用下角点的竖向附加应力系数，根据比值 $\frac{l}{b}$、$\frac{z}{b}$ 由表 2-4 查得。

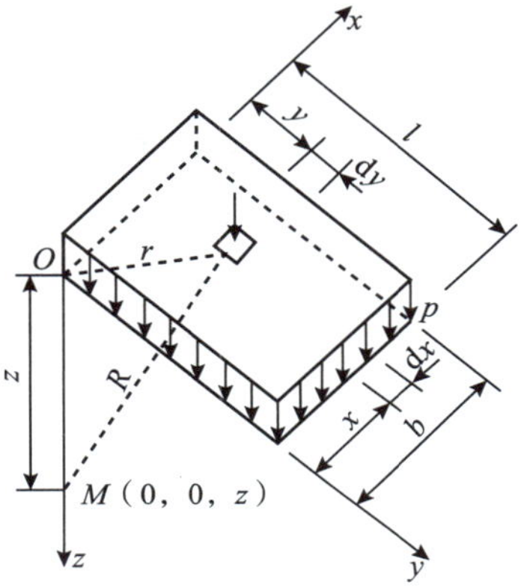

图 2-18　矩形面积角点下的竖向附加应力

表 2-4　矩形面积上均布荷载作用下角点的竖向附加应力系数 α

z/b	l/b											
	1.0	1.2	1.4	1.6	1.8	2.0	3.0	4.0	5.0	6.0	10.0	条形
0.0	0.250	0.250	0.250	0.250	0.250	0.250	0.250	0.250	0.250	0.250	0.250	0.250
0.2	0.249	0.249	0.249	0.249	0.249	0.249	0.249	0.249	0.249	0.249	0.249	0.249
0.4	0.240	0.242	0.243	0.243	0.244	0.244	0.244	0.244	0.244	0.244	0.244	0.244
0.6	0.223	0.228	0.230	0.232	0.232	0.233	0.234	0.234	0.234	0.234	0.234	0.234
0.8	0.200	0.207	0.212	0.215	0.216	0.218	0.220	0.220	0.220	0.220	0.220	0.220
1.0	0.175	0.185	0.191	0.195	0.198	0.200	0.203	0.204	0.204	0.204	0.205	0.205
1.2	0.152	0.163	0.171	0.176	0.179	0.182	0.187	0.188	0.189	0.189	0.189	0.189
1.4	0.131	0.142	0.151	0.157	0.161	0.164	0.171	0.173	0.174	0.174	0.174	0.174
1.6	0.112	0.124	0.133	0.140	0.145	0.148	0.157	0.159	0.160	0.160	0.160	0.160
1.8	0.097	0.108	0.117	0.124	0.129	0.133	0.143	0.146	0.147	0.148	0.148	0.148
2.0	0.084	0.095	0.103	0.110	0.116	0.120	0.131	0.135	0.136	0.137	0.137	0.137
2.2	0.073	0.083	0.092	0.098	0.104	0.108	0.121	0.125	0.126	0.127	0.128	0.128
2.4	0.064	0.073	0.081	0.088	0.093	0.098	0.111	0.116	0.118	0.118	0.119	0.119
2.6	0.057	0.065	0.072	0.079	0.084	0.089	0.102	0.107	0.110	0.111	0.112	0.112

续表

z/b	l/b											
	1.0	1.2	1.4	1.6	1.8	2.0	3.0	4.0	5.0	6.0	10.0	条形
2.8	0.050	0.058	0.065	0.071	0.076	0.080	0.094	0.100	0.102	0.104	0.105	0.105
3.0	0.045	0.052	0.058	0.064	0.069	0.073	0.087	0.093	0.096	0.097	0.099	0.099
3.2	0.040	0.047	0.053	0.058	0.063	0.067	0.081	0.087	0.090	0.092	0.093	0.094
3.4	0.036	0.042	0.048	0.053	0.057	0.061	0.075	0.081	0.085	0.086	0.088	0.089
3.6	0.033	0.038	0.043	0.048	0.052	0.056	0.069	0.076	0.080	0.082	0.084	0.084
3.8	0.030	0.035	0.040	0.044	0.048	0.052	0.005	0.072	0.075	0.077	0.080	0.080
4.0	0.027	0.032	0.036	0.040	0.044	0.048	0.060	0.067	0.071	0.073	0.076	0.076
4.2	0.025	0.029	0.033	0.037	0.041	0.044	0.056	0.063	0.067	0.070	0.072	0.073
4.4	0.023	0.027	0.031	0.034	0.038	0.041	0.053	0.060	0.064	0.066	0.069	0.070
4.6	0.021	0.025	0.028	0.032	0.035	0.038	0.049	0.056	0.061	0.063	0.066	0.067
4.8	0.019	0.023	0.026	0.029	0.032	0.035	0.046	0.053	0.058	0.060	0.064	0.064
5.0	0.018	0.021	0.024	0.027	0.030	0.033	0.043	0.050	0.055	0.057	0.06	0.062
6.0	0.013	0.015	0.017	0.020	0.022	0.024	0.033	0.039	0.043	0.046	0.051	0.052
7.0	0.009	0.011	0.013	0.015	0.016	0.018	0.025	0.031	0.035	0.038	0.043	0.045
8.0	0.007	0.009	0.010	0.011	0.013	0.014	0.020	0.025	0.028	0.031	0.037	0.039
9.0	0.006	0.007	0.008	0.009	0.010	0.011	0.016	0.020	0.024	0.026	0.032	0.035
10.0	0.005	0.006	0.007	0.007	0.008	0.009	0.013	0.017	0.020	0.022	0.028	0.032
12.0	0.003	0.004	0.005	0.005	0.006	0.006	0.009	0.012	0.014	0.017	0.022	0.026
14.0	0.002	0.003	0.003	0.004	0.004	0.005	0.007	0.009	0.011	0.013	0.018	0.023
16.0	0.002	0.002	0.003	0.003	0.003	0.004	0.005	0.007	0.009	0.010	0.014	0.020
18.0	0.001	0.002	0.002	0.002	0.003	0.003	0.004	0.006	0.007	0.008	0.012	0.018
20.0	0.001	0.001	0.002	0.002	0.002	0.002	0.004	0.005	0.006	0.007	0.010	0.016
25.0	0.001	0.001	0.001	0.001	0.001	0.002	0.002	0.003	0.004	0.004	0.007	0.013
30.0	0.00	0.001	0.001	0.001	0.00	0.001	0.002	0.002	0.003	0.002	0.005	0.011
35.0	0.000	0.000	0.001	0.001	0.001	0.001	0.001	0.002	0.002	0.002	0.004	0.009
40.0	0.000	0.000	0.000	0.000	0.001	0.001	0.001	0.001	0.001	0.002	0.003	0.008

注：（1）l—基础长度，m。

（2）b—基础宽度，m。

（3）z—计算点离基础底面垂直距离，m。

2. 任意点下的竖向附加应力

实际计算中，常常会遇到计算点不位于角点之下的情况，这时可通过做辅助线把荷载面分成若干个矩形面积，而计算点则正好位于这些矩形面积的角点之下，利用叠加原理来求解，这种方法称为角点法。图 2-19 中列出计算点不位于矩形荷载面角点下的四种情况（在图中 O 点以下任意深度 z 处）。计算时，通过 O 点把荷载面分成若干个矩形面积，这样 O 点就必然是划分出的各个矩形的公共角点，然后再按公式（2.19）计算每个矩形角

点下同一深度 z 处的附加应力，并求其代数和。四种情况的算式分别如下。

（1）O 点在荷载面边缘

O 点在荷载面边缘，如图 2-19（a）所示。

过 O 点作辅助线 Oe，将荷载面分成Ⅰ、Ⅱ两块，由叠加原理，附加应力 σ_z 为两个矩形面积 $abeO$、$ecdO$ 角点下附加应力之和，即

$$\sigma_z = \sigma_{z\mathrm{I}} + \sigma_{z\mathrm{II}} = (\alpha_{\mathrm{I}} + \alpha_{\mathrm{II}})p$$

式中，σ_{I} 和 σ_{II} 分别为小矩形面积 $abeO$、$ecdO$ 的角点附加应力系数，由（$l_{\mathrm{I}}/b_{\mathrm{I}}$，$z/b_{\mathrm{I}}$）、（$l_{\mathrm{II}}/b_{\mathrm{II}}$，$z/b_{\mathrm{II}}$）查得，特别注意的是 b_{I}、b_{II} 分别是小矩形Ⅰ、Ⅱ的短边边长。以下的角点应力系数角标符号注法相同，不再说明。

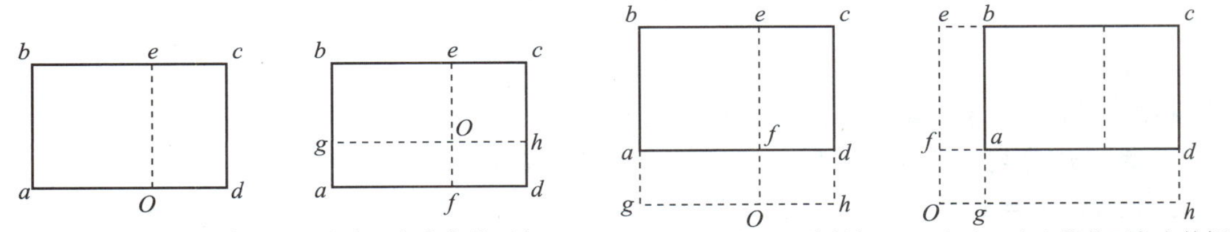

（a）O点在荷载面边缘　（b）O点在荷载面内　（c）O点在荷载面边缘外侧　（d）O点在荷载面角点外侧

图 2-19　以角点法计算任意点 O 点下的地基竖向附加应力

（2）O 点在荷载面内

O 点在荷载面内，如图 2-19（b）所示。作两条辅助线，将荷载面分成Ⅰ、Ⅱ、Ⅲ和Ⅳ共四块面积，附加应力 σ_z 为四个矩形面积角点下的附加应力之和，即

$$\sigma_z = \sigma_{z\mathrm{I}} + \sigma_{z\mathrm{II}} + \sigma_{z\mathrm{III}} + \sigma_{z\mathrm{IV}} = (\alpha_{\mathrm{I}} + \alpha_{\mathrm{II}} + \alpha_{\mathrm{III}} + \alpha_{\mathrm{IV}})p$$

如果 O 点位于荷载面中心，则 $\alpha_{\mathrm{I}} = \alpha_{\mathrm{II}} = \alpha_{\mathrm{III}} = \alpha_{\mathrm{IV}}$，可得 $\sigma_z = 4\alpha_{\mathrm{I}} p_0$。此即为利用角点法求基底中心下 σ_z 的解。

（3）O 点在荷载面边缘外侧，但在一组对边延长线范围之内

O 点在荷载面边缘外侧，但在一组对边延长线范围之内，如图 2-19（c）所示。此时荷载面 $abcd$ 可看成由Ⅰ（$Oebg$）与Ⅱ（$Ofag$）之差和Ⅲ（$Oech$）与Ⅳ（$fecd$）之差合成的，所以

$$\sigma_z = (\alpha_{\mathrm{I}} - \alpha_{\mathrm{II}} - \alpha_{\mathrm{III}} - \alpha_{\mathrm{IV}})p$$

式中，α_{I}、α_{II}、α_{III}、α_{IV} 分别为小矩形面积 $Oebg$、$Ofag$、$Oech$ 和 $fecd$ 的角点附加应力系数。

（4）O 点在荷载面角点外侧，也不在任一组对边延长线范围之内

O 点在荷载面角点外侧，也不在任一组对边延长线范围之内，如图 2-19（d）所示。此时把荷载面看成由Ⅰ（$Ohce$）面积中扣除Ⅱ（$Ohdf$）和Ⅲ（$Ogbe$），再加上面积Ⅳ（$Ogaf$）合成的，所以

$$\sigma_z = (\alpha_{\mathrm{I}} - \alpha_{\mathrm{II}} - \alpha_{\mathrm{III}} + \alpha_{\mathrm{IV}})p$$

【例 2-6】 地面上一矩形承载面积 $abcd$ 的长边 l=6 m，短边 b=4 m，如图 2-20 所示，其上作用的均布荷载 p=300 kPa，求矩形面积角点、中心点和矩形面积内、外的 N、M 点下 4 m 深度处的竖向附加应力。

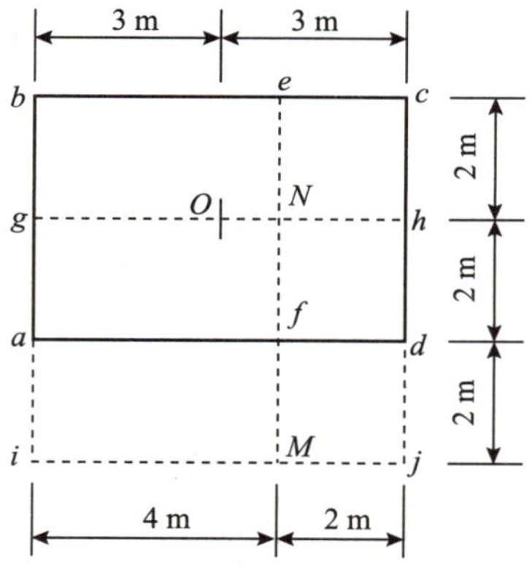

图 2-20　例 2-6 图

【解】(1) 角点下 4 m 深度处的竖向附加应力

计算矩形荷载面角点下的附加应力时，可直接查表 2-4

$l=6$ m，$b=4$ m，$z=4$ m，$p=300$ kPa

因此 $\frac{l}{b}=\frac{6}{4}=1.5$，$\frac{z}{b}=\frac{4}{4}=1$

查表 2-4，利用内插法，得 $\alpha=0.193$

$\sigma_z=\alpha p=0.193\times300=57.9(\text{kPa})$

(2) 中心点 O 下 4 m 深度处的竖向附加应力

由于 O 点位于荷载面中心点下，可将荷载面分成四块面积相等小矩形，O 点位于每个小矩形的角点下，此时

$l=3$ m，$b=2$ m，$z=4$ m，$p=300$ kPa

因此 $\frac{l}{b}=\frac{3}{2}=1.5$，$\frac{z}{b}=\frac{4}{2}=2$

查表 2-4，利用内插法，得 $\alpha=0.1065$

$\sigma_z=4\alpha p=4\times0.1065\times300=127.8(\text{kPa})$

(3) 矩形承载面积内 N 点下 4 m 深度处的竖向附加应力

将矩形面积 *abcd* 划分成 4 小块矩形面积，按角点法列表 2-5 进行计算

$\sigma_z=(\alpha_{fagN}+\alpha_{gbeN}+\alpha_{echN}+\alpha_{hdfN})p=(36.0+36.0+25.2+25.2)=122.4(\text{kPa})$

表 2-5　矩形承载面积内 N 点下 4 m 深度处的竖向附加应力

小矩形面积	l/m	b/m	z/m	l/b	z/b	α	p/kPa	αp/kPa
fagN	4.0	2.0	4.0	2.0	2.0	0.120	300	36.0
gbeN	4.0	2.0	4.0	2.0	2.0	0.120	300	36.0
echN	2.0	2.0	4.0	1.0	2.0	0.084	300	25.2
hdfN	2.0	2.0	4.0	1.0	2.0	0.084	300	25.2

(4) 矩形承载面积外 M 点下 4 m 深度处的竖向附加应力

将矩形面积 *abcd* 按图 2-20 进行划分，再利用角点法列表 2-6 进行计算

$\sigma_z=(\alpha_{ibeM}+\alpha_{ecjM}-\alpha_{iafM}-\alpha_{fdjM})p=57.9+39.3-36.0-25.2=36.0(\text{kPa})$

表 2-6　矩形承载面积外 M 点下 4 m 深度处的竖向附加应力

小矩形面积	l/m	b/m	z/m	l/b	z/b	α	p/kPa	αp/kPa
$ibeM$	6.0	4.0	4.0	1.5	1.0	0.193	300	57.9
$ecjM$	6.0	2.0	4.0	3.0	2.0	0.131	300	39.3
$iafM$	4.0	2.0	4.0	2.0	2.0	0.120	300	36.0
$fdjM$	2.0	2.0	4.0	1.0	2.0	0.084	300	25.2

2.4.3　条形面积上受竖向均布荷载作用下的地基附加应力计算

设在地基表面上有均布荷载作用在宽度为 b，长度为无限长的条形面积上，此时地基中产生的应力状态属于平面问题。

在建筑工程中，当然没有无限长的受荷面积。理论上，当条形基础的长度 l/b 趋向于无穷大时，地基中的应力状态也属于平面问题。在实际工程中，当 $l/b \geq 10$ 时视为平面问题，有时当 $l/b \geq 5$ 时，按平面问题计算，也能保证足够的精度。因此，对于墙下或柱下条形基础、挡土墙基础、路基、坝基等，常常可视为条形荷载，按平面问题求解。

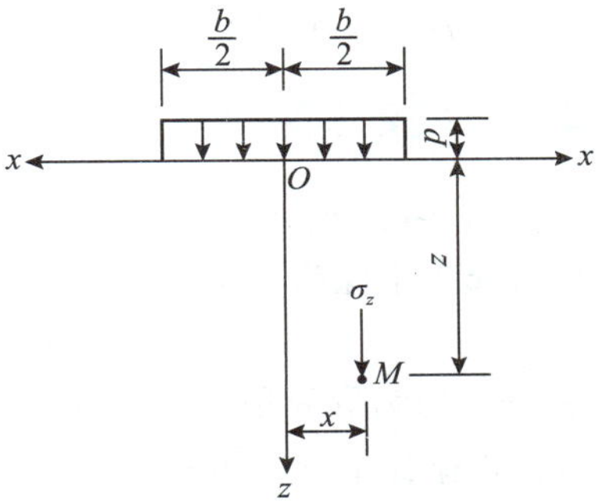

图 2-21　条形均布荷载作用下的土中应力

运用积分法，可求得条形荷载下的地基附加应力为

$$\sigma_z = \alpha_{sz} p \tag{2.20}$$

α_{sz} 是条形面积上均布荷载作用下的附加应力系数，可直接查表 2-7。查表时应注意将坐标原点 O 设在荷载宽度的中点处，如图 2-21 所示。

表 2-7　条形面积上均布荷载作用下的附加应力系数 α_{sz}

$\frac{z}{b}$	$\frac{x}{b}$										
	0.00	0.10	0.25	0.50	0.75	1.00	1.50	2.00	3.00	4.00	5.00
0.00	1.000	1.000	1.000	0.500	0.000	0.000	0.000	0.000	0.000	0.000	0.000
0.10	0.997	0.996	0.986	0.499	0.010	0.005	0.000	0.000	0.000	0.000	0.000
0.25	0.960	0.954	0.905	0.496	0.088	0.019	0.002	0.001	0.000	0.000	0.000
0.35	0.907	0.900	0.832	0.492	0.148	0.039	0.006	0.003	0.000	0.000	0.000
0.50	0.820	0.812	0.735	0.481	0.218	0.082	0.017	0.005	0.001	0.000	0.000
0.75	0.668	0.658	0.610	0.450	0.263	0.146	0.040	0.017	0.005	0.001	0.000
1.00	0.552	0.541	0.513	0.410	0.288	0.185	0.071	0.029	0.007	0.002	0.001
1.50	0.396	0.395	0.379	0.332	0.273	0.211	0.114	0.055	0.018	0.006	0.003
2.00	0.306	0.304	0.292	0.275	0.242	0.205	0.134	0.083	0.028	0.013	0.006
2.50	0.245	0.244	0.239	0.231	0.215	0.188	0.139	0.098	0.034	0.021	0.010
3.00	0.208	0.208	0.206	0.198	0.185	0.171	0.136	0.103	0.053	0.028	0.015
4.00	0.160	0.160	0.158	0.153	0.147	0.140	0.122	0.102	0.066	0.040	0.025
5.00	0.126	0.126	0.125	0.124	0.121	0.117	0.107	0.095	0.069	0.046	0.034

【例 2-7】已知某条形基础宽 2.0 m，埋深 1 m，地基土重度为 18 kN/m³，建筑物作用在基础顶面上的中心荷载为 236 kN/m，试计算条形基础底面中心线下 z=2 m 的竖向附加应力。

【解】基底附加应力计算

$$p_0=\frac{236\times1+20\times2.0\times1\times1}{2.0}-18\times1=120(\text{kPa})$$

条形基础底面中心线下 z=2 m 的竖向附加应力

条形基础 b=2 m，z=2 m，中心线下 x=0

因此 $\frac{z}{b}=\frac{2}{2}=1$，$\frac{x}{b}=\frac{0}{2}=0$

查表 2-7，得 $\alpha_{sz}=0.552$

本题 $p=p_0$

$\sigma_z=\alpha_{sz}p=0.552\times120=66.24(\text{kPa})$

2.4.4 圆形面积均布荷载作用下的竖向附加应力

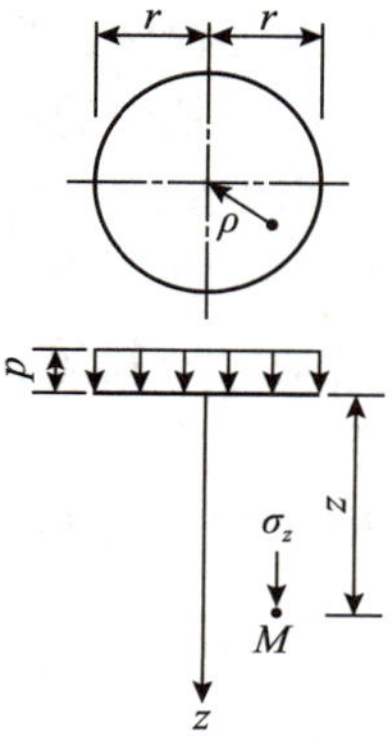

图 2-22 圆形面积均布荷载作用下的竖向附加应力

如图 2-22 所示，圆形面积的地面上作用着均布荷载 p 时，引起土中深度 z 处任意点 M 的竖向附加应力为

$$\sigma_z=\alpha_{cz}p \tag{2.21}$$

式中，α_{cz} 为圆形面积均布荷载作用下任意点的竖向附加应力系数，根据比值 ρ/r 和 z/r 由表 2-8 查得，其中 r 为圆形面积的半径；ρ 为 M 点至圆心的水平距离。

表 2-8 圆形面积均布荷载作用下任意点的竖向附加应力系数

z/r	ρ/r										
	0.0	0.2	0.4	0.6	0.8	1.0	1.2	1.4	1.6	1.8	2.0
0.0	1.000	1.000	1.000	1.000	1.000	0.500	0.000	0.000	0.000	0.000	0.000
0.2	0.992	0.991	0.987	0.970	0.890	0.468	0.077	0.015	0.005	0.002	0.001
0.4	0.949	0.943	0.922	0.860	0.712	0.435	0.181	0.065	0.026	0.012	0.006
0.6	0.864	0.852	0.813	0.733	0.591	0.400	0.244	0.113	0.056	0.029	0.016
0.8	0.756	0.742	0.699	0.619	0.504	0.366	0.237	0.142	0.083	0.048	0.029
1.0	0.646	0.633	0.593	0.525	0.434	0.332	0.235	0.157	0.102	0.065	0.042
1.2	0.547	0.535	0.502	0.447	0.337	0.300	0.226	0.162	0.113	0.078	0.053
1.4	0.461	0.452	0.425	0.383	0.329	0.270	0.212	0.161	0.118	0.086	0.062
1.6	0.390	0.383	0.362	0.330	0.288	0.243	0.197	0.156	0.120	0.090	0.068
1.8	0.332	0.327	0.311	0.285	0.254	0.218	0.182	0.148	0.118	0.092	0.072
2.0	0.285	0.280	0.268	0.248	0.224	0.196	0.167	0.140	0.114	0.092	0.074
2.2	0.246	0.342	0.233	0.218	0.198	0.176	0.153	0.131	0.109	0.090	0.074

续表

z/r	p/r										
	0. 0	0. 2	0. 4	0. 6	0. 8	1. 0	1. 2	1. 4	1. 6	1. 8	2. 0
2. 4	0. 214	0. 211	0. 203	0. 192	0. 176	0. 159	0. 140	0. 122	0. 104	0. 087	0. 073
2. 6	0. 187	0. 185	0. 179	0. 170	0. 158	0. 144	0. 129	0. 113	0. 098	0. 084	0. 071
2. 8	0. 165	0. 163	0. 159	0. 150	0. 141	0. 130	0. 118	0. 105	0. 092	0. 080	0. 069
3. 0	0. 146	0. 145	0. 141	0. 135	0. 127	0. 118	0. 108	0. 97	0. 087	0. 077	0. 067
3. 4	0. 117	0. 116	0. 114	0. 110	0. 105	0. 098	0. 091	0. 084	0. 076	0. 068	0. 061
3. 8	0. 096	0. 095	0. 093	0. 091	0. 087	0. 083	0. 078	0. 073	0. 067	0. 061	0. 055
4. 2	0. 079	0. 079	0. 078	0. 076	0. 073	0. 070	0. 067	0. 063	0. 059	0. 054	0. 050
4. 6	0. 067	0. 067	0. 066	0. 064	0. 063	0. 060	0. 058	0. 055	0. 052	0. 048	0. 045
5. 0	0. 057	0. 057	0. 056	0. 055	0. 054	0. 052	0. 050	0. 048	0. 046	0. 043	0. 041
5. 5	0. 048	0. 048	0. 047	0. 045	0. 045	0. 044	0. 043	0. 041	0. 039	0. 038	0. 036
6. 0	0. 040	0. 040	0. 040	0. 039	0. 039	0. 038	0. 037	0. 036	0. 034	0. 033	0. 031

2. 4. 5　软弱下卧层顶面应力计算

当地基土由不同工程性质的土层组成时，直接承受建筑物基础的土层称为持力层，其下各土层称为下卧层。如果下卧层的承载力显著低于持力层，则将该下卧层称为软弱下卧层。对于存在软弱下卧层的地基，还必须计算软弱下卧层顶面处的附加应力，以保证基础的安全与稳定，如图 2-23 所示。

《建筑地基基础设计规范》（GB 50007—2011）以及《公路桥涵地基与基础设计规范》（JTG 3363—2019）计算软弱下卧层顶面处的附加应力时，一般采用简化方法，即参照双层地基中附加应力分布的理论解答按压力扩散角的概念进行计算，如图 2-24 所示。

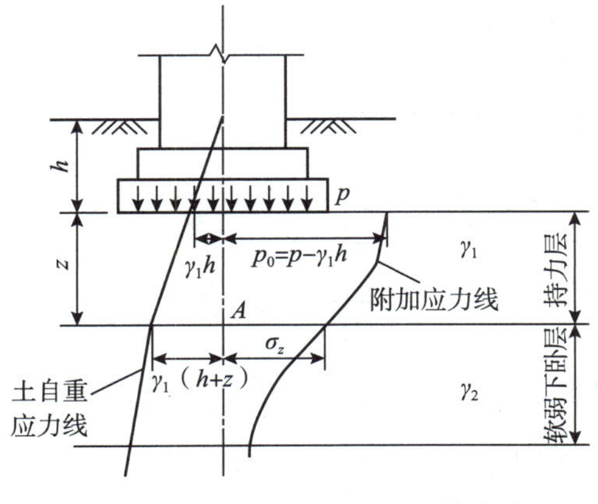

图 2-23　软弱下卧层顶面处的应力

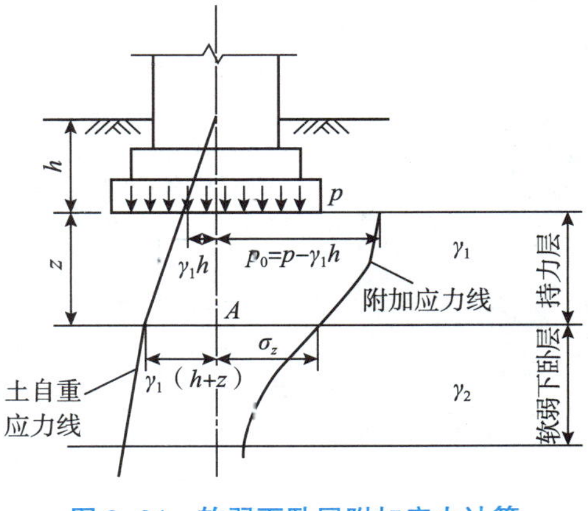

图 2-24　软弱下卧层附加应力计算

当持力层与软弱下卧层的压缩模量比值 $E_{s1}/E_{s2} \geqslant 3$ 时，假设基底处的附加应力往下传递时按压力扩散角 θ 向外扩散至软弱下卧层顶面，根据基底与扩散面积上的总附加应力相等的条件，软弱下卧层顶面附加应力 σ_z 的计算公式如下。

矩形基础

$$\sigma_z=\frac{p_0 lb}{(b+2z\tan\theta)(l+2z\tan\theta)} \tag{2.22}$$

条形基础

$$\sigma_z=\frac{p_0 b}{(b+2z\tan\theta)} \tag{2.23}$$

式中　σ_z——软弱下卧层顶面附加应力，kPa；

b——矩形基础或条形基础的地面宽度，m；

l——矩形基础的底面长度，m；

p_0——基底附加应力，kPa；

z——基底至软弱下卧层顶面的距离，m；

θ——地基应力扩散角，见表 2-9。

表 2-9　地基应力扩散角

E_{s1}/E_{s2}	z/b	
	0.25	0.50
	θ	
3	6°	23°
5	10°	25°
10	20°	30°

注：(1) E_{s1} 为上层土压缩模量，E_{s2} 为下层土压缩模量。

(2) $z/b<0.25$ 时取 $\theta=0°$，必要时，须试验确定；$z/b>0.50$ 时 θ 值不变。

(3) z/b 在 0.25 与 0.50 之间可插值使用。

【例 2-8】某柱基础，如图 2-25 所示。试计算软弱下卧层顶面的附加应力。

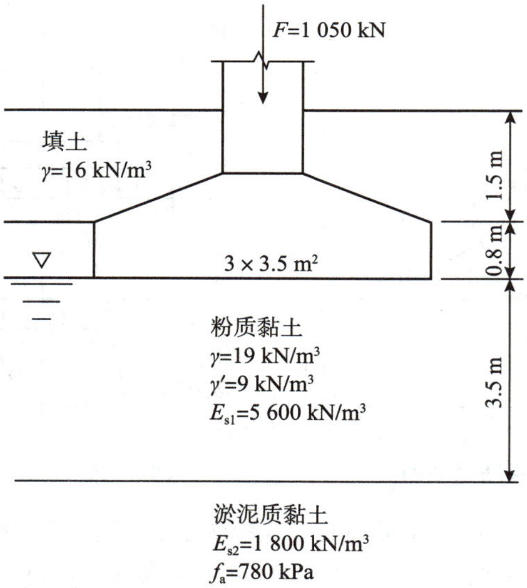

图 2-25　例 2-8 图

【解】(1) 基底应力和基底附加应力计算

$$p_k = \frac{F_k + G_k}{A} = \frac{1\,050 + 3 \times 3.5 \times 2.3 \times 20}{3 \times 3.5} = 146(\text{kPa})$$

基底以上土的自重应力

$$\sigma_{cd} = 16 \times 1.5 + 19 \times 0.8 = 39.2(\text{kPa})$$

基底附加应力

$$p_0 = p_k - \sigma_{cd} = 146 - 39.2 = 106.8(\text{kPa})$$

(2) 软弱下卧层顶面处的附加压力

矩形基础

$$\sigma_z = \frac{p_0 lb}{(b + 2z\tan\theta)(l + 2z\tan\theta)}$$

其中，$p_0 = 106.8$ kPa，$l = 3.5$ m，$b = 3.0$ m，$\frac{z}{b} = \frac{3.5}{3} > 0.5$

由图 2-25 可知，$E_{s1}/E_{s2} = 5\,600/1\,800 \approx 3$，查表 2-9，$\theta = 23°$

$$\sigma_z = \frac{p_0 lb}{(b + 2z\tan\theta)(l + 2z\tan\theta)} = \frac{106.8 \times 3 \times 3.5}{(3 + 2 \times 3.5 \times \tan 23°)(3.5 + 2 \times 3.5 \times \tan 23°)} = 29(\text{kPa})$$

知识链接

地基附加应力的分布规律

σ_z 的分布范围相当大，它不仅分布在荷载面积之内，而且还分布到荷载面积以外，这就是附加应力扩散现象。

在距离基础底面不同深度 z 处的各个水平面上，以基底中心点下轴线处的 σ_z 为最大；离开中心轴线愈远的点，σ_z 愈小。

在荷载分布范围内任意点竖直线上的 σ_z 值，随着深度增大逐渐减小。

方形荷载所引起的 σ_z，其影响深度要比条形荷载小得多。建筑物荷载主要由地基的主要受力层承担，且地基沉降的绝大部分是由这部分土层的压缩所形成的。当两个或多个荷载距离较近时，扩散到同一区域的竖向附加应力会彼此叠加起来，使该区域的附加应力比单个荷载作用时明显增大。这就是所谓的附加应力叠加现象。

当地面上作用有大面积荷载或地下水位大范围下降时，附加应力 σ_z 随深度增大而衰减的速率将变缓，其影响深度将会相当大，因此往往会引起可观的地面沉降。当岩层或坚硬土层上可压缩土层的厚度小于或等于荷载面积宽度的一半时，荷载面积下的附加应力几乎不扩散，此时可认为荷载面中心点下的附加应力不随深度变化，如图 2-26 所示。

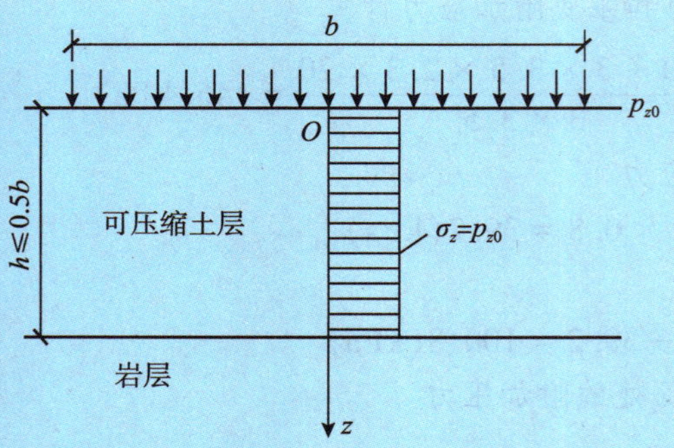

图 2-26　可压缩土层厚度≤0.5b 时的 σ_z 分布

思政链接

唯物论——岩土工程的基础

恩格斯在《自然辩证法》中说："唯物主义的自然观不过是对自然界本来面目的朴素的了解，不附加任何外来的成分。"

在岩土工程中对自然界岩土分布的"朴素的了解"就需要勘察，对岩土性质的了解就需要试验，对自然规律的了解就需要在实践中观察和监测。

成功的岩土工程师都是坚定的唯物主义者。黄文熙先生的一生都致力于土工实验室的建设，他培养的研究生都必须完成大量的土工试验。他指出，"实验资料是永存的"。

刘建航院士在上海地铁施工中总结的："理论导向，实测定量；经验判断，检测验证"，就是强调从实践中来，到实践中去。鉴于岩土材料的复杂性和变异性，在岩土工程中强调现场勘察、科学试验和工程实践的唯物主义思想方法与工作方法就具有更大的意义。

恩格斯也指出："在理论自然科学中也不能虚构一些联系放到事实中去，而是要从事实中发现这些联系，并且在发现之后，要尽可能地用经验去证明。"在土力学理论方面，这种虚构联系和在虚构基础上建立理论的作风应当避免出现。例如，各种关于水土关系的"理论"，各种企图推翻土的有效应力原理的"新理论"等。

项目小结

本项目主要介绍了地基应力的认识、自重应力计算、基底压力的分布与计算，以及地基附加应力计算等内容。首先介绍了地基应力的认识和应力状态类型，帮助读者了解了地基应力的重要性和地基应力状态的分类；其次介绍了土的自重应力的认识和计算，尤其是地下水位升降及填土对自重应力的影响，让读者能够在实际工程中考虑这些因素对地基应力计算的影响；最后介绍了基底压力的分布与计算，包括基底压力的分布、简化计算和基底附加压力的计算，为工程中地基应力的计算提供了基础的理论支持。

通过本项目的学习，读者能够掌握地基应力的计算方法，为工程实践提供有力的支撑，能够更加准确地计算地基应力，提高工程建设的质量和安全性。

课后实训

1. 成员分组

以 3~5 人为一组，选出组长并进行分工，将小组成员及分工情况填入表 2-10 中。

表 2-10　小组成员及分工情况

小组成员	姓名	学号	分工
组长			
组员			

2. 开展实训

将实训操作过程填入表 2-11 中。

表 2-11　实训开展工作表

姓名	日期
实训项目	
具体任务	
相关知识	
其他项目	
实训记录	
教师指导	

3. 考核评价

各组展示任务完成情况，并完成表 2-12 所示的考核评价表。

表 2-12　考核评价表

评价项目	评价内容	分值	评分		
			自评	互评	师评
职业素养考核项目（40%）	考勤、仪容仪表	10 分			
	安全意识、责任意识及服从意识	10 分			
	团队合作、沟通交流能力	10 分			
	维护场地、设备及工具等干净整洁	10 分			
专业能力考核项目（60%）	积极参与教学活动并理解实训活动要求	20 分			
	工程基本专业知识查找及时、准确	20 分			
	地基应力计算操作符合规范，任务完成度	20 分			
合计：综合分数______自评（20%）+互评（20%）+师评（60%）		100 分			
综合评语		指导教师（签名）：			

课后习题

一、填空题

1. __________是建筑物地基中最普遍的一种应力状态，例如独立柱基础下，地基中各点应力就是此应力状态。

2. __________是指侧向应变为零的一种应力状态，地基在自重作用下的应力状态即属于此种应力状态。

3. 在工程设计和施工中，______是一个重要参数，影响着基础结构的稳定性和承载能力。

4. 当地基土由不同工程性质的土层组成时，直接承受建筑物基础的土层称为______，其下各土层称为______。

二、简答题

1. 简述地基中的典型应力状态类型。

2. 简述自重应力分布曲线的变化规律。

项目 3

土的压缩性与地基沉降量计算

项目概述

土壤在承受外部荷载后会发生压缩变形，了解土的压缩性对于工程建设和地基基础设计至关重要。土的压缩性可通过压缩曲线、压缩系数、压缩模量以及压缩指数等参数来描述和评价。在工程实践中，合理评估土的压缩性并进行地基沉降量的合理计算可以帮助工程师更准确地预测土体的变形行为，从而设计出更安全、稳定的地基工程。

学习目标

知识目标

◆理解土的压缩性基本概念。

◆熟悉压缩曲线与压缩系数、压缩模量与压缩指数等知识。

◆理解地基变形与时间关系的计算。

能力目标

◆掌握现场原位测试方法，能够进行土的载荷试验与计算出地基的变形模量。

◆掌握地基最终沉降量计算的方法，能够使用分层总和法和规范法进行计算。

素质目标

◆培养学生分析和解决土壤力学与地基工程问题的能力，提高问题解决的思维逻辑和方法论。

◆培养学生对土壤和地基工程实际工作的兴趣与热情，增强实际问题处理能力。

案例导入

比萨市位于意大利中部，比萨斜塔位于比萨市北部，是一座独立的建筑，周围空旷，它是比萨大教堂的一座钟塔，在大教堂东南方向相距约 25 m。比萨斜塔建造，经历了三个时期。

第一期，自 1173 年 9 月 8 日至 1178 年，建至第 4 层，高度约 29 m 时，因塔倾斜而停工。

第二期，钟塔施工中断 94 年后，于 1272 年复工，至 1278 年，建完第 7 层，高 48 m，再次停工。

第三期，经第二次施工中断 82 年后，于 1360 年再复工，至 1370 年竣工，全塔共 8

层，高度为 55 m。

全塔总荷重约为 145 MN，钟塔基础底面位于第 2 层粉砂中。塔身传递到地基的平均压力约 500 kPa。目前塔北侧沉降量约 90 cm，南侧沉降量约 270 cm，塔倾斜约 5.5°，塔顶离开垂直线的水平距离达 5.27 m，基础底面倾斜值，经计算为 0.093，《建筑地基基础设计规范》（GB 50007—2011）规定：高耸结构基础的倾斜，当建筑物高度 H_g 为 $50\ \text{m}<H_g\leqslant 100\ \text{m}$ 时，其允许值为 0.005，即比萨斜塔基础实际倾斜值已等于我国国家标准允许值的 18 倍，由此可见，比萨斜塔倾斜已达到极危险的状态，随时有可能倒塌。

关于比萨斜塔倾斜的原因，早在 18 世纪记载当时就有两派不同见解：一派由历史学家兰尼里·克拉西为首，坚持比萨塔有意建成不垂直；另一派由建筑师阿莱山特罗领导，认为比萨塔的倾斜归因于地基不均匀沉降。

20 世纪以来，一些学者提供了塔的基本资料和地基土的情况。比萨斜塔地基土的典型剖面由上至下，可分为以下 8 层。

① 表层为耕植土，厚 1.60 m。

② 第 2 层为粉砂，夹黏质粉土透镜体，厚度 5.40 m。

③ 第 3 层为粉土，厚 4.0 m。

④ 第 4 层为上层黏土，厚度 10.5 m。

⑤ 第 5 层为中间黏土，厚为 5.0 m。

⑥ 第 6 层为砂土，厚为 2.0 m。

⑦ 第 7 层为下层黏土，厚度 12.5 m。

⑧ 第 8 层为砂土，厚度超过 20.0 m。

地下水位深 1.6 m，位于粉砂层。

有人将上述 8 层土合为 3 大层：①~③层为砂质粉质土；④~⑦层为黏土层；⑧层为砂质土层。

问题思考

试根据上述资料分析比萨钟塔倾斜的原因？

3.1 土的压缩性

3.1.1 土体压缩的形成

土的压缩性

试验证明，土粒的压缩性极小，它远小于水的压缩性；通常认为水是不可压缩的，因此可忽略土粒的压缩。工程上认为土的压缩是由于受压力作用土中水和气体被挤出，致使土中孔隙体积减小造成的。由于土中孔隙体积由水、空气所占据，因而孔隙体积的减小，必须借土粒的移动和重新排列，水和空气部分地从空隙中被挤出，封闭气体被压缩，才能实现。土粒的移动、靠拢及孔隙水的挤出，需要经历一定的时间才能完成，因而土的压缩变形也需要持续一定时间才能趋于稳定。

1. 土的固结

固结是指土在外加压力作用下，孔隙内的水和空气徐徐排出而使土体压缩的过程。对于饱和土，只有挤出孔隙水，孔隙体积才会减小。所以饱和土的压缩量等于孔隙中水被挤出的体积，这种过程叫作土的渗透同结，或称为主同结。除渗透同结的压缩外，还存在由于骨架（土粒）的蠕变引起的固结压缩，称它为次同结。土的固结过程对于地基工程和土木工程设计具有重要意义。固结会使土体的承载力增加，从而影响地基承载性能；同时，固结还会导致土体的渗透性减小，影响水文特性和土体的稳定性。因此，在地基工程设计和施工中，需要充分考虑土体的固结特性，进行合理的固结预测和处理措施的设计，以确保工程结构的安全和稳定。

2. 土的压缩性及指标概述

从宏观上看，土体的压缩是由土颗粒、水、气体三相的压缩以及水和气体从土中排出造成的。但试验研究表明，在一般压力（100~600 kPa）作用下，土颗粒和水的压缩量在土体总压缩量中所占的比例很小，一般不足 1/3 000，可忽略不计。因此，土的压缩可以看成由于水和气体的排出造成土中孔隙体积的减少，对饱和土来说就是土中孔隙水的排出。

从微观上看，土体受压力作用，土颗粒在压缩过程中不断地调整位置，重新排列压紧，直至达到新的平衡和稳定状态。

土的压缩性常用压缩系数、压缩模量和压缩指数等指标来评价。这些压缩性指标可通过室内或现场试验来确定。

3.1.2　压缩曲线与压缩系数

1. 压缩曲线

压缩试验是室内测定土的压缩性的基本途径。室内侧限压缩仪（又称固结仪），如图 3-1 所示。在环刀的保护下，压缩仪中的土样只能竖向压缩，不能侧向变形。

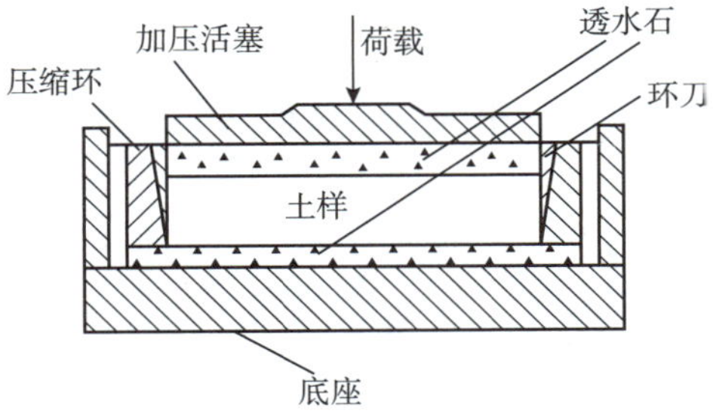

图 3-1　室内侧限压缩仪

设在压力 p_1 作用下土样的高度为 h_1，孔隙比为 e_1；当压力增至 p_2 后，土样发生压缩，孔隙比减至 e_2，高度降至 h_2，则土样高度的压缩变形量为 $s=h_1-h_2$。土样在压缩前后有“两不变”，即横截面积不变和土颗粒体积不变。

令土样中土颗粒体积 $V_s=1$，按三相比例指标的定义和关系：压力 p_1 作用下的孔隙体积为 e_1，土样总体积为 $1+e_1$；p_2 作用下的孔隙体积为 e_2，土样总体积为 $1+e_2$。再由土样横

截面积不变的条件有

$$\frac{1+e_1}{h_1}=\frac{1+e_2}{h_2} \tag{3.1}$$

由此得土样在荷载增量 $\Delta p=p_2-p_1$ 作用下的压缩变形量为

$$s=\frac{e_1-e_2}{1+e_1}h_1 \tag{3.2}$$

试验时，通过施加不同的荷载 p，可以得到压缩稳定时相应的孔隙比 e，表示 e 随 p 变化的关系曲线称为压缩曲线。通常，压缩曲线有两种表示方法，即 $e-p$ 曲线和 $e-\lg p$ 曲线，如图 3-2 所示。

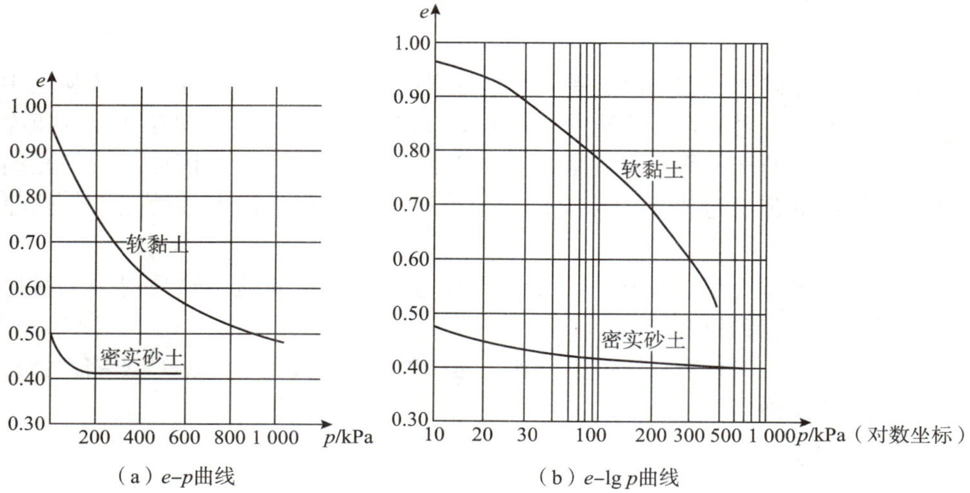

图 3-2　土的压缩曲线

2. 压缩系数（a）

压缩曲线反映了土受压后的压缩特性，它的形状与土试样的成分、结构、状态以及受力历史有关。压缩性不同的土，$e-p$ 曲线的形状是不一样的。假定试样在某一压力 σ_1' 作用下已经压缩稳定，现增加一压力增量至压力 p_2。对于该压力增量，曲线越陡，土的孔隙比减少越显著，表示体积压缩越大，该土的压缩性越高。压缩曲线的坡度可以形象地说明土的压缩性的高低。

在压缩曲线中，当压力 p 的变化范围不大时，压缩曲线 M_1M_2 可近似看作直线。土的压缩性可用线段 M_1M_2 的斜率来表示，则

$$a=\tan\beta=\frac{e_2-e_1}{p_2-p_1}\times 1\ 000 \tag{3.3}$$

式中　a——土的压缩系数，MPa^{-1}；

β——M_1M_2 直线与横坐标的夹角，(°)；

1 000——单位换算系数，p 的量纲为 kPa。

式（3.3）是土的力学性质的基本定律之一，称为压缩定律。它表明，在压力变化范围不大时，孔隙比的变化值（减小值）与压力的变化值（增量）成正比，其比值即压缩系数 a。

压缩系数是评价地基土压缩性高低的重要指标之一。从压缩曲线上看，它不是一个常量，与初始压力有关，也与压力变化范围有关。为了统一标准，在实际工程中，通常采用压力间隔由 $p_1 = 100$ kPa 增加到 $p_2 = 200$ kPa 时所得的压缩系数 a_{1-2} 来评定不同类型和状态土的压缩性高低。《建筑地基基础设计规范》（GB 50007—2011）规定，将 a_{1-2} 的大小作为判别土的压缩性高低标准，如图 3-3 所示。

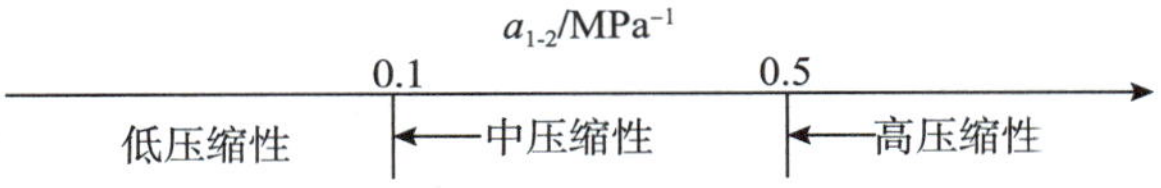

图 3-3　土的压缩性高低标准

3.1.3　压缩模量 E_s 与压缩指数 C_c

1. 压缩模量（E_s）

除了采用压缩系数作为土的压缩性指标外，工程上还经常用压缩模量作为土的压缩性指标，即土在侧限条件下的竖向附加应力与相应的应变增量之比值。土的压缩模量可根据下式计算

$$E_s = \frac{1 + e_1}{a} \tag{3.4}$$

式中　E_s——土的压缩模量，MPa；

a——土的压缩系数，MPa^{-1}；

e_1——相当于 σ_1 作用下压缩稳定后的孔隙比。

压缩模量 E_s 也是土的一个重要的压缩性指标，与压缩系数成反比。E_s 越大，a 越小，土的压缩性越低，所以，E_s 可以用来划分土压缩性的高低。

2. 压缩指数（C_c）

压缩试验结果以孔隙比 e 为纵坐标，以对数坐标横坐标表示 $\lg p$，绘制 e-$\lg p$ 曲线，如图 3-4 所示。此曲线开始一段呈曲线，其后很长一段为直线段，即曲线的斜率相同，便于应用。此直线段的斜率称为压缩指数，即

$$C_c = \frac{e_i - e_{i+1}}{\lg p_{i+1} - \lg p_i} \tag{3.5}$$

式中　C_c——压缩指数；

e_i、e_{i+1}——在 e-$\lg p$ 曲线的直线部分上与压力为 p_i 及 p_{i+1} 相应的孔隙比；

p_i、p_{i+1}——相应于 e_i、e_{i+1} 时的压力。

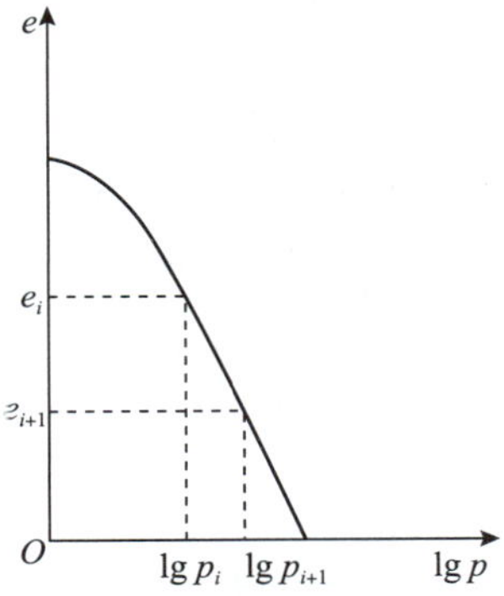

图 3-4　压缩指数

3.1.4　土的载荷试验与变形模量

土的压缩性指标，除从室内压缩试验测定之外，还可以通过现场原位测试取得。

1. 载荷试验

载荷试验在工程实践中具有重要意义，可以验证结构设计的合理性、评估工程质量、

指导施工过程，并为工程结构的安全可靠性提供重要依据。载荷试验是在现场试坑中竖立荷载架，通过承压板直接对地基土分级施加荷载，测定其在各级荷载作用下的沉降量。根据试验数据绘制荷载-沉降曲线（p-s 曲线）及每级荷载作用下的沉降-时间曲线（s-t 曲线），由此判定土的变形特性等。

《岩土工程勘察规范（2009 年版）》（GB 50021—2001）规定，载荷试验可用于测定承压板下应力主要影响范围内岩土的承载力和变形模量。浅层平板载荷试验适用于浅层地基土；深层平板载荷试验适用于深层地基土和大直径桩的桩端土；螺旋板载荷试验适用于深层地基土或地下水位以下的地基土。载荷试验应布置在有代表性的地点，每个场地不宜少于 3 个，当场地内岩土体不均匀时，应适当增加。浅层平板荷载试验应布置在基础底面标高处，承压板宜采用圆形刚性承压板，其面积不应小于 0.25 m^2，对于软土和粒径较大的填土不应小于 0.50 m^2。其试验装置如图 3-5 所示。

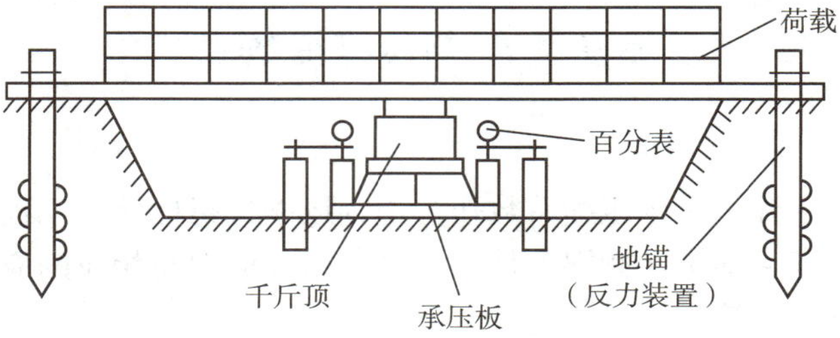

图 3-5　土的载荷试验装置

加荷方式应采用分级维持荷载沉降相对稳定法（常规慢速法）；有地区经验时，可采用分级加荷沉降非稳定法（快速法）或等沉降速率法；加荷等级宜取 10~12 级，并不应少于 8 级，荷载量测精度不应低于最大荷载的±1%。对慢速法，每级荷载施加后，间隔 5 min、5 min、10 min、10 min、15 min、15 min 测读一次沉降，以后间隔 30 min 测读一次沉降，当连续两小时每小时沉降量小于或等于 0.1 mm 时，可认为沉降已达相对稳定标准，施加下一级荷载。

当出现下列现象之一时，可认为地基土已达到破坏阶段。

（1）承压板周边的土出现明显侧向挤出。

（2）本级荷载的沉降量大于前级荷载沉降量的 5 倍，荷载与沉降曲线出现明显陡降。

（3）在某级荷载下 24 h 沉降速率不能达到相对稳定标准。

（4）总沉降量与承压板直径（或宽度）之比超过 0.06。

最后应根据整理的资料绘制 p-s 曲线和每级荷载作用下的 s-t 曲线，如图 3-6 所示的形式。

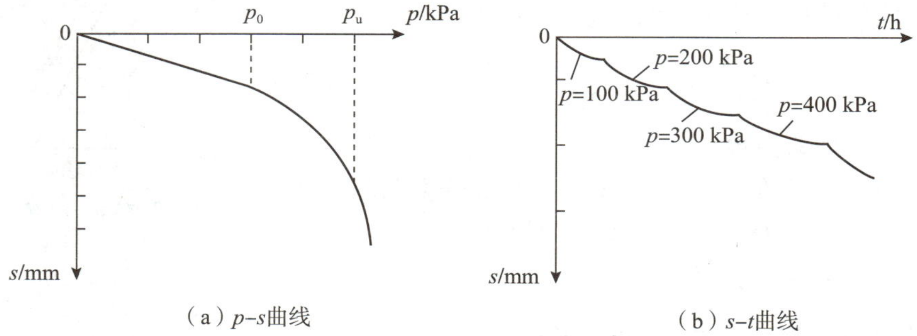

图 3-6　典型的平板载荷试验曲线

2. 变形模量

在无侧向限制条件下，土在受压变形时产生的竖向压应力 σ_z 与竖向应变 ε_z 的比值称为变形模量 E_0。E_0 的大小可由载荷试验求得。

由上述载荷试验所得 $p\text{-}s$ 曲线可以看出，在一定荷载范围内，荷载 p 与其对应的沉降量呈线性关系，在此直线段或接近于直线段任选一压力 p_1 和它对应的沉降 s，利用弹性力学公式，反求出地基的变形模量。

$$E_0=I_0\ (1-\mu^2)\ \frac{pd}{s} \tag{3.6}$$

式中　E_0——土的变形模量，kPa；

p——承压板上直线变形阶段的荷载，kPa；

s——与荷载 p 相对应的承压板沉降值，mm；

d——承压板直径或边长，m；

I_0——承压板的形状系数，《岩土工程勘察规范（2009 年版）》（GB 50021—2001）规定圆形承压板取 0.785，方形承压板取 0.886；

m——土的泊松比，碎石土取 0.25，砂土、亚砂土、粉土取 0.30，亚黏土、粉质黏土取 0.35，黏土取 0.42。

提 示

变形模量与压缩模量在理论上有一定的关系。变形模量虽然可通过荷载试验来测定，但荷载试验历时长、费用大，而且由于深层土的试验在技术上存在一定的困难，所以常常依靠室内试验取得的压缩模量资料来进行换算。

3.2　地基最终沉降量计算

地基的最终沉降量是指在一定时间范围内，地基在承受荷载影响后，由于土体固结和变形引起的沉降总量。地基的最终沉降量是地基工程设计和施二中需要重点考虑的一个参数，对于评估地基稳定性和工程结构的影响具有重要意义。世界上关于地基沉降量的计算方法很多，在我国工业与民用建筑中常用两种方法：分层总和法和《建筑地基基础设计规范》（GB 50007—2011）推荐法。

3.2.1　分层总和法

分层总和法的计算原理：先将地基土分为若干水平土层，各土层厚度分别为 h_1，h_2，h_3，…，h_n，计算每层上的压缩量 s_1，s_2，s_3，…，s_n，然后累计起来，即为总的地基沉降量 s，如图 3-7 所示。

$$s=s_1+s_2+s_3+\cdots+s_n=\sum_{i=1}^{n}s_i \tag{3.7}$$

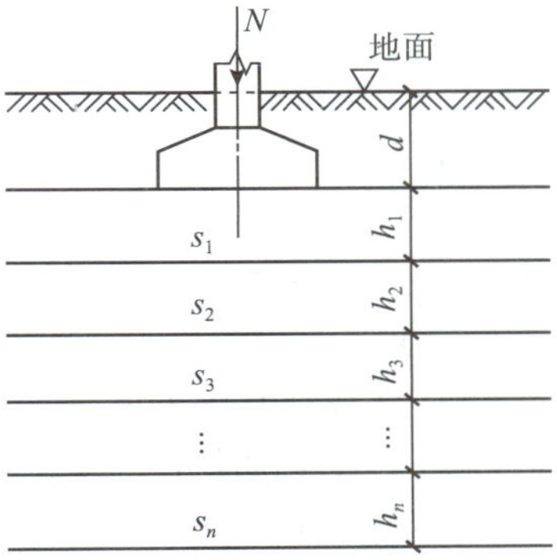

图 3-7　分层总和法计算原理

1. 分层总和法的假定

（1）地基土为均匀、等向的半无限空间弹性体。在建筑物荷载作用下，土中的应力与应变 $\sigma-\varepsilon$ 呈直线关系。

（2）地基沉降计算的部位，按基础中心点 O 下土柱所受附加应力 σ_z 进行计算。

（3）地基土的变形条件为侧限条件，即在建筑物的荷载作用下，地基土层只产生竖向压缩变形，侧向不能膨胀变形。

（4）沉降计算的深度，理论上应计算至无限大，工程上因附加应力扩散随深度而减小，计算至某一深度（即受压层）即可。在受压层以下的土层附加应力很小，所产生的沉降量可忽略不计。若受压层以下尚有软弱土层，则应计算至软弱土层底部。

分层总和法假定对于分层总和法的适用范围与准确性有着重要的影响。在结构设计和分析中，需要根据实际情况进行假定检验，充分考虑各种因素的影响，确保分析结果的准确性和可靠性。

2. 分层总和法的计算

（1）绘制剖面图

用坐标纸按比例绘制地基土层分布剖面图和基础剖面图，如图 3-8 所示。

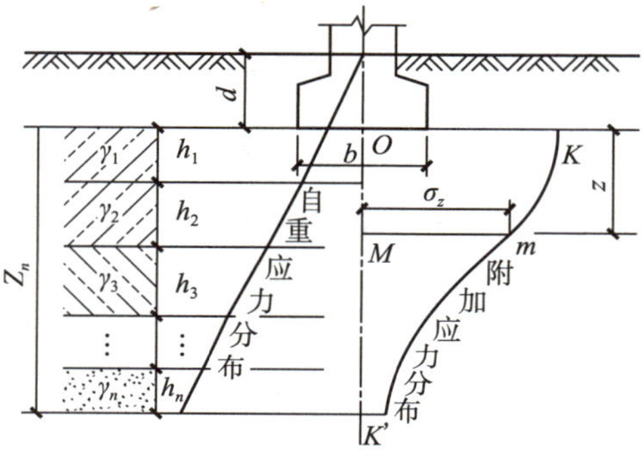

图 3-8　分层总和法计算地基沉降

（2）计算自重应力

计算地基土的自重应力 σ_c。

（3）计算基础底面接触压力

中心荷载

$$p=\frac{F+G}{A} \tag{3.8}$$

偏心荷载

$$p_{\min}^{\max}=\frac{F}{A}\left(1\pm\frac{6e}{b}\right) \tag{3.9}$$

或

$$p_{\min}^{\max}=\frac{F+G}{A}\pm\frac{M}{W} \tag{3.10}$$

（4）计算基础底面附加应力

$$p_0=p-\gamma_m d \tag{3.11}$$

式中　p——基础底面接触压力，kPa；

$\gamma_m d$——基础埋置深度 d 处的自重应力，kPa。

（5）计算地基中的附加应力分布

计算土层厚度不能太厚，要求每层厚度 $h_i \leqslant 0.4b$。

（6）确定地基受压层深度 Z_n

由自重应力分布和附加应力分布两条曲线，可以找到某一深度处附加应力 σ_z，为自重

应力 σ_{cz} 的 20%，此深度称为地基受压层深度 Z_n。

一般土

$$\sigma_z = 0.2\sigma_{cz}$$

式中　σ_z——基础底面中心 O 点下深度 z 处的附加应力，kPa；

σ_{cz}——同一深度 z 处的自重应力，kPa。

软土

$$\sigma_z = 0.1\sigma_{cz}$$

用坐标纸进行绘图，通过数小方格，可以很方便地找到 Z_n。

(7) 沉降计算

分层为使地基沉降计算比较精确，除按 $0.4b$ 分层以外，还需考虑地质剖面图中，不同的土层，因压缩性不同应为分层面；地下水位应为分层面；基础底面附近附加应力数值大且曲线的曲率大，分层厚度应小些，以使各计算分层的附加应力分布曲线以直线代替计算时误差较小。

(8) 计算各土层的压缩量

第 i 层土的压缩量 s_i

$$s_i = \frac{\Delta p_i}{E_{si}} h_i \tag{3.12}$$

$$s_i = \left(\frac{a_i}{1 + e_{1i}}\right) \Delta p_i h_i \tag{3.13}$$

$$s_i = \left(\frac{e_{1i} - e_{2i}}{1 + e_{1i}}\right) h_i \tag{3.14}$$

式中　Δp_i——为第 i 层土的平均附加应力，kPa；

E_{si}——为第 i 层土的侧限压缩模量，kPa；

h_i——为第 i 层土的厚度，m；

a_i——为第 i 层土的压缩系数，kPa^{-1}；

e_{1i}——为第 i 层土压缩前的孔隙比；

e_{2i}——为第 i 层土压缩终止后的孔隙比。

(9) 计算地基最终沉降量

将地基受压层 Z_n 范围内各土层压缩量相加可得

$$s = s_1 + s_2 + s_3 + \cdots + s_n = \sum_{i=1}^{n} s_i$$

分层总和法的优点是简化了地基沉降计算的复杂性，适用于一般的地基结构。然而，需要注意的是该方法仅适用于土层厚度变化较小、性质变化不明显的情况。对于地质复杂、土层变化较大的情况，可能需要采用更加细致的数值模拟方法进行地基沉降计算。

3.2.2　推荐法

《建筑地基基础设计规范》（GB 50007—2011）中指出，计算地基变形时，传至基础底面上的荷载效应可按正常使用极限状态下荷载效应的准永久组合计算，不计入风荷载和地震作用，相应的极限值应为地基变形允许值。

用分层总和法计算地基沉降时，需将地基土分为若干层计算，工作量繁杂。《建筑地基基础设计规范》（GB 50007—2011）在分层总和法的基础上提出了一种较为简便的计算方法，即一种简化并经修正后的分层总和法。它是以天然土层面分层，对同一土层采用单一的侧限条件的压缩指标，并运用平均附加应力系数以简化计算，采用相对变形作为地基沉降计算深度的控制标准，最后引入沉降计算经验系数 ψ_s 来调整沉降计算值，使计算结果更接近于实测值。

《建筑地基基础设计规范》（GB 50007—2011）中地基最终沉降量计算公式如下。

将分层总和法计算的沉降量乘以经验系数 ψ_s，即得《建筑地基基础设计规范》（GB 50007—2011）中计算地基最终沉降量的公式

$$s=\psi_s s'=\psi_s\sum_{i=1}^{n}\frac{p_0}{E_{si}}(z_i\bar{\alpha}_i-z_{i-1}\bar{\alpha}_{i-1}) \tag{3.15}$$

式中 s——按《建筑地基基础设计规范》（GB 50007—2011）计算地基最终沉降量，mm；

s'——按分层总和法计算的地基最终沉降量，mm；

ψ_s——沉降计算经验系数，根据地区沉降观测资料和经验确定，也可采用表 3-1 中的数值；

n——地基沉降计算深度范围内所划分的土层数；

P_0——对应于荷载效应准永久组合时的基底附加压力，kPa；

E_{si}——第 i 土层的压缩模量，按实际应力范围取值，kPa；

z_i、z_{i-1}——分别为基础底面至第 i 层土和第 $i-1$ 层土底面的距离，m；

$\bar{\alpha}_i$、$\bar{\alpha}_{i-1}$——基础底面计算点至第 i 层土、第 $i-1$ 层土底面范围内平均附加应力系数。

表 3-1 沉降计算经验系数 ψ_s

地基附加应力 $\bar{E}_s$/MPa	2.5	4.0	7.0	15.0	20.0
$p_0\geqslant f_{ak}$	1.4	1.3	1.0	0.4	0.2
$p_0\geqslant 0.75f_{ak}$	1.1	1.0	0.7	0.4	0.2

注：（1）$\bar{E}_s$ 为沉降计算深度范围内压缩模量的当量值，应按下式计算：$\bar{E}_s=\dfrac{\sum A_i}{\sum \dfrac{A_i}{E_{si}}}$。

（2）A_i 为第 i 层土附加应力系数沿土层厚度的积分值。

3.3 地基变形与时间的关系

碎石土和砂土的透水性好，其变形所经历的时间很短，可以认为在外荷载施加完毕（如建筑物竣工）时，其变形已稳定；对于黏性土，完成固结所需的时间就比较长，在厚层的饱和软黏土中，其固结变形需要经过几年甚至几十年时间才能完成。现讨论饱和土的变形与时间的关系。

3.3.1　饱和土的渗流固结

1. 饱和土体渗流固结过程

饱和土体受荷产生压缩（固结）的过程包括以下几方面。

（1）土体孔隙中自由水逐渐排出。

（2）土体孔隙体积逐渐减小。

（3）由孔隙水承担的压力逐渐转移到土骨架来承受，成为有效应力。

上述三个方面为饱和土体固结作用——排水、压缩和压力转移，三者同时进行的一个过程。

2. 渗透固结力学模型

饱和土的渗透固结，可借助图 3-9 所示的弹簧-活塞模型来说明。在一个盛满水的圆筒中，装一个带有弹簧的活塞，弹簧表示土的颗粒骨架，圆筒内的水表示土中的自由水，带孔的活塞则表征土的透水性。由于模型中只有固、液两相介质，则对于外力 σ_z 的作用只能是水与弹簧两者来共同承担。设其中的弹簧承担的压力为有效应力 σ'，圆筒中的水承担的压力为孔隙水压力 u，按照静力平衡条件，应有

$$\sigma_z = \sigma' + u \tag{3.16}$$

当 $t=0$ 时，即活塞瞬间施加压力，水来不及排出，弹簧没有变形，附加应力全部由水承担，即 $u=\sigma_z$，$\sigma'=0$。

当 $t=0$ 时，随着荷载作用时间的延续，水受到压力后逐步排出，弹簧开始受力 σ' 并逐步增长，随着时间的延续，水承受的压力即孔隙水压力 u 相应减小，附加应力由二者共同承担，即 $\sigma_z = \sigma' + u$，$\sigma' < \sigma_z$，$u < \sigma_z$。

当 $t \to \infty$ 时，即固结变形的最终时刻，水从孔隙中充分排出，孔隙水压力完全消散，活塞最终下降到外荷载 σ' 全部由弹簧承担，饱和土体渗透固结完成，即 $\sigma_z = \sigma'$，$u=0$ 达到最大值，u 减小到最小值。

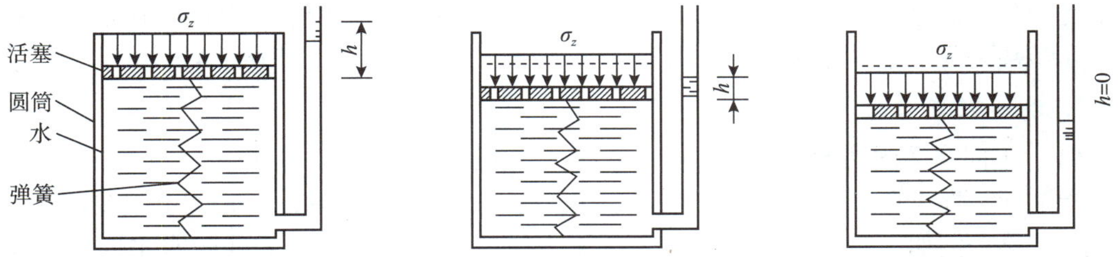

（a）$t=0$，$\sigma'=0$　（b）$0<t<\infty$；$\sigma_z=\sigma'+u$，$\sigma'>0$　（c）$t\to\infty$；$u=0$，$\sigma'=\sigma_z$

图 3-9　饱和土体渗流固结模型

可见，饱和土渗流固结的过程是孔隙水压力随时间逐步消散和有效应力逐步增加的过程。

3.3.2　单向固结理论

为了求得饱和土层在渗流固结过程中某一时间的变形，通常采用太沙基提出的一维固结理论进行计算。其适用条件为荷载面积远大于压缩土层的厚度，地基中孔隙水主要沿竖向渗流。对于堤坝及其地基，孔隙水主要沿两个方向渗流，属于二维固结问题；对于高层建筑，则应考虑三维固结问题。需要注意的是，单向固结理论是一种简化的土壤固结计算方法，适用于柔性土壤和粉土等细粒土壤类型。对于粗粒土壤和非均质土体，可能需要采

用更复杂的固结理论和试验方法进行分析。此外，单向固结理论的应用范围也有一定限制，需要结合具体工程情况进行合理的应用和判断。

设厚度为 H 的饱和黏土层，顶面是透水层，底面是不透水和不可压缩层。假设该饱和土层在自重应力作用下的固结已经完成，顶面施加一均布荷载 p。由于土层厚度远小于荷载面积，故土中附加应力图形近似取作矩形分布，即附加应力不随深度而变化，但是孔隙压力 u 是坐标 z 和时间 t 的函数。为了分析固结过程，有以下假设。

（1）土中水的渗流只沿竖向发生，而且渗流符合达西定律，土的渗透系数为常数。

（2）相对于土的孔隙，土颗粒和土中水都是不可压缩的，因此，土的变形仅是孔隙体积压缩的结果。

（3）土是完全饱和的，土的体积压缩量同孔隙中排出的水量相等，而且压缩变形速率取决于土中水的渗流速率。

从饱和土层顶面下深度 z 处取一微单元体 1×1×dz，根据单元体的渗流连续条件和达西定律，可建立饱和土的一维固结微分方程

$$\frac{\partial u}{\partial t}=c_{\mathrm{v}}\frac{\partial^{2}u}{\partial z^{2}} \tag{3.17}$$

式中，c_{v} 为土的固结系数，$c_{\mathrm{v}}=\frac{k(1+e_1)}{\gamma_{\mathrm{w}}a}$，其中 k 为土的渗透系数；e_1 为渗流固结前的孔隙比；γ_{w} 为水的重度；a 为土的压缩系数。

3.3.3 地基沉降与时间关系计算

经验表明，在施工期间由恒载引起的地基沉降量，对低压缩性黏土能完成总沉降量的50%~80%，对中等压缩性黏土为30%~50%，而对高压缩性黏土仅为10%~30%，对于砂类土地基，可以认为总沉降量已全部完成。故工程实践中，一般不考虑砂类土的变形随时间变化的关系。对于黏性土和粉土，因其透水性差，完成同结所需的时间往往很长，有的需要几年甚至几十年才能完成。

1. 地基沉降与时间的关系

（1）单向渗透固结的基本公式——太沙基一维固结理论

指饱和黏性土在渗透固结过程中，孔隙水只沿一个方向渗流，同时，土颗粒也只朝一个方向位移。例如，当荷载面积远大于压缩土层的厚度时地基中的孔隙水主要沿竖向渗流，此即为一维固结问题。采用太沙基（K. Terzaghi）提出的一维同结理论可以求得地基在任一时间的同结沉降。此时通常需要用到地基同结度 U 这个指标，其定义为

$$U=\frac{s_t}{s} \tag{3.18}$$

式中　s_t——地基某一时刻 t 的沉降量；

s——地基的最终沉降量。

地基固结度 U 为地基在固结过程中任一时刻的沉降量 s_t 与地基的最终固结沉降 s 之比。

假设一饱和黏性土层的厚度为 H，它在自重作用下的固结已经完成。该土层下部为不透水层，在固结过程中，水只能向上作单向单面渗透。当地表上作用着满布的均匀荷载 p 时，土中的附加应力 $\sigma_z=p$，并沿深度均匀分布，当 p 骤然加上时，饱和黏性土层由于透

水性差，孔隙水未能立即被挤出，荷载 p 完全由孔隙水承受。这时，孔隙水压力如图 3-10 中的 ab 所示。随着时间 t 的延伸，孔隙水逐渐向上面排出，孔隙水压力 u 就逐渐减小，有效应力 $\bar{\sigma}$ 随之增加。图 3-10 中的 od 线表示有效应力和孔隙水压力沿深度的变化曲线。显然，有效应力 $\bar{\sigma}$ 和孔隙水压力 u 是深度 z 和时间 t 的函数。当 $t=0$ 时，附加应力完全由孔隙水压力承受。当 $t=\infty$ 时，附加应力完全由土的骨架承受。

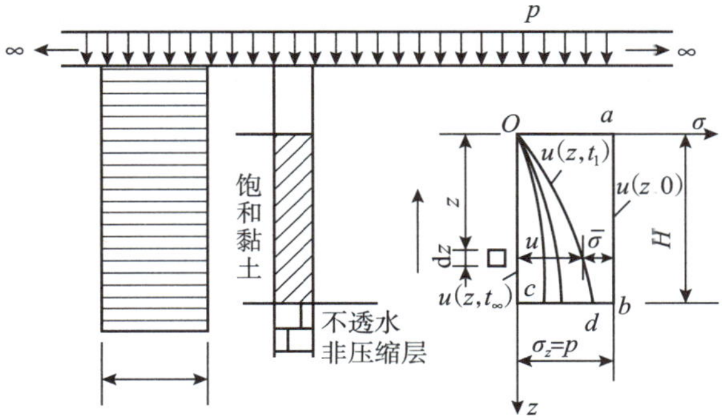

图 3-10　饱和黏性土的单向渗透固结

因此，在某一压力下，饱和土的固结过程就是土体中各点的超孔隙水应力不断消散、附加有效应力相应增加的过程，或者说是孔隙水应力逐渐转化为附加有效应力的过程；在转化的过程中，任一时刻任一深度上的应力始终遵循有效应力原理；求解地基沉降与时间关系的问题，实际上就变成求解在附加应力作用下，地基中各点的超孔隙水应力随时间变化的问题。

为了使问题尽量简化，太沙基提出的一维固结理论做了以下的简化假定。

① 土是均质的，各向同性的饱和体。

② 水和土颗粒都是不可压缩的。

③ 土中附加应力沿水平面是无限均匀分布的，土的压缩和孔隙水的挤出与流动只沿竖直方向发生（即单向排水），侧向位移是受到限制的。

④ 土的固结速度仅取决于孔隙中自由水被挤出的速度。

⑤ 土中水的运动规律符合达西线性渗透定律。

⑥ 在固结过程中，土的渗透系数 k 和压缩系数 a 都为常数。

⑦ 荷载是一次骤然施加在土层上的。

地基固结度 U 可按下式计算（推导过程略）

$$U=1-\frac{8}{\pi^2}\sum_{m=1,3}^{\square}\frac{1}{m^2}\exp\left(-\frac{m^2\pi^2}{4}T_v\right) \tag{3.19}$$

式中　T_v——竖向固结时间因数，$T_v=\dfrac{c_v t}{H^2}$，其中 t 为固结时间，H 为压缩土层最远的排水距离，当土层为单面（上面或下面）排水时，H 取土层厚度，双面排水时，水由土层中心分别向上下两方向排出，此时 H 应取土层厚度之半；

c_v——竖向固结系数，cm²/年，$c_v=\dfrac{k(1+e)}{\gamma_w a}$，其中 k 为土的渗透系数；e 为固结开始时土的孔隙比；a 为土的压缩系数；γ_w 为水的重度；t 为固结时间。

上式括号内的级数收敛很快，当 $U>30\%$时，近似取第一项已足够精确。

$$U_t = 1 - \frac{8}{\pi^2} e^{-\frac{\pi^2}{4}T_v} \tag{3.20}$$

地基固结度的实质是反映地基中孔隙水压力 u 的消散程度或有效应力 $\bar{\sigma}$ 的增长程度。在外荷载施加的瞬间，孔隙水压力还来不及消散，$U=0$；在地基固结过程中，$0<U<1$；当地基固结完成后 $U=1$（或 $U=100\%$）。

在附加应力分布及排水条件相同的情况下，两种土质相同（即 c_v 相同）而厚度不同的土层，在达到相同的同结度时，其时间因数也相同，即

$$T_v = \frac{c_v t_1}{h_1^2} = \frac{c_v t_2}{h_2^2}$$

$$\frac{t_1}{t_2} = \frac{h_1^2}{h_2^2} \tag{3.21}$$

式（3.21）表明土质相同而厚度不同的两层土，当附加应力分布和排水条件都相同时，达到同一固结度所需时间之比等于两土层最大排水距离的平方之比。因而对于同一地基情况，若将单面排水改为双面排水，要达到相同的固结度，所需时间仅为原来的1/4。

（2）各种不同承载情况下固结度的计算

上面讨论单面排水饱和黏性土的固结度计算，只适用于所承受的荷载是一次骤然加上去的大面积荷载，且由它引起的应力沿土层深度系均匀分布的情况。但是，在实际工程中，情况要复杂得多，附加应力往往沿深度而变化。为便于计算，将饱和黏性土层实际附加应力的分布情况，近似地归纳为下列四种类型（均按单面排水考虑），如图3-11所示。现将各种附加应力情况分别说明于下，其固结度 U 与时间因素 T_v 之间的关系，见表3-2。

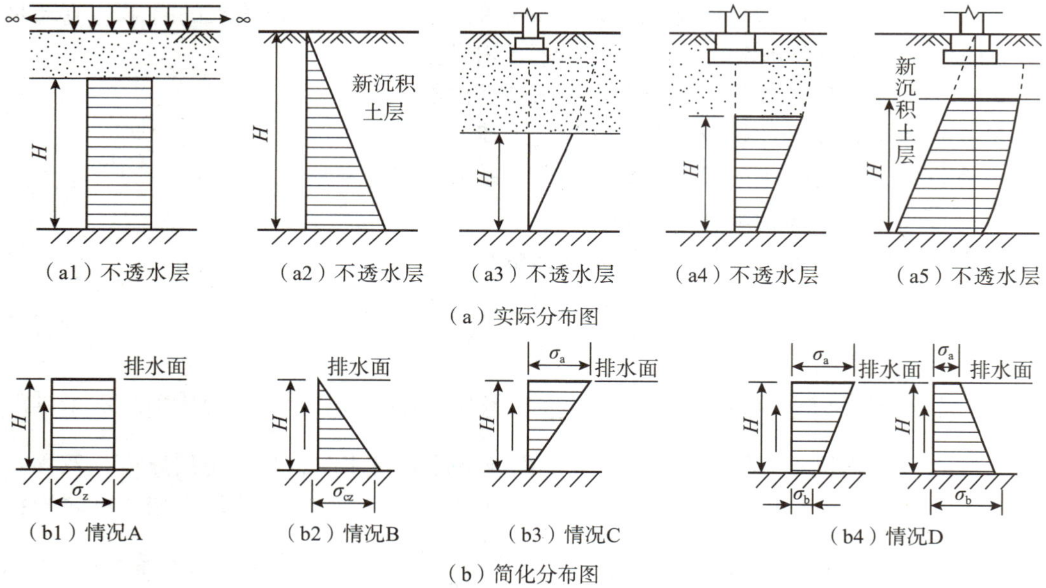

图3-11　计算地基固结度时各种附加应力的分布情况

① 情况 A：附加应力图形为矩形，根据 T_v 值由表 3-2 直接查得固结度 U_A。

② 情况 B：应力图形为三角形，通过三角形的顶面排水，相当于大面积新沉积土层在自重作用下产生固结的情况，根据 T_v 值由表 3-2 直接查得同结度 U_B。

③ 情况 C：应力图形为三角形，但通过三角形底面排水，相当于基底压缩层很厚，土层底面附加应力已接近于零的情况，根据 T_v 值由表 3-2 直接查得固结度 U_1。

表 3-2　各种情况下竖向固结度与时间因素 T_v 的关系

T_v	固结度			
	情况 A U_A	情况 B U_B	情况 C U_1	U_A-U_B
0.004	0.080	0.008	0.152	0.072
0.008	0.104	0.016	0.192	0.088
0.012	0.125	0.024	0.226	0.101
0.020	0.160	0.040	0.286	0.120
0.028	0.189	0.056	0.322	0.133
0.036	0.214	0.072	0.352	0.142
0.048	0.247	0.095	0.398	0.152
0.060	0.276	0.120	0.433	0.156
0.072	0.303	0.144	0.462	0.159
0.100	0.353	0.198	0.516	0.155
0.125	0.399	0.244	0.554	0.155
0.167	0.461	0.318	0.605	0.143
0.20	0.504	0.370	0.638	0.134
0.25	0.562	0.443	0.682	0.119
0.30	0.613	0.008	0.719	0.105
0.35	0.608	0.565	0.752	0.093
0.40	0.698	0.615	0.780	0.083
0.50	0.764	0.700	0.829	0.064
0.60	0.816	0.765	0.866	0.051
0.80	0.887	0.857	0.918	0.030
1.00	0.931	0.913	0.949	0.018
2.00	0.994	0.993	0.995	0.001
∞	1.000	1.000	1.000	0.000

④ 情况 D：应力图形为梯形，向上面排水，当应力图形为上大下小时，与情况 C 相似，但底面的附加应力远大于零，当应力图形为上小下大时，相当于在自重应力作用下，尚未固结，就在上面建造建筑物。它们的同结度 U_2，根据 T_v 从表 3-2 分别查出 U_A、U_B，然后按下式计算。

$$U_2 = U_A + \frac{r-1}{r+1}(U_A - U_B) \tag{3.22}$$

式中，$r=\dfrac{\sigma_a}{\sigma_b}$，其中 σ_a 为梯形应力图形顶面的应力，σ_b 为梯形应力图形底面的应力。

上面四种情况都是单面排水，如果压缩层上、下两面都透水，可以双面排水时，则不论应力分布属于哪一种情况，固结度值都按 U_A 计算，并在计算时间因素 T_v 的公式中，压缩层厚度只取其总厚度的一半代入计算，即以 $H/2$ 代替 H。

【例】某饱和黏性土层的厚度为 8 m，在连续均布荷载 $p_0=120$ kPa 的作用下固结，土层的初始孔隙比 $e_1=1.0$，压缩系数 $a=0.5\ \text{MPa}^{-1}$，渗透系数 $k=0.018$ m/年，土层单面排水，试求：(1) 加荷一年时的沉降量；(2) 沉降量达到 160 mm 所需的时间。

【解】(1) 计算 $t=1$ 年时的沉降量

黏性土层中的附加应力沿深度均匀分布，故

$\sigma_z = p_0 = 120$ (kPa)

黏性土层的最终固结沉降量

$$s=\frac{a\sigma_z}{1+e_1}h=\frac{0.5\times 0.12}{1+1}\times 8\,000=240\ (\text{mm})$$

由 $k=0.018$ m/年，$a=0.5\ \text{MPa}^{-1}=5\times10^{-4}\ \text{kPa}^{-1}$，$\gamma_w=10\ \text{kNm}^3$ 及 $e_1=1.0$ 计算土的竖向固结系数

$$c_v=\frac{k(1+e_1)}{a\gamma_w}=\frac{0.018\times(1+1)}{0.000\,5\times 10}=7.2\ (\text{m}^2/\text{年})$$

在单面排水条件下，加荷一年时竖向固结时间因数

$$T_v=\frac{c_v t}{h^2}=\frac{7.2\times 1}{8^2}=0.113$$

固结度

$$U=1-\frac{8}{\pi^2}e^{-\frac{\pi^2}{4}T_v}-\frac{8}{\pi^2}\times\frac{1}{9}e^{\frac{-9\pi^2 T_v}{4}}=0.379$$

加荷一年时的沉降量

$s_t = U_s = 0.379\times240 = 91$ (mm)

(2) 求沉降量达到 160 mm 所需的时间

固结度

$$U=s_t/s=\frac{160}{240}=0.667$$

查表 3-2，得竖向固结时间因数

$T_v = 0.361$

土的竖向固结系数 c_v 不变，在单面排水条件下

$$t=\frac{T_v}{c_v}h^2=\frac{0.361\times 8^2}{7.2}=3.21\ (年)$$

知识链接

减小沉降危害的措施

目前，对可能出现过大沉降或差异沉降的情况，通常从以下几个方面采取措施。

1. 减小沉降量的措施

(1) 预加载处理

通过在地基上施加预加载荷载，提前压实土体，促进固结，减少后期沉降量。预加载处理能够加速地基的沉降过程，减少施工后的沉降。

(2) 土体加固

采用土体加固技术，如灌注桩、搅拌桩、土钉墙等，增加地基的承载能力，减少土体沉降。加固土体可以有效地减少沉降量，提高地基的稳定性。

(3) 梁底加厚

在建筑物地基下方设置加厚的梁底板，通过增加承载面积来减小地基荷载的单位面积值，从而降低地基沉降量。当地基中无软弱下卧层时，可加大基础埋深，减少填土，增设地下室，尽量减小基础底面附加压力。妥善处理局部软弱土层，如杂填土、吹填土、建筑垃圾和工业废料等，在修造建筑物之前，可预先对地基进行加固处理。

(4) 使用轻质填料

在地基填充层中使用轻质填料，如发泡混凝土，减轻土体的重量，减少地基的沉降。当地基中无软弱下卧层时，可加大基础埋深，减少填土，增设地下室，尽量减小基础底面附加压力。妥善处理局部软弱土层，如杂填土、吹填土、建筑垃圾和工业废料等，在修造建筑物之前，可预先对地基进行加固处理。

(5) 控制水分

合理控制地基土体的水分含量，避免因水分变化引起的土体沉降。保持土体的合适含水率有助于减少沉降量。

(6) 精确监测

在施工和使用过程中进行实时的沉降监测，及时发现地基沉降问题，采取相应措施进行调整和修正。

2. 减小沉降差的措施

(1) 统一基础处理

在设计阶段对整个建筑物的基础进行统一处理，确保在同一承载层上具有相似的地基处理方法，避免因不同部分地基承载能力不均匀导致的沉降差异。设计中尽量使上部荷载中心受压，均匀分布。

(2) 设置补偿措施

针对不同部分地基承载能力差异较大的情况，可以通过在高沉降处设置补偿带或进行局部加固，以抵消不均匀沉降带来的影响。尽量避免复杂的平面布置，并避免同一建筑物各组成部分的高度以及作用荷载相差过多。

（3）采用软硬结合的基础方案

在设计基础时，可以考虑采用软硬结合的基础方案，如采用桩基础等部分软土基础，在不同地基条件下采用不同的处理措施，以减小沉降差异。妥善安排施工顺序，对高差较大、重量差异较多的建筑物相邻部位采用不同的施工进度。例如，先施工建筑物高、重部位，后施工荷重轻的部分；拱桥先做成三铰拱，并可预留拱度。

（4）控制沉降速度

通过控制预加载荷载施加的速度或增加土体的固结时间，使沉降在建筑物施工期间尽量均匀进行，减少沉降差异性。控制大面积地面堆载的高度、分布和堆载速率，防止施工开挖、降水不当恶化地基土的工程性质。

2. 沉降随时间变化关系的修正

在地基沉降随时间变化的计算中，假设全部荷载是一次骤然加到地基界面上的，但实际工程中的荷载是在施工期间逐渐加上去的，因此，按上述方法计算的结果须加以修正。修正的具体方法很多，这里只讲一种常用的经验修正方法，其原则是假定渐增荷载由零增加到 p_1，经过时间 t_1 所产生的沉降量，等于突加荷载 p_1 经过时间 $t_1/2$ 所产生的沉降量。如图 3-12 所示，虚线表示全部荷载 p 一次骤然施加到地基上。实线 b 表示施工期内荷载由零按直线逐渐增加到施工结束时（T_0）的全部荷载 p，随后荷载不再增大，b 线成水平。虚线 c 表示一次骤然施加的荷载 p 作用下的沉降量 $s_t=U_ts$ 与时间 t 的关系曲线（s_t-t 曲线）。实线 d 表示由渐增荷载作用下的沉降-时间曲线，也就是修正后的沉降-时间曲线。现介绍绘制修正曲线的方法。

$t=t_1<T_0$ 时的渐增荷载为 p_1，根据曲线修正的原则，渐增荷载 p_1 经过 t_1 时间的沉降量等于突加荷载 p_1 经过 $t_1/2$ 时间的沉降量，从虚线 c 上可找出对应于突加荷载 p 经过 $t_1/2$ 时间的沉降量 s'，所以突加荷载 p_1 经过 $t_1/2$ 时间的沉降量 s_1，可通过比例关系求得，即 $s_1=s'p_1/p$，这里的 s_1 也就是渐增荷载 p_1 经过 t_1 时间产生的沉降量，如图 3-12 中的实线 d 所示。

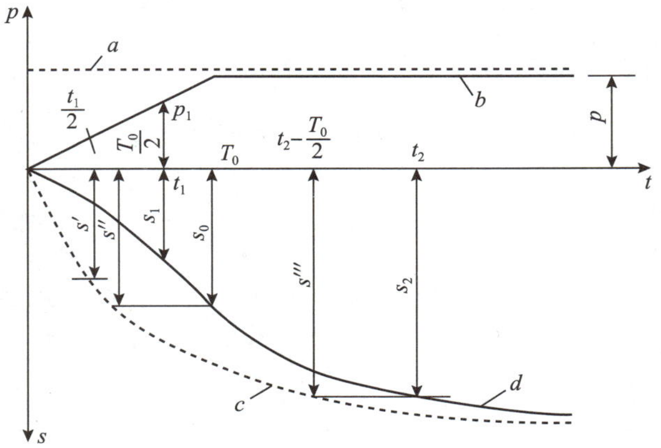

图 3-12　沉降过程曲线的修正

当 $t=T_0$ 时，对应的渐增荷载 p，渐增荷载 p 的沉降量 s 等于突加荷载 p 经过 $T_0/2$ 时间的沉降 s''。

当 $t=t_1>T_0$ 时，对应的荷载仍为 p，这时修正后的沉降量 s_2 应等于突加荷载 p 经过 $t_2-T_0/2$ 时的沉降量 s''。

从图 3-12 中可以看出，随着 t_2 的增加，修正曲线 d 与计算曲线 c 会愈来愈接近。

思政链接

航空工程地质勘察及遥感技术的应用

航空工程地质勘察简称航空地质，是直接或间接利用飞机或其他飞行工具，借助各种仪器对地面作各种地质调查，通过野外核对工作，编制工程地质图的一种专门方法。

遥感技术是指从高空利用多种遥感器接收来自地面物体发射或反射的各种波长的电磁波，从而根据收到的大量信息进行分析判断，确定地面物体的存在及变化状态的一种方法。以飞机为搭载平台的称为航空遥感，以卫星为搭载平台的称为航天遥感。

这是两种比较先进的方法，特别是计算机的高速发展，实现了航测照片和遥感图像的数据处理及成图的自动化，使这两种方法的优越性更加突出。在工程地质勘察中应用航空地质方法始于解放初期，应用遥感技术则尚处于研究试用阶段。

航空地质和遥感技术在工程地质勘察各阶段均可使用，而以预可行性研究和可行性研究阶段应用最有成效。这两种方法在自然条件困难、交通不便、难以到达的地区成效最大。虽然不能靠它们完全代替必不可少的地面工程地质调查和勘探，但可使地面工作大大减少，使整个勘察时间大为缩短，工作质量有较大提高。

项目小结

本项目旨在研究土的压缩性及地基的沉降量计算，以提供土地开发和建筑工程设计中必要的技术支持。首先介绍了土体压缩的基本概念，包括压缩曲线、压缩系数等内容，重点研究土的压缩特性，为后续任务提供基础知识；其次介绍了地基最终沉降量的计算方法，通过分层总和法和规范法，计算地基在承受荷载后的沉降量，以评估地基的稳定性和建筑物的安全性；最后介绍了地基变形与时间的关系，通过研究饱和土的渗流固结和单向固结理论，计算地基沉降与时间的关系，并为工程建设提供参考。

通过本项目的学习，读者能够更准确地评估土体的压缩性和地基的沉降量，为土地利用和建筑设计提供可靠的数据和建议，以确保工程的安全性和稳定性。

课后实训

1. 成员分组

以 3~5 人为一组，选出组长并进行分工，将小组成员及分工情况填入表 3-3 中。

表 3-3　小组成员及分工情况

小组成员	姓名	学号	分工
组长			

续表

组员			

2. 开展实训

将实训操作过程填入表 3-4 中。

表 3-4 实训开展工作表

姓名	日期
实训项目	
具体任务	
相关知识	
其他项目	
实训记录	
教师指导	

3. 考核评价

各组展示任务完成情况，并完成表 3-5 所示的考核评价表。

表 3-5 考核评价表

评价项目	评价内容	分值	评分		
			自评	互评	师评
职业素养考核项目（40%）	考勤、仪容仪表	10 分			
	安全意识、责任意识及服从意识	10 分			
	团队合作、沟通交流能力	10 分			
	维护场地、设备及工具等干净整洁	10 分			
专业能力考核项目（60%）	积极参与教学活动并理解实训活动要求	20 分			
	工程基本专业知识查找及时、准确	20 分			
	地基最终沉降量计算操作符合规范，任务完成度	20 分			
合计：综合分数________ 自评（20%）+互评（20%）+师评（60%）		100 分			
综合评语		指导教师（签名）：			

课后习题

一、填空题

1. 饱和土的压缩量等于孔隙中水被挤出的体积，这种过程叫作土的______。

2. 土的压缩性常用______、压缩模量和______等指标来评价。这些压缩性指标可通过室内或现场试验来确定。

3. ______反映了土受压后的压缩特性，它的形状与土试样的成分、结构、状态以及受力历史有关。

4. 地基的______是地基工程设计和施工中需要重点考虑的一个参数，对于评估地基稳定性和工程结构的影响具有重要意义。

二、简答题

1. 如何判定地基土已达到破坏阶段？

2. 简述饱和土体渗流固结过程。

项目 4

土的抗剪强度和地基承载力

项目概述

土的抗剪强度和地基承载力问题是土力学中的重要研究课题，其目的是用于描述土体在受到外部剪切力时的变形和破坏特性，掌握地基的承载规律，发挥地基的承载能力，合理确定地基承载力，确保地基不致因荷载作用而发生剪切破坏，产生过大变形而影响建筑物或土木工程建筑物的正常使用。

学习目标

知识目标

◆理解土的抗剪强度的概念。

◆熟悉直接剪切试验和三轴压缩试验等方法。

◆了解抗剪强度的测定方法。

◆了解地基的常见破坏形式，准确地确定地基承载力。

能力目标

◆掌握土的极限平衡条件，能够进行相关计算。

◆具备测试不同排水条件下土的抗剪强度的能力，能够选择合适的排水条件。

素质目标

◆培养学生细致、耐心和严谨的工作态度，注重观察和总结实验规律，提高分析和归纳能力。

◆培养学生自主学习和团队合作的精神。

案例导入

某市一旅店为7层现浇钢筋混凝土框架结构，砖砌填充墙，钢筋混凝土独立基础，埋深0.8 m。项目于2020年5月开工，2021年8月完成主体结构，于2022年4月基本完工，7月1日开始营业。但该建筑在2021年6月发现地梁开裂，并测得有不均匀沉陷，柱子最大沉降量为10.5 cm，同年11月测得最大沉降量为43 cm。12月发现1~6层部分梁、柱墙裂缝有31处，最长裂缝为480 cm，最宽裂缝为0.3 cm。

上述质量问题虽已发现，但未得到及时处理，并仍按原计划筹备开业。2022年5月3

日下午 6 时 30 分，在无风无雨的情况下，整幢大楼突然全部倒塌。

问题思考

结合所学内容，试分析事故发生的原因。

4.1 土的抗剪强度

4.1.1 土的抗剪强度的概念

土的抗剪强度是指土体抵抗剪切破坏的极限能力。当土中某点在某一平面上的剪应力超过土的抗剪强度时，土体就会沿着剪应力的作用方向发生一部分相对于另一部分的移动，该点便发生了剪切破坏。若继续增加荷载，土体中的剪切破坏点将随之增多，并最终形成一个连续的滑动面，导致土体失稳，进而酿成工程事故。在与土体稳定有关的实际工程中，无论是边坡土体的滑动、挡土墙的倾覆，还是建筑物地基的失稳破坏，如图 4-1 所示，都与土体的抗剪强度有关，土体的抗剪强度是决定土体稳定性的关键因素之一。

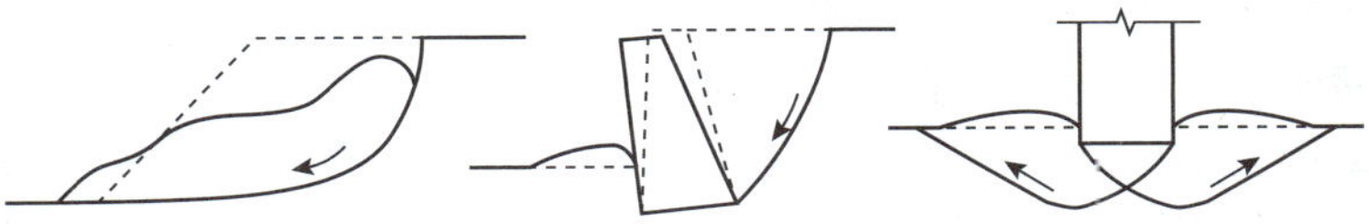

（a）边坡土体的滑动　（b）挡土墙的倾覆　（c）建筑物地基失稳

图 4-1　土体工程破坏示意图

土的抗剪强度指标是通过土的抗剪强度试验测定的，不同的抗剪强度指标可以用不同的抗剪强度试验来获得。土的抗剪强度试验按照试验进行的场所，可分为室内试验和现场试验两大类。室内试验常用的有直接剪切试验、三轴压缩试验等；现场试验有十字板剪切试验。

4.1.2 直接剪切试验

直接剪切试验是最基本的室内抗剪强度试验方法，它所使用的仪器称为直剪仪。按加荷方式分为应变式和应力式两类。前者是以等速推动剪切盒使土样受剪，后者则是分级施加水平剪力于剪力盒使土样受剪。

我国普遍应用的是应变控制式直剪仪，如图 4-2 所示。试验开始前将上下金属盒的内圆腔对正，把试样置于上下盒之间。通过传压板和滚珠对土样先施加垂直法向应力 p_1，然后再施加水平剪力，使土样沿上下盒水平接触面发生剪切位移直至破坏。在剪切的过程中，每间隔一定的时间，测读相应的剪切变形一次，直至破坏。然后求出施加于试样截面的剪应力值。用同样的土样，改变法向应力，重复做多个这样的试验，以剪应力τ为纵坐标，剪切位移 Δl 为横坐标，可得τ-Δl 曲线，如图 4-3 所示。

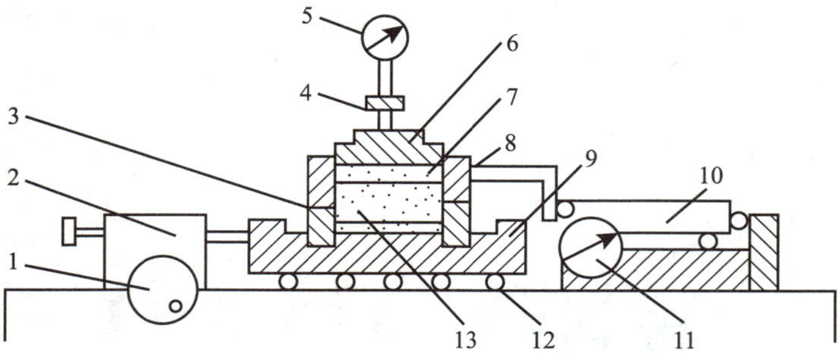

1—剪切传动机构；2—推动器；3—下盒；4—垂直加压框架；5—垂直位移计；6—传压板；
7—透水板；8—上盒；9—储水盒；10—测力计；11—水平位移计；12—滚珠；13—试样。

图 4-2　应变控制式直剪仪

4.1.3　三轴压缩试验

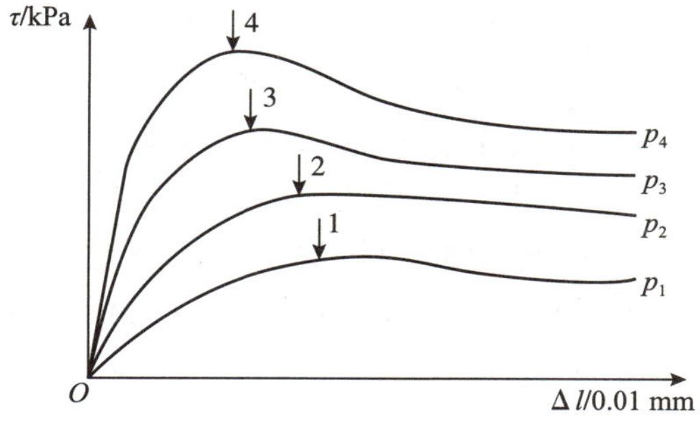

图 4-3　剪应力与剪切位移关系曲线

三轴压缩试验是目前测定土的抗剪强度指标较为可靠的试验方法，它能较为严格地控制试样的排水、测试剪切前后和剪切过程中土样中的孔隙水压力。与直接剪切试验相比，三轴压缩试验试样中的应力比较明确和均匀。因此，对于一级建筑物、重大工程和科学研究必须采用三轴压缩试验方法确定土的抗剪强度指标。其使用的三轴压缩仪同样分应变控制式和应力控制式两种。应变控制式三轴压缩仪各系统的组成如图 4-4 所示。

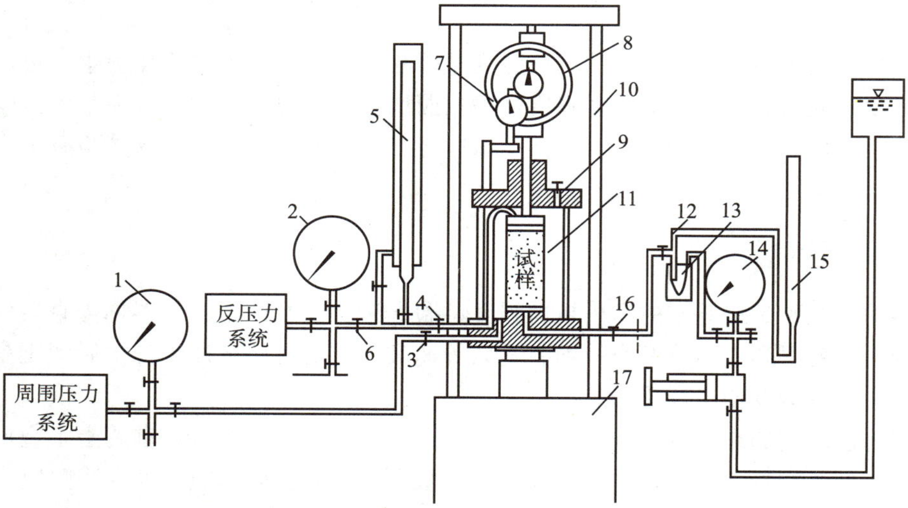

1—周围压力表；2—反压力表；3—周围压力阀；4—排水阀；5—体变管；6—反压力阀；
7—垂直变形百分表；8—量力环；9—排气孔；10—轴向加压设备；11—压力式；12—量管阀；
13—零位显示器；14—孔隙水压力表；15—量管；16—孔隙水压力阀；17—离合器。

图 4-4　应变控制式三轴压缩仪各系统的组成

根据三轴压缩试验过程中试样的固结条件与孔隙水压力的消散情况，可分为三种试验方法，所得到的抗剪强度指标 c 与 φ 值亦不尽相同。

1\. 不固结不排水试验

在试样施加周围压力 σ_3 之前，将试样的排水阀关闭，在不固结的情况下施加轴向力进行剪切。在剪切过程中排水阀始终关闭，即不排水。在施加 σ_3 与 σ_1 过程中都不排水，在试样中存在孔隙水压力 u。试验要求严格控制试验条件，包括保持土样的固结状态和限制排水，以确保测试结果的准确性和可靠性。不固结不排水试验在土力学和地基工程领域具有重要的应用价值，可以帮助工程师深入了解土体的力学性质，指导工程设计和施工实践。

2\. 固结不排水试验

在试样施加周围压力 σ_3 之前，将试样的排水阀打开，施加周围压力使土样排水固结达到稳定。再关闭排水阀施加轴向力进行剪切，在剪切过程中排水阀始终关闭。在实际工程中，由于土体通常都是处于固结状态下被荷载的，因此固结不排水试验具有更广泛的应用，可以评估土体在固结状态下的力学性质和变形特性，指导工程设计和施工安全。

提 示

固结不排水试验与不固结不排水试验不同之处在于，固结不排水试验中土样在试验前发生了固结变形，因此试验过程中发生一定的应力松弛现象，此时土样的排水仍然是受限制的。

3\. 固结排水试验

在试样施加周围压力 σ_3 之前到施加轴向力进行剪切之后，整个试验过程中排水阀始终打开。固结排水试验适用于研究土体在真实固结状态下的变形和强度特性。通过这种试验可以获得土壤在排水条件下的强度参数，同时能够对土壤在荷载作用下的变形行为进行研究分析。

4.1.4 土的极限平衡条件

土的极限平衡状态指土体的剪应力 τ 等于土的抗剪强度 τ_f 时的临界状态。

土的极限平衡条件：土体处于极限平衡状态时土的应力状态和土的抗剪强度指标之间的关系式，即 σ_1、σ_2 与内摩擦角 φ、黏聚力 c 之间的数学表达式。

1\. 土体中任一点的应力状态

（1）最大主应力与最小主应力

微元体顶面和底面的作用力，均为

$$\sigma_1 = \gamma z \tag{4.1}$$

式中，σ_1 为作用在微元体上的竖向法向应力，即土的自重应力，kPa。

微元体侧面作用力为

$$\sigma_2 = \sigma_3 = \xi \gamma z \tag{4.2}$$

式中 σ_2、σ_3——作用在微元体侧面的水平向法向应力，kPa；

ξ——土的静止侧压力系数，小于1。

如图 4-5 所示，σ_1 为最大主应力，σ_3 为最小主应力。

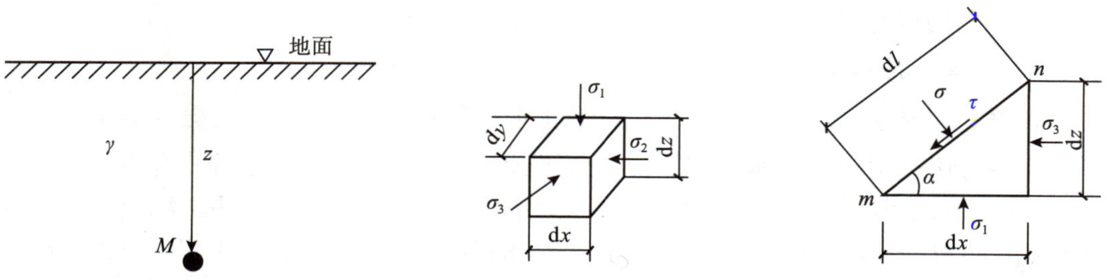

图 4-5　土体中任一点的应力

（2）任意斜面上的应力

在微元体上取任一截面 mn，与大主应力面即水平面成 α 角，斜面 mn 上作用法向应力 σ 和剪应力τ，如图 4-5（c）所示。

任意界面 mn 上的法向应力 σ 与剪应力τ

$$\sigma = \frac{\sigma_1 + \sigma_3}{2} + \frac{\sigma_1 - \sigma_3}{2}\cos 2\alpha \tag{4.3}$$

$$\tau = \frac{\sigma_1 + \sigma_3}{2}\sin 2\alpha \tag{4.4}$$

式中　σ——与大主应力面成 α 角的截面 mn 上的法向应力，kPa；

τ——同一截面上的剪应力，kPa。

（3）用莫尔应力圆表示斜面上的应力

取τ-σ 直角坐标系。在横坐标轴 $O\sigma$ 上，按一定的应力比例尺确定 σ_1 和 σ_3 的位置，以 σ_1-σ_3 为直径作圆，即为莫尔应力圆，如图 4-6 所示。取莫尔应力圆的圆心为 O_1，自 $\overline{O_1\sigma_1}$ 逆时针转 2α 角，得半径 $\overline{O_1\alpha}$。此 α 点的坐标（σ，τ），即为 M 点处与最大主应力面成 α 角的斜面 mn 上的法向应力和剪应力值。

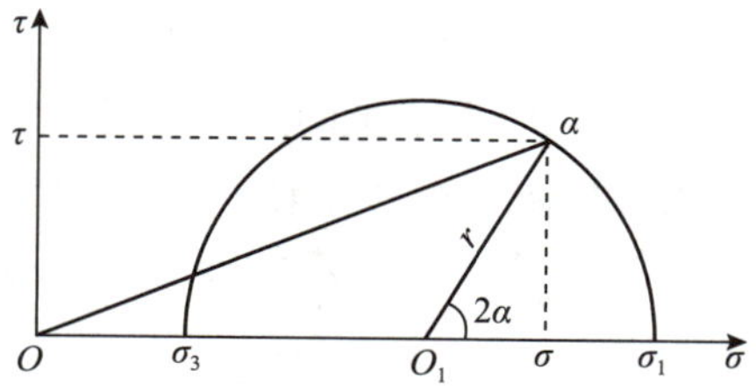

图 4-6　莫尔应力圆

2. 莫尔—库仑破坏理论

库仑通过一系列土的强度实验，总结出土的抗剪强度规律

砂土

$$\tau_f = \sigma\tan\varphi \tag{4.5}$$

黏性土

$$\tau_f = \sigma\tan\varphi + c \tag{4.6}$$

式中　τ_f——土体破坏面上的剪应力，即土的抗剪强度，kPa；

σ——作用在剪切面上的法向应力，kPa；

φ——土的内摩擦角，(°)；

c——土的黏聚力，kPa。

公式（4.5）与公式（4.6）就是库仑定律。破坏包线为一条直线，即

$$\tau_f = f(\sigma) = \sigma \tan\varphi + c \tag{4.7}$$

这种以库仑定律表示莫尔破坏包线的理论称为莫尔—库仑破坏理论。

3. 土的极限平衡条件

为了建立实用的土体极限平衡条件，将代表土体某点应力状态的莫尔应力圆和土体的抗剪强度与法向应力关系曲线画在同一个直角坐标系中，如图 4-7 所示，这样，就可以判断土体在这一点上是否达到极限平衡状态。将两者进行比较，它们之间的关系有以下三种情况。

（1）应力圆与强度线相离（圆Ⅰ）

整个莫尔圆位于抗剪强度包线的下方，即$\tau<\tau_f$，说明该点在任何平面上的剪应力都小于土所能发挥的抗剪强度，因此不会发生剪切破坏，该点处于弹性平衡状态。

（2）应力圆与强度线相切（圆Ⅱ）

切点所代表的平面上的剪应力正好等于土的抗剪强度，即$\tau=\tau_f$，该点处于极限平衡状态。

（3）应力圆与强度线相割（圆Ⅲ）

说明库仑线上方一段圆弧所代表的各截面的剪应力均大于抗剪强度，即$\tau>\tau_f$，该点处于破坏状态。实际上，这种情况是不能存在的，因为该点任何方向上的剪应力都不能超过土的抗剪强度。

圆Ⅱ称为极限应力圆，根据极限应力圆与抗剪强度包线相切的几何关系，如图 4-8 所示，可建立以 σ_1、σ_3 表示的土中一点处于剪切破坏的条件，即极限平衡条件。

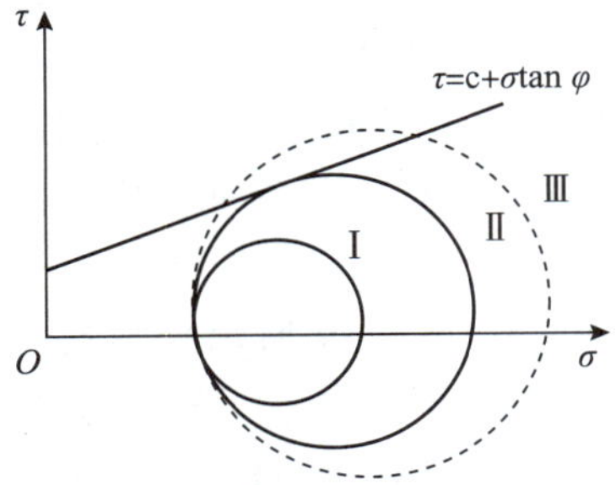

图 4-7　莫尔应力圆与抗剪强度之间的关系

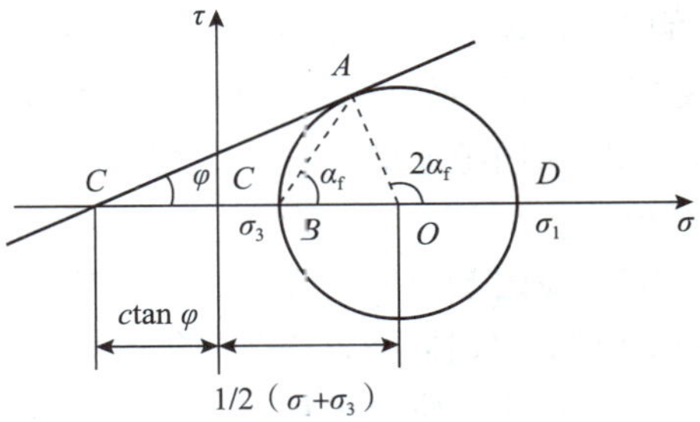

图 4-8　土的极限平衡条件

对于无黏性土的极限平衡条件

$$\sigma_1 = \sigma_3 \tan^2\left(45° + \frac{\varphi}{2}\right) \tag{4.8}$$

$$\sigma_3 = \sigma_1 \tan^2\left(45° - \frac{\varphi}{2}\right) \tag{4.9}$$

对于黏性土的极限平衡条件

$$\sigma_1 = \sigma_3 \tan^2\left(45° + \frac{\varphi}{2}\right) + 2c\tan\left(45° + \frac{\varphi}{2}\right) \tag{4.10}$$

$$\sigma_3 = \sigma_1 \tan^2\left(45° - \frac{\varphi}{2}\right) - 2c\tan\left(45° - \frac{\varphi}{2}\right) \tag{4.11}$$

4.2 抗剪强度的测定方法

4.2.1 测定土的抗剪强度

土的抗剪强度是土力学中一个重要的参数，对土体的稳定性和承载力有着重要的影响，是决定建筑物地基和土工结构稳定的关键因素。经过数十年的不断发展，目前已有多种类型的仪器、设备可用于测定土的抗剪强度指标。土的剪切试验可分为室内试验和现场试验。室内试验的特点是边界条件比较明确，且容易控制，但室内试验要求必须从现场采取试样，在取样的过程中不可避免地引起应力释放和土的结构扰动。为弥补室内试验的不足，可在现场进行原位试验。原位试验的优点是试验直接在现场原位置进行，不需取试样，因而能够很好地反映土的结构和构造特性。对无法进行或很难进行室内试验的土，如粗粒土、极软黏土及岩土接触面等，可进行原位试验，以取得必要的力学指标。总之，每种试验仪器都有一定的适用性和局限性，在试验方法和成果整理等方面也有各自不同的做法。

1. 直接剪切试验

直剪试验是一种常用的土壤力学试验方法，用于测定土体的剪切强度和剪切性质。该试验可以直接模拟土壤受到剪切力作用时的行为，并通过测量力和变形来获得土壤的剪切特性参数。其使用的仪器称为直接剪切仪或直剪仪，分为应变控制式和应力控制式两种。前者对试样采用等速剪应变测定相应的剪应力，后者则是对试样分级施加剪应力测定相应的剪切位移。

当前，我国普遍采用应变控制式直剪仪，其结构构造如图 4-9 所示，其受力状态如图 4-10 所示。仪器由固定的上盒和可移动的下盒构成，试样置于上、下盒之间的盒内。试样上、下各放一块透水石以利于试样排水。试验时，首先由加荷架对试样施加竖向压力 F_N，水平推力 F_s 则由等速前进的轮轴施加于下盒，使试样在沿上、下盒水平接触面产生剪切位移，如图 4-10 所示。

总剪力 F_s（即水平推力）由量力环测定，剪切变形由百分表测定。在施加每一种法向应力后$\left(\sigma = \dfrac{F_N}{A}，A \text{ 为试件面积}\right)$，逐级增加剪切面上的剪应力$\tau\left(\tau = \dfrac{F_s}{A}\right)$，直至试件破坏。将试验结果绘制成剪应力$\tau$和剪应变 γ 的关系曲线，如图 4-11 所示。一般由曲线的峰值作为该法向应力 σ 下相应的抗剪强度τ_f，必要时也可取终值作为抗剪强度。

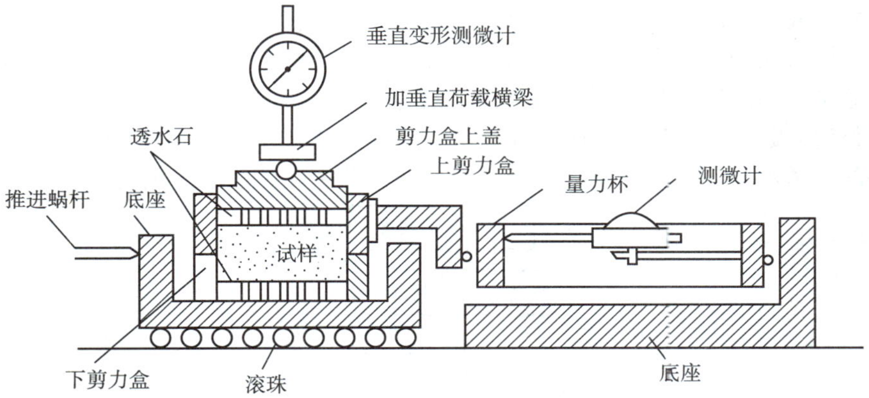

图 4-9　应变式直剪仪构造示意图

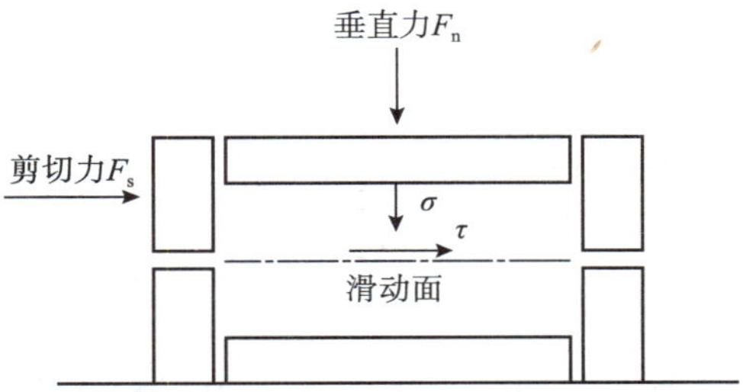

图 4-10　直接剪切试验的概念图

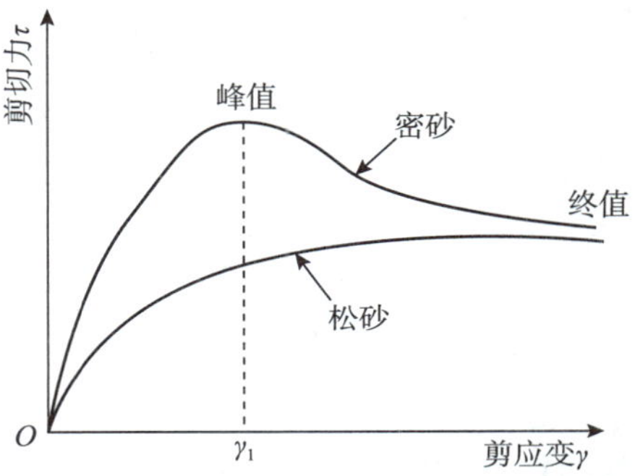

图 4-11　剪应力-剪应变关系曲线

采用几种不同的法向应力，测出相应的几个抗剪强度τ_f。在 $\sigma-\tau_f$ 坐标上绘制 $\sigma-\tau_f$ 曲线，即为土的抗剪强度曲线，也就是莫尔库仑破坏包线，如图 4-12 所示。

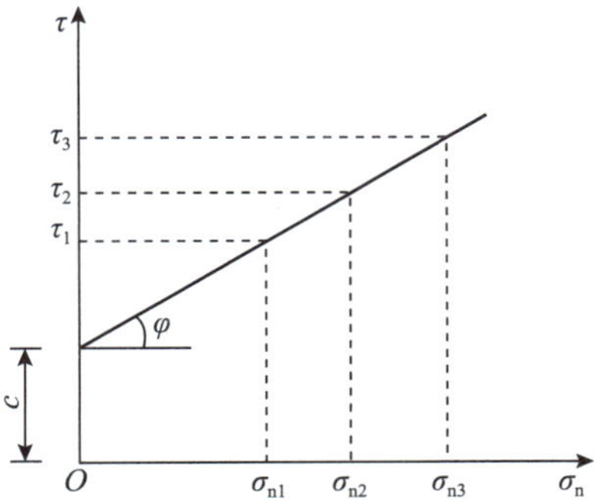

图 4-12　直剪试验结果

直剪仪具有构造简单、操作简便的特点，并符合某些特定条件，至今仍是实验室常用的一种试验仪器。

2. 三轴剪切试验

土工三轴仪是一种能较好地测定土的抗剪强度的试验设备。与直剪仪相比，三轴仪试样中的应力相对比较均匀和明确。三轴仪也分为应变控制和应力控制两种，但目前由计算机和传感器等组成的自动化控制系统可同时具有应变控制和应力控制两种功能。图 4-13

为三轴压缩试验机简图。三轴仪的核心部分是压力室，它是由一个金属活塞、底座和透明有机玻璃圆筒组成的封闭容器；轴向加压系统用以对试样施加轴向附加压力，并可控制轴向应变的速率；周围压力系统则通过液体（通常是水）对试样施加围压；试样为圆柱形，并用橡皮膜包裹起来，以使试样中的孔隙水与膜外液体（水）完全隔开。试样中的孔隙水通过其底部的透水面与孔隙水压力量测系统连通，并由孔隙水压力阀门控制。

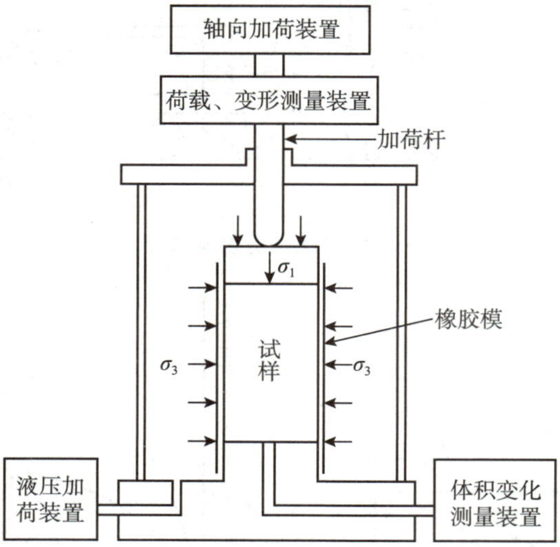

图 4-13　三轴压缩试验机简图

试验时，先打开围压系统阀门，使试样在各向受到的围压达 σ_3，并维持不变，参考图 4-14（a），然后由轴压系统通过活塞对试样施加轴向附加压力 $\Delta\sigma$（$\Delta\sigma=\sigma_1-\sigma_3$ 称为偏应力）。在具体试验过程中，$\Delta\sigma$ 不断增大而 σ_3 维持不变，试样的轴向应力（大主应力）σ_1（$\sigma_1=\sigma_3+\Delta\sigma$）也不断增大，其应力莫尔圆亦逐渐扩大至极限应力圆，试样最终被剪破，如图 4-14（b）所示。极限应力圆可由试样剪破时的 σ_{1f} 和 σ_3 作出，参考图 4-14（c）中实线圆。

破坏点的确定方法为：量测相应的轴向变 ε_1，点绘 $\Delta\sigma-\varepsilon_1$ 关系曲线，以偏应力 $\sigma_1-\sigma_3$ 的峰值为破坏点（图 4-15）；无峰值时，取某一轴向应变（如 $\varepsilon_1=15\%$）对应的偏应力值作为破坏点。

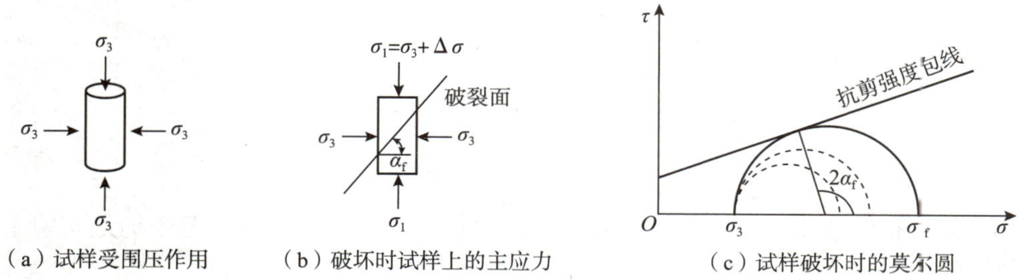

图 4-14　三轴压缩试验原理

在给定的围压 σ_3 作用下，一个试样的试验只能得到一个极限应力圆。同种土样至少需要三个试样在不同的 σ_3 作用下进行试验，方能得到一组极限应力圆。由于这些试样均被剪破，绘极限应力圆的公切线即为该土样的抗剪强度包线。它通常呈直线状，其与横坐标的夹角即为土的内摩擦角 φ，与纵坐标的截距即为土的黏聚力 c（图 4-16）。

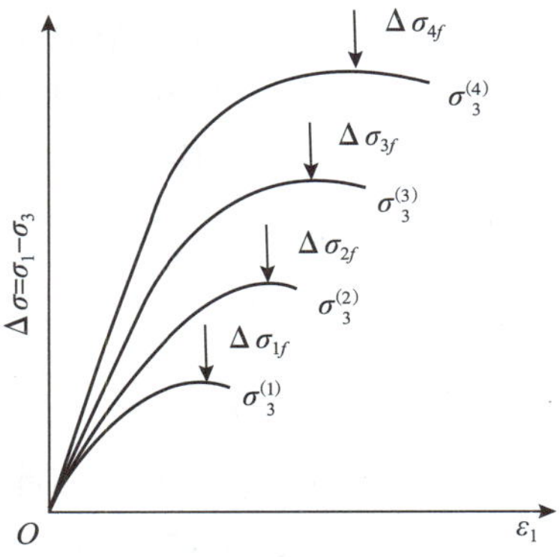

图 4-15　三轴试验 $\Delta\sigma-\varepsilon_1$

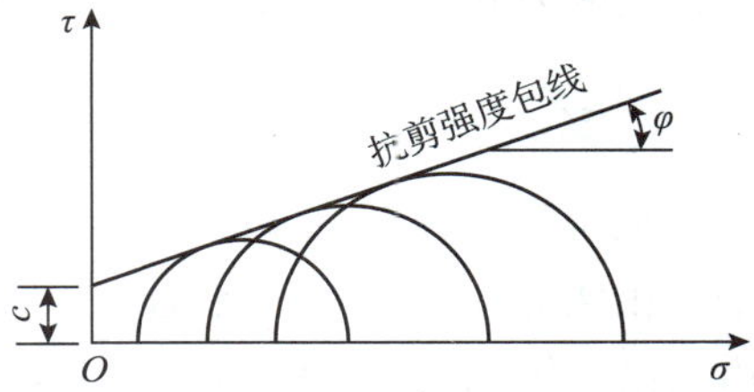

图 4-16　三轴试验的强度破坏包线

三轴压缩试验可根据工程实际情况的不同，采用不同的排水条件进行试验。在试验中，既能令试样沿轴向压缩，也能令其沿轴向伸长。通过试验，还可测定试样的应力、应变、体积应变、孔隙水压力变化和静止测压力系数等。三轴压缩试验可供在复杂应力条件下研究土的抗剪强度特性之用，其突出优点如下。

（1）试验中能严格控制试样的排水条件，准确测定试样在剪切过程中孔隙水压力的变化，从而可定量获得土中有效应力的变化情况。

（2）与直剪试验相比，试样中的应力状态相对较为明确和均匀，不硬性指定破裂面位置。

（3）除抗剪强度指标外，还可测定土的灵敏度、侧压力系数、孔隙水压力系数等力学指标。

但三轴压缩试验也存在试样制备和试验操作比较复杂、试样中的应力与应变仍然不均匀的缺点。由于试样上、下端的侧向变形分别受到刚性试样帽和底座的限制，而在试样的中间部分却不受约束，因此当试样接近破坏时，试样常被挤压成鼓形。此外，目前所谓的“三轴试验”，一般都是在轴对称的应力应变条件下进行的。

3. 无侧限抗压强度试验

无侧限抗压强度试验是三轴压缩试验中 $\sigma_3=0$ 时的特殊情况。试验时，将圆柱形试样置于无侧限压缩仪中，对试样不加周围压力，仅对它施加垂直轴向压力 σ_1，如图 4-17（a）所示，剪切破坏时试样所承受的轴向压力称为无侧限抗压强度。由于试样在试验过程中在侧向不受任何限制，故称无侧限抗压强度试验。无黏性土在无侧限条件下试样难以成型，故该试验主要用于黏性土，尤其适用于饱和软黏土。

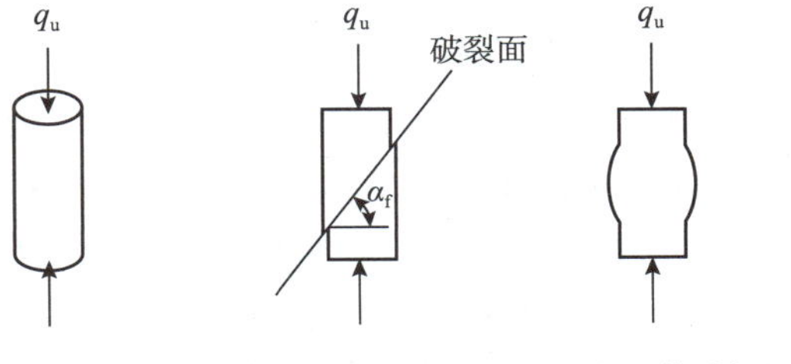

（a）试样受损　（b）脆性破坏　（c）塑性破坏

图 4-17　无侧限抗压强度试验原理

无侧限抗压强度试验中，试样破坏时的判别标准类似三轴压缩试验。坚硬黏土的 $\sigma_1-\varepsilon_1$ 关系曲线常出现 σ_1 的峰值破坏点（脆性破坏），此时的 σ_{1f} 即为 q_u；而软黏土的破坏常呈现为塑流变形，$\sigma_1-\varepsilon_1$ 关系曲线常无峰值破坏点（塑性破坏），此时可取轴向应变 $\varepsilon_1=15\%$处的轴向应力值作为 q_u。无侧限抗压强度 q_u 相当于三轴压缩试验中试样在 $\sigma_3=0$ 条件下破坏时的大主应力 σ_{1f}，故莫尔-库仑理论的破坏准则公式可得

$$q_u = 2c\tan\left(45°+\frac{\varphi}{2}\right) \tag{4.12}$$

式中，q_u 为无侧限抗压强度，kPa。

无侧限抗压强度试验结果只能做出一个极限应力圆（$\sigma_{1f}=q_u$，$\sigma_3=0$），因此，对一般黏性土难以做出破坏包线。试验中若能测得试样的破裂角 α_f，如图 4-17（b）所示，则理论上可由 $\alpha_f=45°+\dfrac{\varphi}{2}$ 推算出黏性土的内摩擦角 φ，再由式（4.12）推得土的黏聚力 c。但一般 α_f 不易量测，要么因为土的不均匀性导致破裂面形状不规则；要么由于软黏土的塑流变形而不出现明显的破裂面，只是被挤压成鼓形，如图 4-17（c）所示。而对于饱和软黏土，在不固结不排水条件下进行剪切试验，可认为 $\varphi=0$，其抗剪强度包线与 σ 轴平行。因而，由无侧限抗压强度试验所得的极限应力圆的水平切线，即为饱和软黏土的不排水抗剪强度包线。

如图 4-18 所示，其不排水抗剪强度 c_u 为

$$c_u = \frac{q_u}{2} \tag{4.13}$$

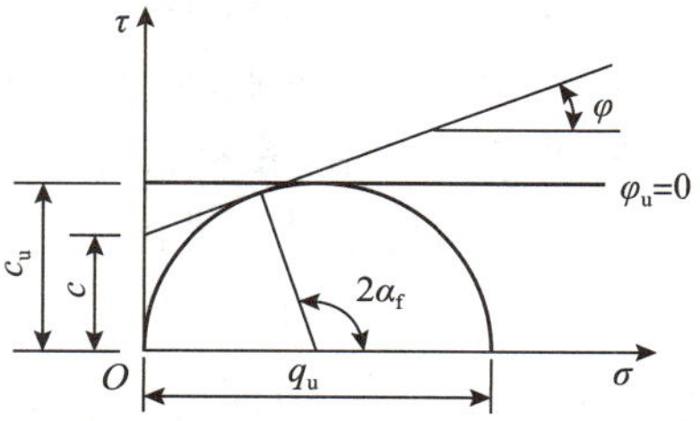

图 4-18　无侧限抗压强度试验的强度包线

4. 十字板剪切试验

在土的抗剪强度现场原位测试方法中，最常用的是十字板剪切试验。它无须钻孔取得原状土样，使土少受扰动，试验时土的排水条件、受力状态等与实际条件十分接近，因而特别适用于难以取样和高灵敏度的饱和软黏土。

十字板剪切仪的构造如图 4-19 所示，其主要部件为十字板头、轴杆、施加扭力设备和测力装置。近年来已有用自动记录显示和数据处理的微机代替旧有测力装置的新仪器问世。十字板剪切试验的工作原理是将十字板头插入土中待测的土层标高处，然后在地面上对轴杆施加扭转力矩，带动十字板旋转。十字板头的四翼矩形片旋转时与土体间形成圆柱体表面形状的剪切面，如图 4-20 所示。通过测力设备测出最大扭转力矩 M，据此可推算出土的抗剪强度。

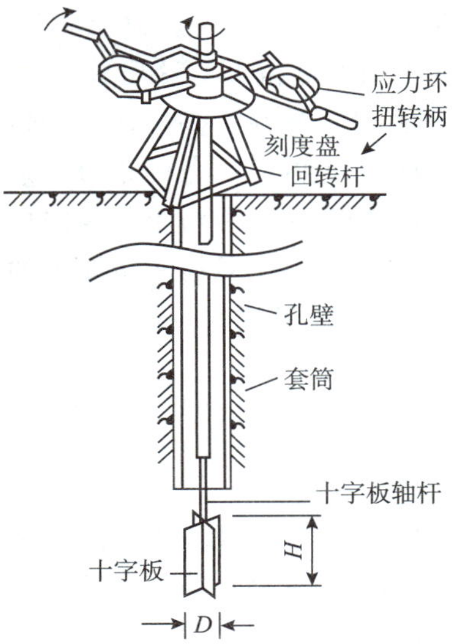

图 4-19　十字板剪力仪的构造

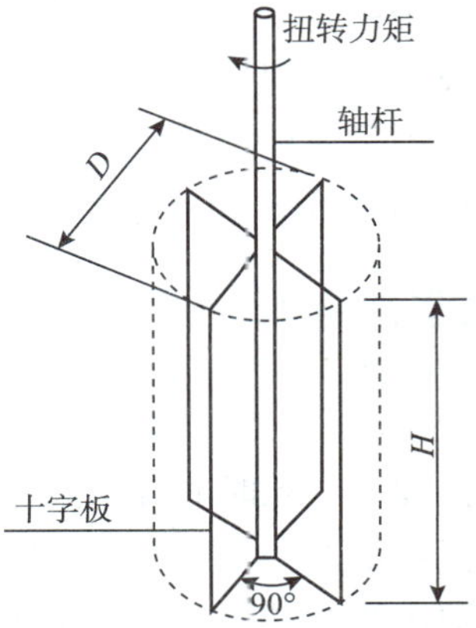

图 4-20　十字板剪切原理

土体剪切破坏时，其抗扭力矩由圆柱体侧面和上、下表面土的抗剪强度产生的抗扭力矩两部分构成。

（1）圆柱体侧面上的抗扭力矩 M_1

$$M_1 = \left(\pi GDH \cdot \frac{D}{2}\right)\tau_f \tag{4.14}$$

式中　D——十字板的宽度，即圆柱体的直径，m；

H——十字板的高度，m；

τ_f——土的抗剪强度，kPa。

（2）圆柱体上、下表面上的抗扭力矩 M_2

$$M_2 = \left(2 \times \frac{\pi D^2}{4} \times \frac{D}{3}\right)\tau_f \tag{4.15}$$

式中，$D/3$ 为力臂值，由剪力合力作用在距圆心 2/3 的圆半径处所得。

实际上为简化起见，式（4.14）和式（4.15）的推导中假设了土的强度为各向相同，即剪切破坏时圆柱体侧面和上、下表面土的抗剪强度相等。由土体剪切破坏时所量测的最大扭矩，应与圆柱体侧面和上、下表面产生的抗扭力矩相等，可得

$$M = M_1 + M_2 = \left(\frac{\pi HD^2}{2} + \frac{\pi D^3}{6}\right)\tau_f \tag{4.16}$$

于是，由十字板原位测定的土的抗剪强度τ_f 为

$$\tau_f = \frac{2M}{\pi D^2\left(H + \dfrac{D}{3}\right)} \tag{4.17}$$

对饱和软黏土来说，与室内无侧限抗压强度试验一样，十字板剪切试验所得成果即为不排水抗剪强度 c_u，且主要反映土体垂直面上的强度。由于天然土层的抗剪强度是非等向的，水平面上的固结压力往往大于侧向固结压力，因而水平面上的抗剪强度略大于垂直面

上的抗剪强度。十字板剪切试验结果理论上应与无侧限抗压强度试验相当（甚至略小），但事实上十字板剪切试验结果往往比无侧限抗压强度值偏高，这可能与土样扰动较少有关。除土的各向异性外，土的成层性，十字板的尺寸、形状、高径比、旋转速率等因素对十字板剪切试验结果均有影响。此外，十字板剪切面上的应力条件十分复杂，例如有人曾利用衍射成像技术，发现十字板周围土体存在因受剪影响使颗粒重新定向排列的区域，这表明十字板剪切不是简单沿着一个面产生，而是存在着一个具有一定厚度的剪切区域。因此，十字板剪切的 c_u 值与原状土室内的不排水剪切试验结果有一定的差别。

4.2.2 测试不同排水条件下土的抗剪强度

1. 不同排水条件时的剪切试验方法

土的抗剪强度与试验时的排水条件密切相关，根据土体现场受剪的排水条件，有三种特定的试验方法可供选择，即三轴剪切试样中的不固结不排水剪、固结不排水剪和固结排水剪，对应直剪试验中的快剪、固结快剪和慢剪。

（1）不固结不排水剪（unconsolidated undrained，UU）

不固结不排水剪简称不排水剪，在三轴剪切试验中自始至终不让试样排水固结，即施加周围压力 σ_3 和随后施加轴向应力增量 $\Delta\sigma$ 直至土样剪损的整个过程都关闭排水阀，使土样的含水量不变。

用直剪仪进行快剪（Q）时，在土样的上、下面与透水石之间用不透水薄膜隔开，施加预定的垂直压力后，立即施加水平剪力，并在 3~5 min 内将土样剪损。

（2）固结不排水剪（consolidated undrain，CU）

固结不排水剪是在三轴试验中使试样先在 σ_3 作用下完全排水固结，即让试样中的孔隙水压力 $u_1=0$。然后关闭排水阀门，再施加轴向应力增量 $\Delta\sigma_1$，使试样在不排水条件下剪切破坏。

用直剪仪进行固结快剪（consolidated quick，CQ）时，剪前使试样在垂直荷载下充分固结，剪切时速率较快，尽量使土样在剪切过程中不再排水。

（3）固结排水剪（consolidated drained，CD）

固结排水剪简称排水剪，三轴试验时先使试样在 σ_3 作用下排水固结，再让试样在能充分排水的情况下，缓慢施加轴向压力增量，直至剪破，即整个试验过程中试样的孔隙水压力始终为零。

用直剪仪进行慢剪试验（S）时，施加垂直压力 σ 后待试样固结稳定，再以缓慢的速率施加水平剪切力，直至试样剪破。

按上述三种特定试验方法进行试验所得的成果，均可用总应力强度指标来表示，其表示方法是在 c、φ 符号右下角分别标以表示不同排水条件的符号，见表 4-1。

表 4-1　剪切试验成果表达

直接剪切		三轴剪切	
试验方法	成果表达	试验方法	成果表达
快剪	c_q、φ_q	不排水剪	c_u、φ_u

续表

直接剪切		三轴剪切	
固结快剪	c_{cq}、φ_{cq}	固结不排水剪	c_{cu}、φ_{cu}
慢剪	c_s、φ_s	排水剪	c_d、φ_d

2. 抗剪强度指标的选用

土的抗剪强度指标随试验方法、排水条件的不同而不同，因而在实际工程中应该尽可能根据现场条件决定室内试验方法，以获得合适的抗剪强度指标。一般认为，由三轴固结不排水试验确定的有效应力强度参数 c' 和 φ'，宜用于分析地基的长期稳定性，例如土坡的长期稳定分析，估计挡土结构物的长期土压力，位于软土地基上结构物的地基长期稳定分析等。而对于饱和软黏土的短期稳定问题，则宜采用不排水剪的强度指标。但在进行不排水剪试验时，宜在土的有效自重压力下预固结，以避免试验得出的指标过低，使之更符合实际情况。

一般工程问题多采用总应力分析法，其测试方法和指标的选用大致见表 4-2。

表 4-2　地基土抗剪强度指标的选择

试验方法	适用条件
不排水剪或快剪	地基土的透水性和排水条件不良，建筑物施工速度较快
排水剪或慢剪	地基土的透水性好，排水条件较佳，建筑物加荷速率较慢
固结不排水剪或固结快剪	建筑物竣工较久后荷载又突然增大（如房屋增层），或地基条件介于上述两种情况之间

4.3 地基承载力

4.3.1　地基的常见破坏形式

大量工程实践和试验研究表明，地基的破坏主要是由于地基土的抗剪强度不够，土体产生剪切破坏所致。地基土的剪切破坏有三种破坏模式：整体剪切破坏、局部剪切破坏和冲切破坏。

1. 整体剪切破坏

整体剪切破坏的特征是随着荷载的增加，基础下塑性区发展到地面，形成连续滑动面，两侧挤出并明显隆起；描述整体破坏模式的荷载—沉降曲线（p-s 曲线）的典型特征是具备明显的转折点。地基整体剪切破坏有压密阶段（直线 Oa 段）、剪切阶段（曲线 ab 段）和破坏阶段（曲线 bc 段）三个发展阶段，如图 4-21 所示。直线阶段终点的对应荷载 p_{cr} 称为比例界限。剪切阶段终点的对应荷载 p_u 称为极限荷载。密砂和坚硬黏土中最有可能发生整体剪切破坏。

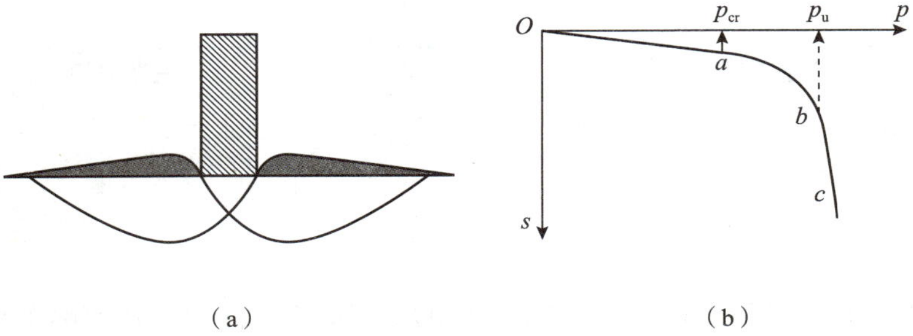

图 4-21　整体剪切破坏

2. 局部剪切破坏

局部剪切破坏的特征是随着荷载的增加，基础下塑性区仅发展到地基某一范围内，土中滑动面并不延伸到地面，基础两侧地面微微隆起，没有出现明显的裂缝；描述局部剪切破坏模式的 p-s 曲线以变形为主要特征，直线段范围较小，一般没有明显的转折点，如图 4-22 所示。中等密实砂土、松砂、软黏土都可能发生局部剪切破坏。

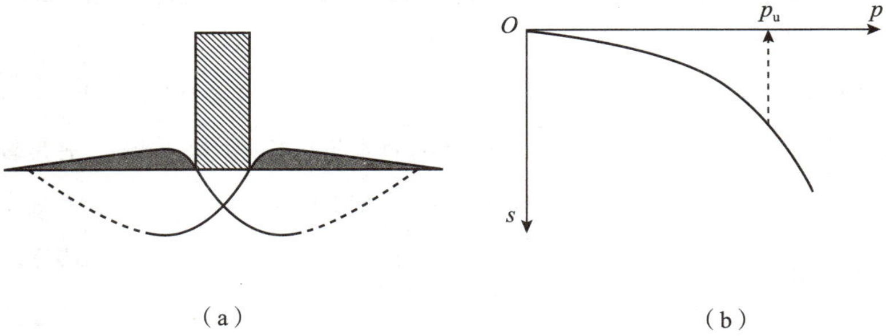

图 4-22　局部剪切破坏

3. 冲切破坏

冲切破坏又称刺入剪切破坏，其特征是随着荷载的增加，基础下土层发生压缩变形，基础随之下沉，当荷载继续增加，基础周围附近土体将发生竖向剪切破坏，使基础刺入土中，而基础两边的土体并没有明显移动；描述冲切破坏的 p-s 曲线具有典型的变形特征，没有转折点，如图 4-23 所示。压缩性较大的松砂、软土地基或基础埋深较大时可能发生冲切破坏。

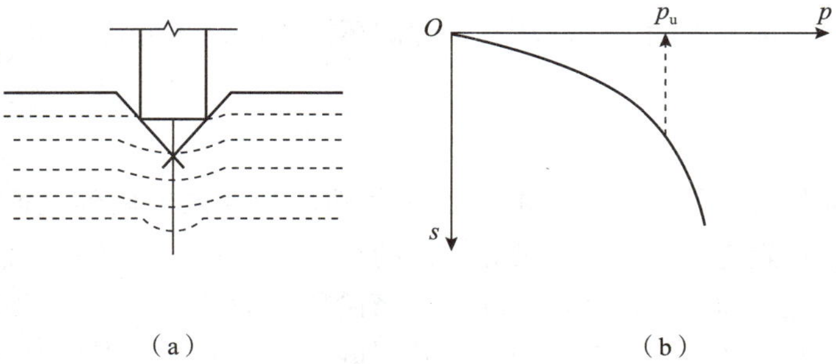

图 4-23　冲切破坏

地基破坏模式的形成与地基土条件、基础条件、加荷方式等因素有关，是这些因素综合作用的结果，对于一个具体工程可能会发生哪一种破坏，需综合考虑各方面的因素。一般来说，密实砂土和坚硬黏土将出现整体剪切破坏；而压缩性比较大的松砂和软黏土，将可能出现局部剪切或冲切破坏。当基础埋深较浅、荷载为缓慢施工的恒荷载时，将趋向发生整体剪切破坏；当基础埋深较大，荷载为快速施加的或者冲击荷载时，则可能形成局部剪切或冲切破坏。实际工程中，浅基础（包括独立基础、条形基础、筏形基础、箱形基础等）的地基一般为较好的土层，荷载也是根据施工缓慢施加的，所以工程中的地基破坏一般为整体剪切破坏。

知识链接

建筑物地基设计时应考虑以下三种功能要求。

(1) 在长期荷载作用下，地基变形不致造成承重结构的损坏。

(2) 在最不利荷载作用下，地基不出现失稳现象。

(3) 具有足够的耐久性能。

4.3.2　地基承载力的确定

地基承载力

由于外部荷载的施加，土中应力增加，若某点沿某方向的剪应力达到土的抗剪强度，该点即处于极限平衡状态，即破坏状态。随着外部荷载的不断增大，土体内部存在多个破坏点，若这些点连成一片，就形成了破坏面，使坐落在其上的建筑物发生急剧沉降、倾斜，失去使用功能，这种状态就称为地基土丧失承载能力或称为地基土失稳。地基土所能提供的最大承受荷载的能力称为地基极限承载力。

地基承载力的确定在地基基础设计中是一个非常重要而又十分复杂的问题，它不仅与土的物理、力学性质有关，而且还与基础的埋置深度、基础底面宽度等因素有关。《建筑地基基础设计规范》（GB 50007—2011）指出：地基承载力特征值可由载荷试验或其他原位测试、公式计算，并结合工程实践经验等方法综合确定。下面简要介绍地基承载力的确定方法。

1. 原位平板载荷试验确定地基承载力

载荷试验包括浅层平板载荷试验和深层平板载荷试验，是确定岩土承载力的主要方法。浅层平板载荷试验适用于浅层地基，深层平板载荷试验适用于深层地基。本节仅介绍浅层平板载荷试验。

地基土浅层平板载荷试验可用于确定浅部地基土层的承压板下应力主要影响范围内的承载力和变形参数。在现场有代表性的地点开挖试坑，坑内竖立试验装置，如图 4-24 所示。承压板面积不应小于 0.25 m^2，对于软土不应小于 0.5 m^2。试验基坑宽度不应小于承压板宽度或直径的 3 倍，基坑深度一般与基础埋置深度相同，并应保持试验土层的原状结构和天然湿度。宜在拟试压表面用粗砂或中砂层找平，其厚度不超过 20 mm。

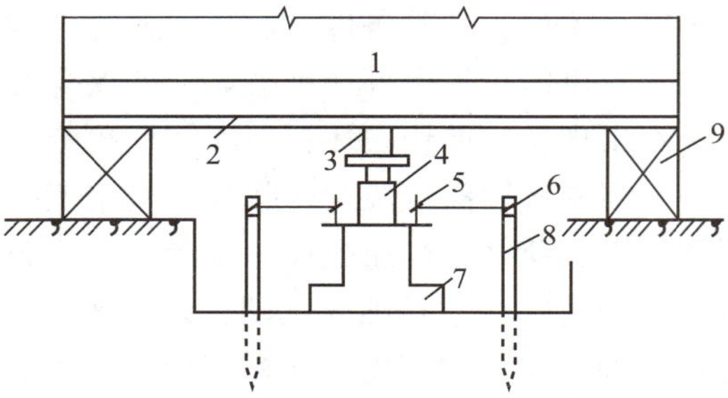

1—堆载；2、3—钢梁；4—千斤顶；5—百分表；6—基准量；7—承压板；8—基准桩；9—支墩。

图 4-24　载荷试验装置示意图

试验时荷载由千斤顶经承压板传至地基，荷载应分级增加，且不应少于 8 级。最大加载量不小于设计要求的两倍。每级加载后，按间隔 10 min、10 min、10 min、15 min、15 min，以后为每隔半小时测读一次沉降量，当在连续 2 h 内，每小时的沉降量小于 0.1 mm 时，则认为已趋稳定，可加下一级荷载。

当出现下列情况之一时，即可终止加载。

（1）承压板周围的土明显地侧向挤出。

（2）沉降 s 急骤增大，荷载—沉降（p-s）曲线出现陡降段。

（3）在某一级荷载下，24 h 内沉降速率不能达到稳定。

（4）沉降量与承压板宽度或直径之比大于或等于 0.06。

当满足前三种情况之一时，其对应的前一级荷载定为极限荷载。根据试验成果，可绘制压力与地基沉降的 p-s 关系曲线，如图 4-25 所示。

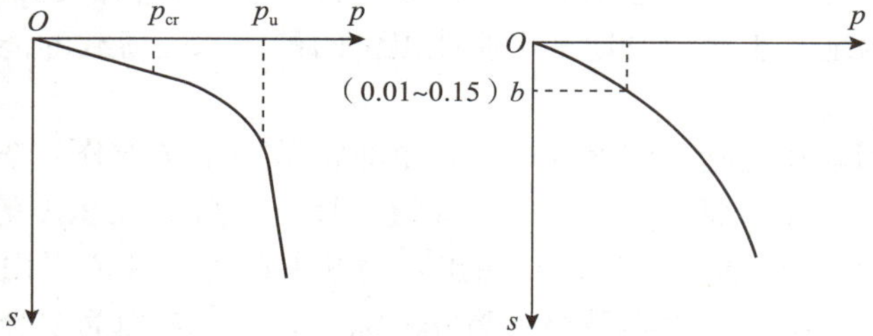

（a）低压缩性土　　（b）中、高压缩性土

图 4-25　载荷试验确定承载力

《建筑地基基础设计规范》（GB 50007—2011）指出，承载力特征值的确定应符合下列规定。

（1）当 p-s 曲线上有比例界限时，取该比例界限所对应的荷载值。

（2）当极限荷载小于对应比例界限的荷载值的两倍时，取极限荷载值的一半。

（3）当不能按上述两款要求确定时，如承压板面积为 0.25~0.5 m^2，可取 s/b=0.01~0.015 所对应的荷载，但其值不应大于最大加载量的一半。

同一土层参加统计的试验点不应少于 3 点，当试验实测值的极差不超过其平均值的 30%时，取此平均值作为该土层的地基承载力特征值 f_{ak}。

对于密实砂、硬塑黏土等低压缩性土，其 p-s 曲线通常有比较明显的起始直线段和极限值，考虑到低压缩性土的承载力特征值一般由强度安全控制，故《建筑地基基础设计规范》(GB 50007—2011)规定取其比例界限荷载 p_{cr} 作为承载力特征值。此时，基础的沉降量很小，为一般建筑物所允许，并且从 p_{cr} 发展到破坏还有很长的过程，强度安全储备也绰绰有余。但是对于少数呈“脆性”破坏的土，p_{cr} 与极限荷载 p_u 较接近，当 $p_u<2p_{cr}$ 时，《建筑地基基础设计规范》(GB 50007—2011)取 $p_u/2$ 作为承载力特征值。

对于有一定强度的松砂、可塑黏土等中、高压缩性土，$p-s$ 曲线无明显转折点，其承载力往往受允许沉降量的限制，故应当从沉降的观点来考虑。由于沉降量与基础(或承压板)的底面尺寸等因素有关，《建筑地基基础设计规范》(GB 50007—2011)总结了许多实测资料后规定：当承压板面积为 0.25~0.5 m^2 时，以 $p-s$ 曲线上的沉降量 s 等于(0.01~0.015)b(b 为承压板的宽度)时的压力作为承载力特征值，并规定其值不应大于最大加载量的一半。

2. 理论公式计算法确定地基承载力

对于竖向荷载偏心不大的基础来说，当偏心距 e 小于或等于 0.033 倍基础底面宽度时$\left(\text{即 } e \leqslant \dfrac{b}{30}\text{，}b\text{ 为偏心方向的基础底面尺寸}\right)$，根据土的抗剪强度指标标准值确定地基承载力特征值可按下式计算，并应满足变形要求，即

$$f_a=M_b\gamma b+M_d\gamma_m d+M_c c_k \tag{4.18}$$

式中　f_a——由土的抗剪强度指标确定的地基承载力特征值；

M_b、M_d、M_c——承载力系数，按表 4-3 确定。

表 4-3　承载力系数 M_b、M_d、M_c

土的内摩擦角标准值 φ_k/(°)	M_b	M_d	M_c	土的内摩擦角标准值 φ_k/(°)	M_b	M_d	M_c
0	0	1.00	3.14	22	0.61	3.44	6.04
2	0.03	1.12	3.32	24	0.80	3.87	6.45
4	0.06	1.25	3.51	26	1.10	4.37	6.90
6	0.10	1.39	3.71	28	1.40	4.93	7.40
8	0.14	1.55	3.93	30	1.90	5.59	7.95
10	0.18	1.73	4.17	32	2.60	6.35	8.55
12	0.23	1.94	4.42	34	3.40	7.21	9.22
14	0.29	2.17	4.69	36	4.20	8.25	9.97
16	0.36	2.43	5.00	38	5.00	9.44	10.80
18	0.43	2.72	5.31	40	5.80	10.84	11.73
20	0.51	3.06	5.66				

注：(1)φ_k——基底下一倍短边宽深度内土的内摩擦角标准值。

(2)b——基础底面宽度，大于 6 m 时按 6 m 取值，对于砂土小于 3 m 时按 3 m 取值。

(3)c_k——基底下一倍短边宽度的深度内土的黏聚力标准值，kPa。

(4)γ——基础底面以下土的重度，kN/m^3，地下水位以下取有效重度。

(5)d——基础埋置深度，m。

(6)γ_m——基础底面以上土的加权平均重度，kN/m^3，地下水位以下取有效重度。

3. 地基承载力特征值的修正

地基承载力除了与土的性质有关外，还与基础底面尺寸及埋置深度等因素有关。当基础宽度大于 3 m 或埋置深度大于 0.5 m 时，用载荷试验或其他原位测试、经验值等方法确定的地基承载力特征值，应按下式修正

$$f_a=f_{ak}+\eta_b\gamma(b-3)+\eta_d\gamma_m(d-0.5) \tag{4.19}$$

式中 f_a——修正后的地基承载力特征值，kPa；

f_{ak}——地基承载力特征值，kPa；

η_b、η_d——基础宽度和埋深的地基承载力修正系数，按基底下土的类别查表 4-4 取值；

γ——基础底面以下土的重度，kN/m³，地下水位以下取有效重度；

b——基础底面宽度，m，当基宽小于 3 m 时按 3 m 取值，大于 6 m 时按 6 m 取值；

γ_m——基础底面以上土的加权平均重度，kN/m³，地下水位以下取有效重度；

d——基础埋置深度，m，一般自室外地面标高算起。

在填方整平地区，可自填土地面标高算起，但填土在上部结构施工后完成时，应从天然地面标高算起。对于地下室，如采用箱形基础或筏基时，基础埋置深度自室外地面标高算起；当采用独立基础或条形基础时，应从室内地面标高算起。

表 4-4 承载力修正系数

土的类型		η_b	η_d
淤泥和淤泥质土		0	1.0
人工填土 e 或 I_L 大于等于 0.85 的黏性土		0	1.0
红黏土	含水比 $\alpha_w>0.8$	0	1.2
	含水比 $\alpha_w\leqslant0.8$	0.15	1.4
大面积压实填土	压实系数大于 0.95，黏粒含量 $\rho_c\geqslant10\%$ 的粉土	0	1.5
	最大干密度大于 2 100 kg/m³ 的级配砂石	0	2.0
粉土	黏粒含量 $\rho_c\geqslant10\%$ 的粉土	0.3	1.5
	黏粒含量 $\rho_c<10\%$ 的粉土	0.5	2.0
e 及 I_L 均小于 0.85 的黏性土		0.3	1.6
粉砂、细砂（不包括很湿与饱和时的稍密状态）		2.0	3.0
中砂、砾砂和碎石土		3.0	4.4

注：(1) 强风化和全风化的岩石，可参照所风化成的相应土类取值，其他状态下的岩石不修正。

(2) 地基承载力特征值按深层平板载荷试验确定时 η_d 取 0。

(3) 含水比是指土的天然含水率与液限的比值。

(4) 大面积压实填土是指填土范围大于两倍基础宽度的填土。

思政链接

茅以升：人贵自立　勤奋为桥

在浙江省杭州市，有一座著名的钱塘江大桥，这是一座经历过日军炮火袭击的现代化大桥，也是中国自行设计和建造的第一座铁路、公路两用双层桥。这座大桥的设计者，就是我国著名的桥梁专家茅以升。

茅以升1896年出生于江苏镇江。他自幼家境贫寒，衣食不继，常遭到贵胄子弟的讥讽，这虽让他内心愤懑不已，但也增强了他自立自强的决心。

1912年初，茅以升以优异的成绩入读唐山工业专门学校预科。1916年，他考取了留美官费研究生，远赴大洋彼岸求学。在美国康奈尔大学，他仅用一年时间就取得了硕士学位。之后，他又进入美国卡内基理工学院（卡内基·梅隆大学前身）攻读博士。毕业时，他的博士论文《框架结构的次应力》顺利通过，并被认为达到了当时的世界领先水平，该文的科学创见还被称为“茅氏定律”。

1920年，茅以升回到祖国，历任唐山工业专门学校教授、南京东南大学工科主任、河海工程大学校长、天津北洋大学校长等职。

1934年至1937年，时任钱塘江大桥工程处处长的茅以升，在自然条件非常复杂的钱塘江上，主持设计、修建了全长1 453 m、基础深达47.8 m的双层铁路、公路两用钱塘江大桥。钱塘江大桥于1937年9月26日建成通车，这是中国人自己设计和施工建造的第一座现代钢铁大桥，是我国桥梁建筑史上的一座里程碑，并使外国桥梁专家“中国人无法在钱塘江上建桥”的谬论不攻自破。

新中国成立后，1955年至1957年，茅以升任武汉长江大桥技术顾问委员会主任委员，受命主持修建了我国第一座跨越长江的大桥——武汉长江大桥。被称为“万里长江第一桥”的武汉长江大桥，是铁路、公路两用双层钢桁梁桥，上层为公路桥，宽22.5 m；下层为铁路桥，宽18 m。正桥长1 155.5 m，连同两端公路引桥，总长1 670.4 m。大桥将京汉铁路和粤汉铁路衔接起来，成为我国贯穿南北的交通大动脉。

1958年，北京人民大会堂正式进入筹建阶段，周恩来总理在审查工程设计图时指出：“要有茅以升的签名来保证。”党和国家领导人的信任，令茅以升倍感振奋，他本着对党的工作极端负责的态度，对人民大会堂的结构设计作了全面审查核算，并最终在图样上签了名。

茅以升一生学桥、造桥、写桥，在中外报刊发表文章200余篇，主持编写了《中国古桥技术史》《中国桥梁——古代至今代》等书，为我国桥梁工程建设和科技、教育、科普事业发展做出了杰出贡献。

茅以升一生向党，最终于1987年10月加入中国共产党，实现了他的毕生夙愿。

晚年回首，茅以升曾说：“人生一征途耳，其长百年，我已走过十之七八。回首前尘，历历在目，崎岖多于平坦，忽深谷，忽洪涛，幸赖桥梁以渡。桥何名欤？曰奋斗。”2019年9月25日，茅以升被评选为“最美奋斗者”，恰与其人生信条完美契合。

项目小结

本项目主要介绍了土的抗剪强度和地基承载力的内容。通过对土的抗剪强度概念、测试方法以及地基承载力的确定等内容的深入探讨，旨在为工程设计和施工提供必要的技术支持。首先重点介绍了土的抗剪强度的概念，并详细介绍了直接剪切试验、三轴压缩试验以及土的极限平衡条件，为后续任务奠定了基础；其次介绍了抗剪强度的测定方法，包括不同排水条件下土的抗剪强度的测试方法，为工程实践提供了可行的技术路径；最后介绍了地基的常见破坏形式以及地基承载力的计算方法，以期能够为地基工程的安全可靠性提供科学依据。

通过本项目的学习，读者能够更全面地了解土的抗剪强度和地基的承载力特性，为工程设计、建设和监测提供可靠的数据支持，以确保地基工程的安全稳定。

课后实训

1. 成员分组

以 3~5 人为一组，选出组长并进行分工，将小组成员及分工情况填入表 4-5 中。

表 4-5　小组成员及分工情况

小组成员	姓名	学号	分工
组长			
组员			

2. 开展实训

将实训操作过程填入表 4-6 中。

表 4-6　实训开展工作表

姓名	日期
实训项目	
具体任务	
相关知识	
其他项目	
实训记录	
教师指导	

3. 考核评价

各组展示任务完成情况，并完成表 4-7 所示的考核评价表。

表 4-7　考核评价表

评价项目	评价内容	分值	评分		
			自评	互评	师评
职业素养考核项目（40%）	考勤、仪容仪表	10 分			
	安全意识、责任意识及服从意识	10 分			
	团队合作、沟通交流能力	10 分			
	维护场地、设备及工具等干净整洁	10 分			
专业能力考核项目（60%）	积极参与教学活动并理解实训活动要求	20 分			
	工程基本专业知识查找及时、准确	20 分			
	抗剪强度计算操作符合规范，任务完成度	20 分			
合计：综合分数______自评（20%）+互评（20%）+师评（60%）		100 分			
综合评语		指导教师（签名）：			

课 后 习 题

一、填空题

1. 土的抗剪强度试验按照试验进行的场所，可分为室内试验和______两大类。
2. 直接剪切试验是最基本的室内抗剪强度试验方法，它所使用的仪器称为______。
3. 直剪试验是一种常用的土壤力学试验方法，用于测定土体的______和剪切性质。
4. 载荷试验包括______载荷试验和______载荷试验，是确定岩土承载力的主要方法。

二、简答题

1. 什么是土的抗剪强度？
2. 简述不固结不排水剪（UU）试验方法。

项目 5

土坡稳定性评价与土压力计算

项目概述

土坡稳定是指土地坡面或土墙在各种外部力作用下，保持不发生破坏或坡面滑坡的状态。在工程领域中，土坡稳定是一个重要的问题，特别是在道路、堤坝、水利工程等建设中经常涉及土地的开挖和边坡构筑。为确保土坡稳定，需要进行合理的地质勘察、结构设计和施工管理，以减少或避免土坡发生滑坡、坍塌等灾害，保证工程的安全和稳定性，同时，土压力计算的准确性对工程结构的设计和施工至关重要，应根据具体工程条件和要求选择合适的计算方法和工具进行计算。

学习目标

知识目标

◆了解土坡稳定性的意义、影响因素。

◆理解无黏性土和黏性土土坡稳定分析的原理和方法。

◆熟悉挡土结构物上的土压力计算原理和分类。

◆熟悉朗肯土压力理论和库仑土压力理论的应用。

能力目标

◆掌握静止土压力、主动土压力、被动土压力的计算方法和原理，能够根据挡土墙的类型、设计参数和土压力计算结果，进行挡土墙的计算和选择设计方案。

◆能够根据现场实际情况和土壤特性，合理选择适用的土体力学计算方法，评估土坡和挡土墙的稳定性。

素质目标

◆增强学生责任心和工程伦理意识，注重工程的安全和可持续性，具备主动学习和探究的精神、团队协作的能力、沟通表达的能力和文献翻译的能力。

◆培养学生具备创新能力和解决问题的能力，在工程现场出现突发状况时，能够独立思考并采取有效措施，保证工程顺利完成。

案例导入

某高速公路沿线存在多处陡坡土坡，由于长期受雨水侵蚀和交通振动影响，导致土坡发生严重塌方和滑坡现象，对交通安全造成威胁。随后，相关单位进行改造措施。

施工范围：本工程主要包括对多处陡坡土坡的稳定性改造和加固措施，以确保土坡在长期使用期间的稳定和安全。

施工周期：三个月。

问题思考

根据所学知识，影响土坡稳定的因素有哪些？如何对土坡进行稳定分析与评价？

5.1 土坡稳定分析与评价

土坡是指具有倾斜坡面的土体，土坡简单的外形和各部位名称如图5-1所示。由于地质作用在自然条件下形成的土坡，称为天然土坡，如山坡、江河的边坡或岸坡等；由于人工填筑或开挖而形成的土坡，称为人工土坡，如基坑、路堑、基槽、土坝、路堤等的边坡。

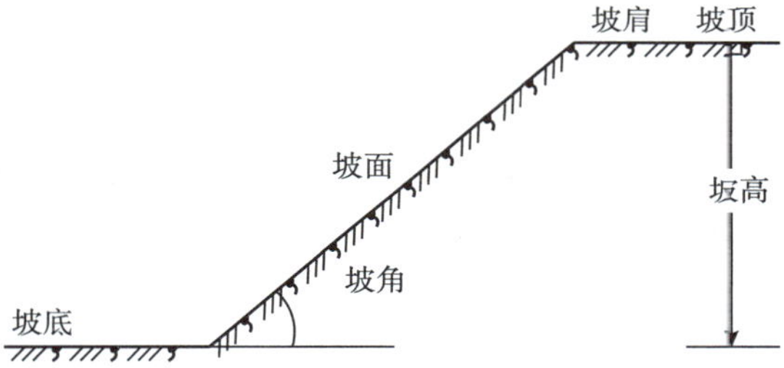

图5-1 土坡简单的外形和各部位名称

土坡滑动又称为滑坡或土坡失稳，是指土坡在一定范围内整体地沿某一滑动面向下和向外移动而丧失其稳定性。土体自重及水的渗透力等各种因素会在坡体内引起剪应力，如果剪应力大于其作用方向上的抗剪强度，土体就要产生剪切破坏。所以，土坡稳定分析是土的抗剪强度理论在实际工程中运用的一个范例。

5.1.1 土坡失稳表现

土坡发生滑动的根本原因在于土坡体内部某个面上的剪应力达到了该面上的抗剪强度，土体的稳定平衡遭到破坏。土坡失稳具体表现如下。

1. 坡体中剪应力的增加

在坡顶堆载或修筑建筑物使坡顶荷载增加，降水使土体的自重增加，渗透引起的动水力及土裂缝中的静水压力等，地下水位面大幅度下降导致土体内有效应力增大或因打桩、地震、爆破等振动引起的动力荷载都会导致坡体内部剪应力增大。

2. 坡体中抗剪强度的降低

自然界气候变化引起土体干裂和冻融，黏土夹层因雨水的浸入而软化，膨胀土反复胀缩及黏性土的蠕变效应或因振动使土的结构破坏或孔隙水压力升高等都会导致土的抗剪强度降低。

5.1.2 土坡稳定分析的意义

土坡稳定分析的意义在于评估和预测土坡的稳定性，以确保土坡在其设计寿命内不会发生失稳和滑坡等灾害事故。

1. 安全性评估

土坡稳定分析可以评估土坡的安全性，通过计算和比较土坡的抗滑安全系数，判断土坡是否具备足够的稳定性，以防止滑坡和失稳事故的发生。

2. 工程设计依据

土坡稳定分析为土坡工程的设计提供依据。通过分析土坡的稳定性，确定土坡的最佳尺寸、坡度、坡面的处理方式等，以确保土坡在使用寿命内能够满足工程设计要求。

3. 风险管理

土坡稳定分析可以帮助识别和评估存在的风险因素，如地震、降雨等对土坡稳定性的影响。通过分析和预测土坡的稳定性，采取相应的措施来降低风险，提高土坡的抗灾能力。

4. 施工指导

土坡稳定分析为土坡工程的施工提供指导，从施工方法选择到施工过程中的监测与控制，能够确保土坡在施工期间保持稳定。

5.1.3 土坡稳定的影响因素

1. 土坡的坡度和坡高

土坡的坡度和坡高是影响土坡稳定性的重要因素。坡度越陡、坡高越高，土坡的抗滑能力和承载能力就会相应减弱，增加土坡发生失稳和滑坡的风险。

2. 土壤的性质

土壤的类型、密度、孔隙度、含水量、内摩擦角等性质对土坡的稳定性有重要影响。一般来说，强度高、密实度大的土壤具有较好的稳定性，而强度低、松散的土壤容易发生失稳。

3. 土坡的荷载

土坡受到的荷载包括自重荷载和外荷载（如建筑物、交通车辆等），荷载的大小和分布会对土坡的稳定性产生直接影响。荷载越大、荷载集中度越高，土坡的稳定性就越差。

4. 土坡表面及周围环境

土坡表面的植被覆盖情况、降雨情况、地震活动、地下水位等因素也会影响土坡的稳定性。植被可以增加土壤的抗冲蚀能力，降雨和地震等外部因素可能引起土坡的失稳。

5. 土坡地质条件

地质构造、地层性质、地震烈度等地质因素对土坡稳定性也具有重要影响。地震和地质构造的活动可能导致土坡的破坏和失稳。

综合考虑以上因素，进行全面的土坡稳定性分析和评估，以确保土坡工程的安全稳定。在土坡设计和施工过程中，需要综合考虑各种因素的影响，采取相应的措施和技术手段来提高土坡的稳定性

5.1.4　无黏性土土坡稳定分析

设一坡角为 β 的无黏性土土坡，土坡及地基为均质的同一种土，且不考虑渗流的影响。纯净的干砂，颗粒之间无黏聚力，其抗剪强度只由摩擦力提供。对于这类土坡，其稳定性条件可由图 5-2 所示的力系来说明。

无粘性土坡的稳定分析

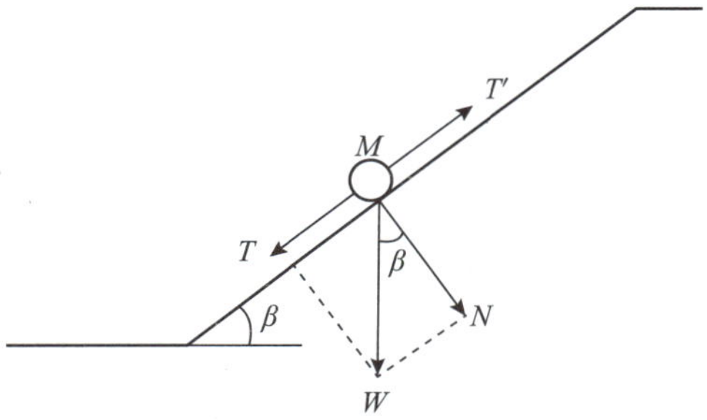

图 5-2　无黏性土土坡稳定分析

斜坡上的土颗粒 M，其自重为 W，砂土的内摩擦角为 φ，W 垂直于坡面和平行于坡面的分力分别为 N 和 T。

$$N=W\cos\beta$$

$$T=W\sin\beta$$

分力 T 将使土颗粒 M 向下滑动，为滑动力。阻止 M 下滑的抗滑力，则是由垂直于坡面上的分力 N 引起的最大静摩擦力 T'。

$$T'=N\tan\varphi=W\cos\beta\cdot\tan\varphi \tag{5.1}$$

抗滑力与滑动力的比值称为稳定安全系数 K，为

$$K=\frac{抗滑力}{滑动力}=\frac{N\tan\varphi}{T}=\frac{W\cos\beta\cdot\tan\varphi}{W\sin\beta}=\frac{\tan\varphi}{\tan\beta} \tag{5.2}$$

由式（5.1）可知，无黏性土土坡稳定的极限坡角 β 等于其内摩擦角，即当 $\beta=\varphi$ 时（$K=1$），土坡处于极限平衡状态。故砂土的内摩擦角也称为自然休止角。由上述的平衡关系还可以看出：无黏性土土坡的稳定性与坡高无关，仅取决于坡角 β，只要 $\beta<\varphi$（$K>1$），土坡就是稳定的。为了保证土坡有足够的安全储备，可取 $K=1.1\sim1.5$。

上述分析只适用于无黏性土土坡的最简单情况，即只有重力作用，且土的内摩擦角是常数。工程实际中只有均质干土坡才完全符合这些条件。对有渗透水流的土坡、部分浸水土坡以及高应力水平下 φ 角变小的土坡，则不完全符合这些条件。

5.1.5　黏性土土坡稳定分析

由于黏聚力的存在，黏性土土坡不会像无黏性土土坡那样沿坡面表面滑动（滑动面是平面），黏性土坡危险滑动面深入土体内部。基于极限平衡理论可以推导出，均质黏性土

土坡发生滑坡时，其滑动面形状为对数螺旋线曲面，形状近似于圆柱面，在断面上的投影则近似为一圆弧曲面，如图 5-3 所示。通过对现场土坡滑坡、失稳实例的调查表明，实际滑动面也与圆弧面相似。因此，工程设计中常把滑动面假定为圆弧面来进行稳定分析，如条分法、瑞典圆弧法、毕肖甫法等均基于滑动面是圆弧这一假定。

1. 瑞典圆弧法（整体圆弧滑动法）

1915 年，瑞典人彼得森提出，边坡稳定安全系数可按下式计算

$$F_s = \frac{M_R}{M_s} = \frac{\tau_f lR}{F_w d} \tag{5.3}$$

式中，l 为圆弧 AC 的弧长。

其余符号如图 5-4 所示。

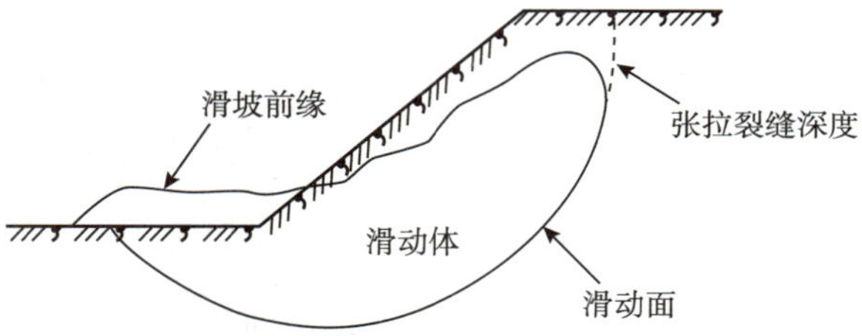

图 5-3　黏性土土坡的滑动面

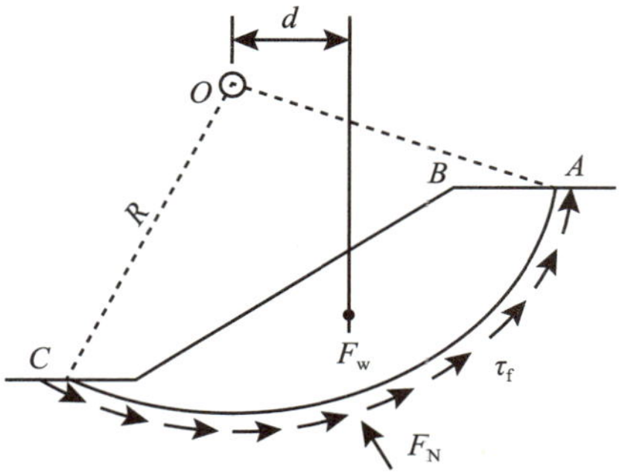

图 5-4　瑞典圆弧法

以上求出的 F_s 是与任意假定的某个滑动面相对应的安全系数，而土坡稳定分析要求的是与最危险的滑动面相对应的最小安全系数。为此，通常需要假定一系列滑动面进行多次试算，才能找到所需要的最危险滑动面对应的安全系数。

实际上，当 $\sigma\tan\varphi \neq 0$ 时或土质变化时，还要确定各点的抗剪强度指标 c 和 φ，从而计算滑动面上各点的抗剪强度τ_f。至于法向应力 σ 的确定，可以采用有限单元法和极限平衡分析法，而目前常用极限平衡分析法中的条分法计算 σ。整体圆弧滑动法的另一个缺陷就是对于外形比较复杂，特别是土坡由多层土构成时，要确定滑动体的自重及形心位置就比较困难，可见整体圆弧滑动法的应用存在局限性，比较适合解决简单土坡的稳定计算问题。

2. 条分法

对多层土以及边坡外形比较复杂的情况，要确定边坡的形心和质量是比较困难的，这时采用条分法就比较容易。

条分法的原理：将边坡垂直分条，计算各条对滑弧中心的抗滑力矩和滑动力矩，然后分别求其和，再按式（5.3）计算边坡稳定安全系数，如图 5-5 所示。对条件力假定的不同，就构成了不同的计算方法。

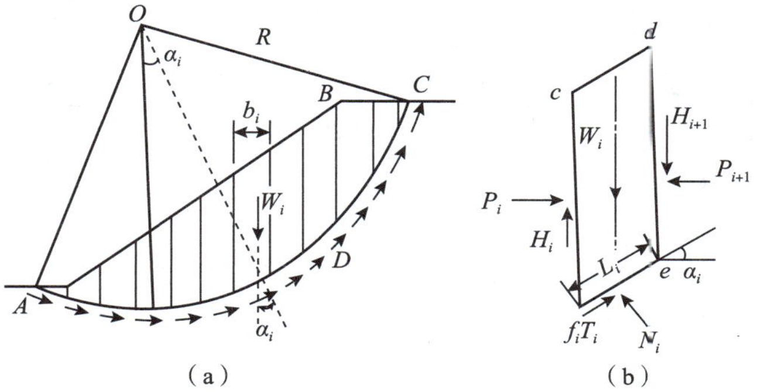

图 5-5　条分法计算原理

(1) 太沙基公式

1936 年，太沙基（Terzaghi K）假定，土条两侧的外作用力大小相等、方向相反，并且作用在同一条直线上。边坡稳定安全系数为

$$F_s = \frac{M_R}{M_s} = \frac{\sum (c_i l_i + W_i \cos\alpha_i \cdot \tan\varphi_i)}{\sum W_i \sin\alpha_i} \tag{5.4}$$

(2) 毕肖甫公式

1955 年，毕肖甫（Bishop A W）认为，不考虑条件作用力是不妥当的。如图 5-6 所示，当边坡处于稳定状态时，土条内滑弧面上的抗剪强度只发挥了一部分，并与切向力 T_i 相等，即

$$T_i = \frac{c_i l_i + N_i \tan\varphi_i}{F_s} \tag{5.5}$$

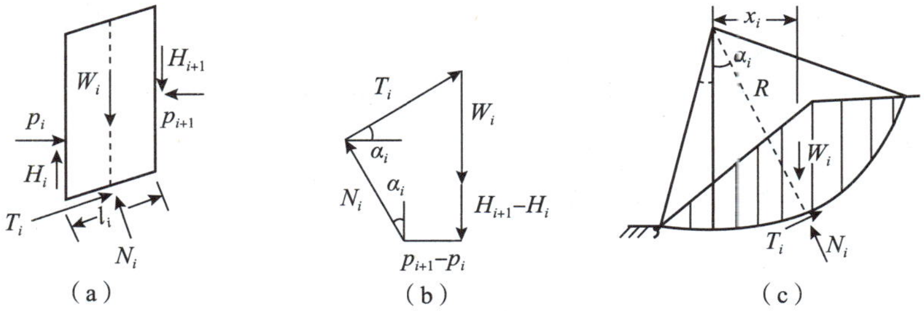

图 5-6　毕肖甫计算简图

将所有的力都投影到弧面的法线方向，得

$$N_i = [W_i + (H_{i+1} - H_i)] \cos\alpha_i - (p_{i+1} - p_i) \sin\alpha_i \tag{5.6}$$

当土坡处于极限平衡时，各土条的力对滑弧中心的力矩之和为零（注意这时条间内力互相抵消），得

$$\sum W_i x_i - \sum T_i R = 0 \tag{5.7}$$

将式（5.6）、式（5.7）代入式（5.5）得稳定安全系数

$$F_s = \frac{\sum \{c_i l_i + [(W_i + H_i - H_{i+1})\cos\alpha_i - (p_{i+1} - p_i)\sin\alpha_i]\tan\varphi_i\}}{\sum W_i \sin\alpha_i} \tag{5.8}$$

毕肖甫建议不计土条间的摩擦力之差，即令 $H_{i+1}-H_i=0$，代入式（5.8），得

$$F_s=\frac{\sum\{c_il_i+[W_i\cos\alpha_i-(p_{i+1}-p_i)\sin\alpha_i]\tan\varphi_i\}}{\sum W_i\sin\alpha_i} \tag{5.9}$$

利用静力平衡条件，$F_x=0$，$F_y=0$，并结合式（5.5）和 $H_{i+1}-H_i=0$，得

$$p_{i+1}-p_i=\frac{\frac{1}{F_s}W_i\cos\alpha_i\cdot\tan\varphi_i+\frac{c_il_i}{F_s}-W_i\sin\alpha_i}{\frac{\tan\varphi_i}{F_s}\cdot\sin\alpha_i+\cos\alpha_i} \tag{5.10}$$

将式（5.10）代入式（5.9），得

$$F_s=\frac{\sum(c_il_i\cos\alpha_i+W_i\tan\varphi_i)\dfrac{1}{\dfrac{\tan\varphi_i\cdot\sin\alpha_i}{F_s}+\cos\alpha_i}}{\sum W_i\sin\alpha_i} \tag{5.11}$$

式（5.11）就是著名的简化毕肖甫公式。

（3）使用条分法时简单土坡最危险滑动面的确定方法

简单土坡指的是土坡坡面单一、无变坡、土质均匀、无分层的土坡。如图 5-7 所示，这种土坡最危险的滑动面可用以下方法快速求出。

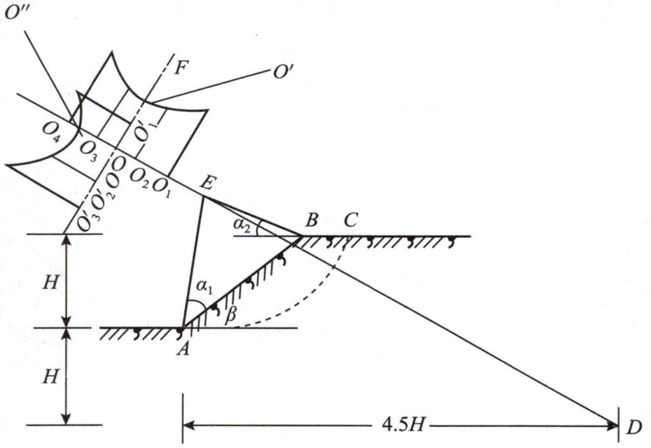

图 5-7　黏性土最危险滑动面的确定

① 根据土坡坡度或坡角 β，由表 5-1 查出相应 α_1，α_2 的数值。

表 5-1　α_1，α_2 角的数值

土坡坡度	坡角 β	α_1 角	α_2 角
1 : 0.58	60°	29°	40°
1 : 1.0	45°	28°	37°
1 : 1.5	33°41′	26°	35°

续表

土坡坡度	坡角 β	α_1 角	α_2 角
1 : 2.0	26°34′	25°	35°
1 : 3.0	18°26′	25°	35°
1 : 4.0	14°03′	25°	36°

② 根据 α_1 角，由坡角 A 点作线段 AE，使角 $\angle EAB=\alpha_1$。根据 α_2 角，由坡顶 B 点作线段 BE，使该线段与水平线夹角为 α_2。

③ 线段 AE 与线段 BE 的交点为 E，这一点是 $\varphi=0$ 的黏性土土坡最危险的滑动面的圆心。

④ 由坡脚 A 点竖直向下取坡高 H 值，然后向右沿水平方向线上取 $4.5H$，并定义该点为 D 点。连接线段 DE 并向外延伸，在延长线上 E 点附近，为 $\varphi>0$ 的黏性土坡最危险的滑动面的圆心位置。

⑤ 在 DE 的延长线上选 3~5 个点作为圆心 O_1，O_2，O_3，…，计算各自的土坡稳定安全系数 K_1，K_2，K_3，…。而后按一定的比例尺，将 K_i 数值画在过圆心 O_i 与 DE 正交的线上，并连成曲线（由于 K_1，K_2，K_3，…数值一般不等）。取曲线下凹处的最低点 O'，过 O'作直线 $O'F$ 与 DE 正交。$O'F$ 与 DE 相交于 O 点。

⑥ 同理，在 $O'F$ 直线上，在靠近 O 点附近再选 3~5 个点，作为圆心 O_1', O_2', O_3'，…，计算各自的土坡稳定安全系数 K_1', K_2', K_3'，…。而后按相同的比例尺，将 K'_i 的数值画在通过各圆心 O'_i 并与 $O'F$ 下正交的直线上，并连成曲线（因为 K'_1, K'_2, K'_3，…数值一般不等）。取曲线下凹处最低点 O'' 点，该点即为所求最危险滑动面的圆心位置。

均质无黏性土土坡的稳定性与坡高无关，而仅与坡角 β 有关；但均质黏性土土坡的稳定性与坡高有关。当土体的物理力学参数一定，土坡坡高与临界坡角存在一定关系。2002 年，我国岩土专家王长科参考朗肯、库尔曼理论和李妥德公式，建立了基坑边坡的坡高与临界坡角的关系。

$$\alpha_{cr}=\varphi+2\arctan\frac{\pi c}{q+\gamma H} \tag{5.12}$$

式中　α_{cr}、H——临界坡角和坡高；

γ、c、φ——坡土的重力密度、黏聚力和内摩擦角；

q——坡顶均布荷载。

5.2　挡土结构物上的土压力

挡土结构物是工程领域中常见的构筑物之一，它在土木、水利、建筑、交通等领域中发挥着重要的作用。挡土结构物的主要功能是支挡土体的侧向移动，从而保证结构物自身的稳定性，同时也保障了周围环境和土体的安全。例如，道路工程中在路堑段用来支挡两侧人工开挖边坡而修筑的挡土墙和用来支挡路堤稳定的挡土墙，桥梁工程中连接路堤的桥台、港口、码头及基坑工程中的支护结构物（图 5-8）。此外，高层建筑物地下室、隧道和地铁工程中的衬砌及涵洞和输油管道等地下结构物也是一类典型的挡土结构物。

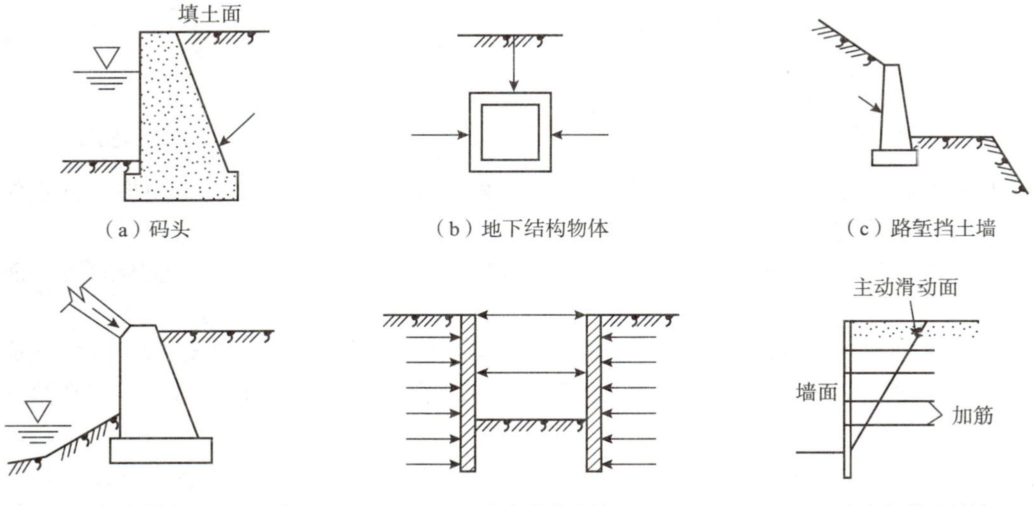

图 5-8　各种形式的挡土结构物

各类挡土结构物在支挡土体的同时必然会受到土体的侧向压力的作用，此即所谓土压力问题。土压力的计算是挡土结构物断面设计和稳定验算的主要依据，而形成土压力的主要荷载一般包括土体自身重力引起的侧向压力，水压力，影响区范围内的构筑物荷载、施工荷载、交通荷载等。在某些特定的条件下，还需要计算在地震荷载作用下挡土墙上可能引起的侧向压力，即动土压力。

挡土结构物按其刚度和位移方式可以分为刚性挡土墙和柔性挡土墙两大类。

刚性挡土墙如由砖、石或混凝土所构筑的断面较大的挡土墙，主要用于对土体进行支撑和稳定。相对于其他类型的挡土墙，其刚度和承载力都较高，能够承受较大的土压力，在侧向土压力作用下仅能发生整体平移或转动，墙身的挠曲变形可以忽略。刚性挡土墙适用于需要承载高土压力的场合，如处理挖掘、充填等施工过程中的土方体以及道路、桥梁、地铁等建筑物附近的垂直或近乎垂直的挡土墙。但是，由于其施工难度和材料费用较高，应妥善选择使用场合，并确保设计合理，施工牢固以及定期维护等。

柔性挡土墙如结构断面尺寸较小的钢筋混凝土桩、地下连续墙或各种材料的板桩等，由于其刚度较小，在侧向土压力作用下会发生明显的挠曲变形。柔性挡土墙适用于土体较软、易变形、变动较大的情况下，能够减少对土体的影响、减轻土体应力，维护土体的稳定。在设计和施工过程中，需要合理选择材料、适当设置排水系统、控制土体变形和保证结构稳定性等方面的考虑。

土压力的类型主要有静止土压力、主动土压力、被动土压力。

1. 静止土压力

当结构物在土压力的作用下，墙身不产生任何位移、转动或弯曲变形，墙后土体因墙背的侧限作用而处于弹性平衡状态时，墙后土体作用于墙背上的土压力称为静止土压力，如图 5-9（a）所示，作用在单位长度挡土墙上静止土压力的合力用 E_0（kN/m）表示，静

止土压力强度用 p_0（kPa）表示。

提 示

静止土压力只发生在挡土墙为刚性，墙体不发生任何位移的情况下。

2. 主动土压力

如图 5-9（b）所示，若挡土墙在墙后填土压力作用下背离填土方向移动，这时作用在墙上的土压力将由静止土压力逐渐减小，当墙后土体达到极限平衡状态，并出现连续滑动面而使土体下滑时，土压力减到最小值，称为主动土压力。主动土压力合力和强度分别用 E_a（kN/m）和 p_a（kPa）表示。

3. 被动土压力

如图 5-9（c）所示，若挡土墙在外力作用下向填土方向移动，这时作用在墙上的土压力将由静止土压力逐渐增大，直到土体达到极限平衡状态，并出现连续滑动面，墙后土体将向上挤出隆起，这时土压力增至最大值，称为被动土压力。被动土压力合力和强度分别用 E_p（kN/m）和 p_p（kPa）表示。

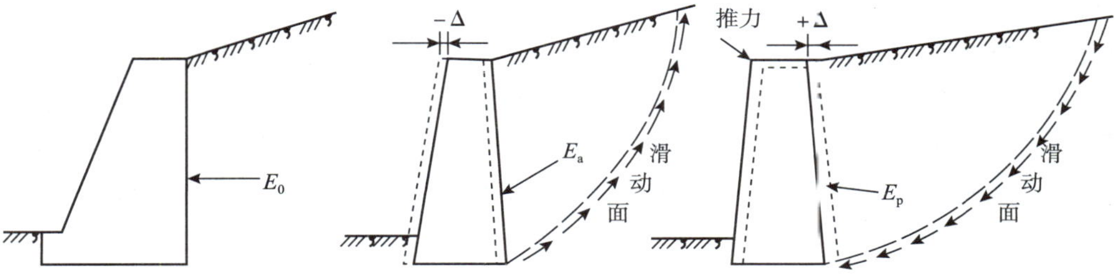

（a）静止土压力　（b）主动土压力　（c）被动土压力

图 5-9　土压力的三种类型

可见，在挡土墙高度和填土条件相同的情况下，上述三种土压力之间有如下关系

$$E_a<E_0<E_p$$

在影响土压力大小及其分布的诸因素中，挡土结构物的位移是其中的关键因素之一。图 5-10 为土压力与挡土结构物水平位移之间的关系。可以看出，挡土结构物要达到被动土压力所需的位移远大于导致主动土压力所需的位移。根据大量试验观测和研究，可给出砂土和黏土中产生主动和被动土压力所需的墙顶水平位移参考值，见表 5-2。

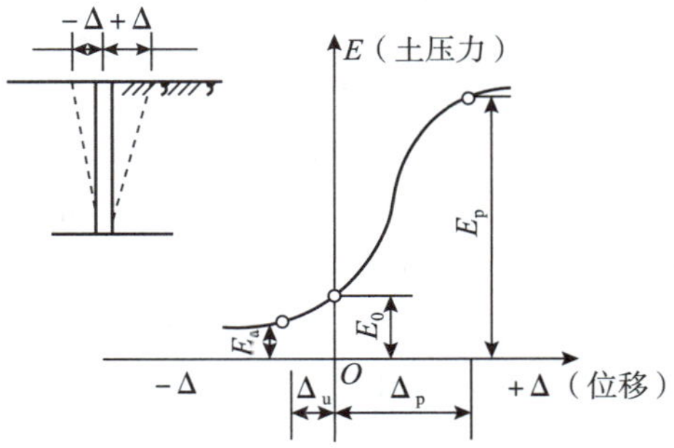

图 5-10　土压力与挡土结构物水平位移之间的关系

表 5-2　砂土和黏土中产生主动和被动土压力所需的墙顶水平位移参考值

土类	应力状态	运动形式	所需位移（H 表示挡土墙高度）
砂土	主动	平行于墙体	$0.001H$
	主动	绕墙趾转动	$0.001H$
	被动	平行于墙体	$0.05H$
	被动	绕墙趾转动	$>0.1H$
黏土	主动	平行于墙体	$0.004H$
	主动	绕墙趾转动	$0.004H$

影响土压力的因素很多，在实际工程设计中究竟采用哪一种土压力作为计算依据，就要根据挡土结构的工作条件（即位移的可能性）和结构物的重要性来决定。一般桥墩台和挡土墙均采用主动土压力计算，拱桥桥台理论上可用被动土压力计算，但由于产生被动土压力时要有很大的位移，这在重要的桥梁结构中是不容许的，所以铁路拱桥桥台以往仍按主动土压力计算。在箱形桥、某些地下结构，如地下室外墙、船闸边墙等，其水平土压力和考虑桥台滑动稳定时的台前土压力可采用静止土压力来计算。总之，静止土压力和被动土压力一般用得较少，主动土压力用得最多。

目前常用的土压力理论为库仑理论及朗肯理论。法国的库仑在 1773 年提出的“滑动”土楔极限平衡理论，其方法简单，概念明确，能适用于各种复杂情况，实践证明误差不大，这也是《建筑地基基础设计规范》（GB 50007—2011）、《公路桥涵设计通用规范》（JTG D60—2015）等作为计算土体侧向压力的主要依据。英国的朗肯于 1857 年根据土中一点应力的极限平衡条件来确定土压力强度和破裂面方向，理论虽较严密，但只考虑了简单的边界条件，在应用上受到较大的限制。

5.3　静止土压力计算

当挡土墙静止不动，即挡土墙完全没有侧向位移、偏转和自身弯曲变形时，作用在其上的土压力即为静止土压力，岩石地基上的重力式挡土墙、地下室外墙、地下水池侧壁、涵洞的侧壁及其他不产生位移的挡土构筑物均可按静止土压力计算。静止土压力可按以下所述方法计算。

在墙背填土表面下任意深度 z 处取一单元体，如图 5-11 所示，其上作用着竖向的土自重应力 γz，则该点的静止土压力强度可按下式计算

$$p_0 = K_0 \gamma z \tag{5.13}$$

式中　p_0——静止土压力强度，kPa；

K_0——静止土压力系数；

γ——墙背填土的重度，kN/m³。

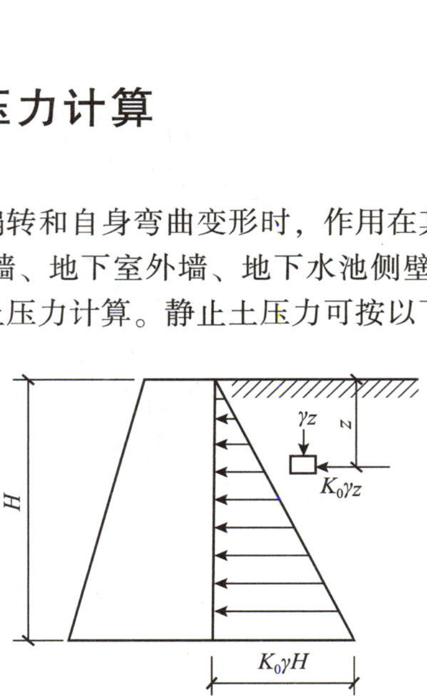

图 5-11　静止土压力计算图

土的静止土压力系数 K_0 可以在室内用三轴仪测

定，在原位则可用自钻式旁压仪测试得到，也可以采用下列方法确定。

（1）经验值：砂土　　$K_0=0.34\sim0.45$

　　　　　　黏性土　$K_0=0.5\sim0.7$

（2）半经验公式

$$K_0=1-\sin\varphi' \tag{5.14}$$

式中，φ'为土的有效内摩擦角，（°）。

由式（5.13）可知，静止土压力沿墙高呈三角形分布，如图 5-11 所示。如果取单位墙长，则作用在墙上的静止土压力为

$$p_0=\frac{1}{2}\gamma H^2K_0 \tag{5.15}$$

式中，H为挡土墙高度，m。

【例 5-1】如图 5-12 所示，挡土墙后作用有无限均布荷载 $q=20$ kPa，填土的物理力学指标为 $\gamma=18$ kN/m^3，$\gamma_{sat}=19$ kN/m^3，$c=0$，$\varphi=30°$。试计算作用在挡土墙上的静止土压力分布。

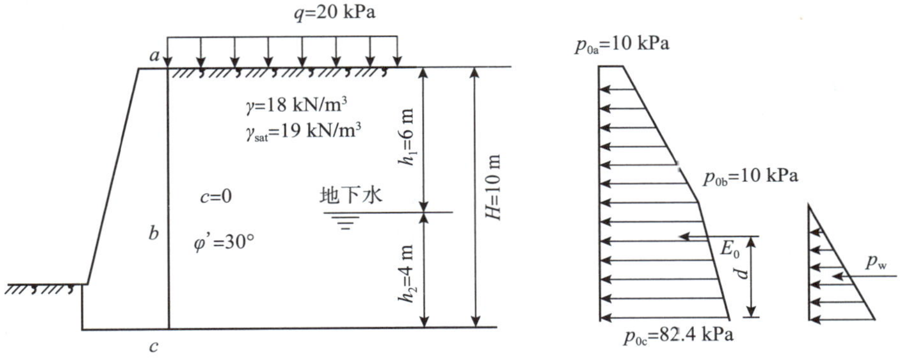

（a）计算简图　　　　（b）静止土压力分布

图 5-12　例 5-1 图

【解】静止土压力系数 $K_0=1-\sin\varphi'=1-\sin30°=0.5$

土中各点静止土压力值分别为

a 点：$p_{0a}=K_{0q}=0.5\times20=10$（kPa）

b 点：$p_{0b}=K_0(q+\gamma h_1)=0.5\times(20+18\times6)=64$（kPa）

c 点：$p_{0c}=K_0(q+\gamma h_1+\gamma' h_2)=0.5\times[20+18\times6+(19-9.81)\times4]=82.4$（kPa）

于是可得静止土压力合力为

$$E_0=\frac{1}{2}(p_{0a}+p_{0b})h_1+(p_{0b}+p_{0c})h_2=\frac{1}{2}(10+64)\times6+\frac{1}{2}(54+82.4)\times4$$

$$=514.8\ (\text{kN/m})$$

静止土压力 E_0 的作用点距墙底的距离 d 为

$$d=\frac{1}{E_0}\left[p_{0a}h_1\left(\frac{h_1}{2}+h_2\right)+\frac{1}{2}(p_{0b}-p_{0a})h_1\left(h_2+\frac{h_1}{3}\right)+p_{0b}\times\frac{h_2^2}{2}+\frac{1}{2}(p_{0c}-p_{0b})\frac{h_2^2}{3}\right]$$

$$=\frac{1}{514.8}\left[6\times10\times7+\frac{1}{2}\times54\times6\times\left(4+\frac{3}{6}\right)+64\times\frac{4^2}{2}+\frac{1}{2}\times(82.4-64)\times\frac{4^2}{3}\right]$$

$$=3.79\ (\text{m})$$

此外，作用在墙上的静水压力合力 p_w 为

$$p_w=\frac{1}{2}\gamma_w h_2^2=\frac{1}{2}\times 9.81\times 4^2=78.5\ (\text{kN/m})$$

5.4 朗肯土压力理论

朗肯于1857年研究了半无限土体在自重作用下，处于极限平衡状态的应力条件，推导出土压力计算公式，即著名的朗肯土压力理论。由于其概念明确、方法简单，至今仍被广泛使用。

朗肯理论假设条件：表面水平的半无限土体，处于极限，平衡状态。若将垂线 $\overline{AB}$ 左侧的土体，换成虚设的墙背竖直光滑的挡土墙，如图5-13所示。当挡土墙发生足够大的偏移，离开 AB 线的水平方向位移时，墙后土体处于主动极限平衡状态，则作用在此挡土墙上的土压力，等于原来土体作用在 $\overline{AB}$ 竖直线上的水平法向应力。

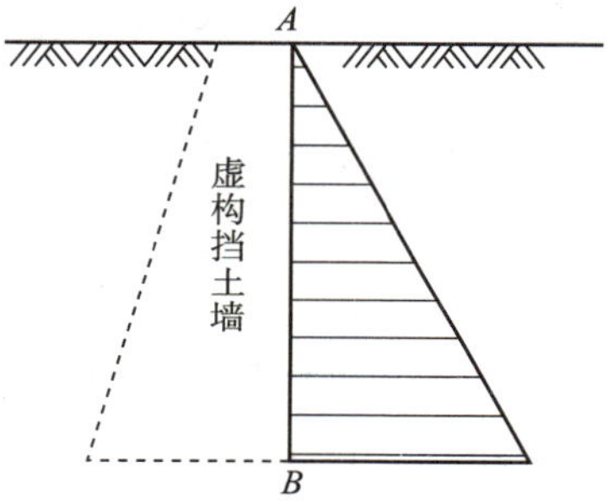

图5-13 朗肯假设

朗肯认为，当挡土墙墙背直立、光滑，墙后填土表面水平并无限延伸时，作用在挡土墙墙背上的土压力相当于半无限土体中当土体达到上述极限平衡状态时的应力情况。这样就可以利用两种极限平衡状态时的最大和最小主应力的相互关系来计算作用在挡土墙上的主动土压力或被动土压力。

5.4.1 主动土压力

1. 无黏性土土压力计算

参考无黏性土的极限平衡条件公式

$$\sigma_3=\sigma_1\tan^2\left(45°-\frac{\varphi}{2}\right)$$

可得无黏性土的主动土压力计算公式

$$p_a=\gamma z K_a \tag{5.16}$$

式中　p_a——主动土压力，kPa；

K_a——主动土压力系数，$K_a=\tan^2\left(45°-\dfrac{\varphi}{2}\right)$；

σ_1——大主应力 $\sigma_1=\sigma_z=\gamma z$，土的自重应力，kPa；

γ——墙后填土的重度，kN/m³；

z——计算点离填土表面的深度，m。

由式（5.16）可知，φ 已知，K_a 为常数，γ 为常数，$p_0=f(z)$。当 $z=0$ 时，$p_0=0$，当墙底 $z=H$ 时，$p_a=K_a\gamma H$，故主动土压力呈三角形分布，如图 5-14（a）所示。总主动土压力，取挡土墙长度方向 1 延米计算，为土压力三角形分布图的面积，即

$$E_a=\frac{1}{2}\gamma H^2K_a \tag{5.17}$$

总主动土压力作用点为土压力分布三角形的重心，距墙底 $H/3$ 处，如图 5-14（b）所示。

2. 黏性土土压力计算

黏性土的抗剪强度 $T_f=c+\sigma\tan\varphi$，达到主动极限平衡状态时，将 $\sigma_3=p_a$，$\sigma_1=\gamma z$ 代入 $\sigma_3=\sigma_1\tan^2\left(45°-\frac{\varphi}{2}\right)-2c\tan\left(45°-\frac{\varphi}{2}\right)$ 得

$$p_a=\gamma z\tan^2\left(45°-\frac{\varphi}{2}\right)-2c\tan\left(45°-\frac{\varphi}{2}\right)=K_a\gamma z-2c\sqrt{K_a} \tag{5.18}$$

在深度 z_0 处土压力为零，z_0 以下，土压力强度按三角形分布，z_0 的位置可由式（5.18）中 $p_a=0$ 的条件求得

$$K_a\gamma z_0-2c\sqrt{K_a}=0$$

$$z_0=\frac{2c}{\gamma\sqrt{K_a}} \tag{5.19}$$

总主动压力 E_a 为三角形面积，即

$$E_a=\frac{1}{2}K_a\gamma(H-z_0)^2=\frac{1}{2}K_a\gamma H^2-2\sqrt{K_a}cH+\frac{2c^2}{\gamma}$$

E_a 作用点则位于墙底以上 $\frac{1}{3}(H-z_0)$ 处，如图 5-14（c）所示。

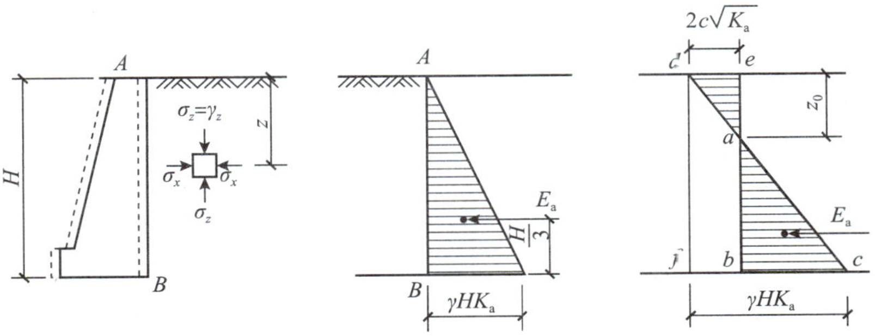

（a）主动土　（b）砂性土　（c）黏性土

图 5-14　土压力分布图

5.4.2 被动土压力

1. 无黏性土土压力计算

参考无黏性土的极限平衡条件公式

$$\sigma_1 = \sigma_3 \tan^2\left(45° + \frac{\varphi}{2}\right)$$

如图 5-15（a）所示可得被动土压力计算公式

$$p_p = \gamma z K_p \tag{5.20}$$

式中　p_p——无黏性土被动土压力，kPa；

K_p——被动土压力系数，$K_p = \tan^2\left(45° + \frac{\varphi}{2}\right)$。

由公式（5.20）$p_p = \gamma z K_p$ 可知：φ 为已知，K_p 为常数，γ 为常数。当 $z=0$ 时，$p_p=0$；当 $z=H$ 时，$p_p=K_p\gamma H$，故被动土压力呈三角形分布，如图 5-15（b）所示。

总被动土压力计算，取挡土墙长度方向 1 延米，土压力三角形分布图的面积为

$$p_p = \frac{1}{2}\gamma H^2 K_p \tag{5.21}$$

总被动土压力作用点，位于土压力三角形分布图形的重心，距墙底为 $\frac{H}{3}$ 处，如图 5-15（b）所示。

2. 黏性土土压力计算

将 $p_p=\sigma_1$，$\gamma z=\sigma_3$ 代入平衡条件式，可得黏性填土作用于墙背上的被动土压力强度 p_p

$$p_p = \gamma z \tan^2\left(45° + \frac{\varphi}{2}\right) + 2c\tan\left(45° + \frac{\varphi}{2}\right) = K_p\gamma z + 2c\sqrt{K_p} \tag{5.22}$$

由式（5.22）可知：黏性填土被动土压力由两部分组成，一部分为土的摩擦阻力，另一部分为土的黏聚阻力。叠加后，其压力强度 p_p 沿墙高呈梯形分布，如图 5-15（c）所示。总被动土压力为

$$E_p = \frac{1}{2}K_p\gamma H^2 + 2cH\sqrt{K_p} \tag{5.23}$$

E_p 的作用方向垂直于墙背，作用点位于梯形面积形心上。

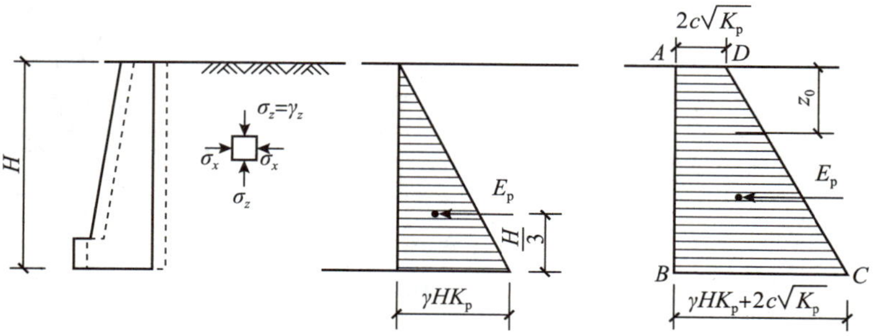

（a）被动土压力计算　（b）无黏性土　（c）黏性土

图 5-15　被动土压力分布图

知识拓展

挡土墙后填土中有地下水存在下的朗肯土压力

挡土墙后填土常会有地下水存在，此时挡土墙除承受侧向土压力作用之外，还受到水压力的作用。对地下水位以下部分的土压力，应考虑水的浮力作用，一般有"水土分算"和"水土合算"两种基本思路。对砂性土或粉土，可按水土分算的原则进行，即先分别计算土压力和水压力，然后再将两者叠加；而对于黏性土，则可根据现场情况和工程经验，按水土分算或水土合算进行。下面简单介绍水土分算或水土合算的基本方法。

1. 水土分算法

采用有效重度γ'计算土压力，并同时计算静水压力，然后将两者叠加。对于黏性土和砂性土，土压力分别为

$$p_a=\gamma' z K'_a-2c'\sqrt{K'_a} \tag{5.24}$$

$$p_a=\gamma' z K'_a \tag{5.25}$$

式中　γ'——土的有效重度；

K'_a——按有效应力强度指标计算的主动压力系数，$K'_a=\tan^2\left(45°-\dfrac{\varphi'}{2}\right)$；

z——计算点处的深度，m；

c'——有效黏聚力，kPa；

φ'——有效内摩擦角。

在工程应用中，为简化起见，式（5.24）和式（5.25）中的有效应力强度指标c'和φ'常用总应力强度指标c和φ代替。

2. 水土合算法

对于地下水位以下的黏性土，可用土的饱和重度γ_{sat}计算总的水土压力，即

$$p_a=\gamma_{sat}zK_a-2c\sqrt{K_a} \tag{5.26}$$

式中　γ_{sat}——土的饱和重度；

K_a——按总应力强度指标计算的主动土压力系数，$K_a=\tan^2\left(45°-\dfrac{\varphi}{2}\right)$。

【例5-2】如图5-16所示，挡土墙高度$H=10$ m，填土为砂土，墙后有地下水位存在，填土的物理力学性质指标如图所示。试计算挡土墙上的主动土压力及水压力的分布及其合力。

【解】填土为砂土，按水土分算原则进行。主动土压力系数为

$$K_a=\tan^2\left(45^{\circ}-\frac{\varphi}{2}\right)=\tan^2\left(45^{\circ}-\frac{30^{\circ}}{2}\right)=0.333$$

于是可得挡土墙上各点的主动土压力分别为

a点：$p_{a1}=\gamma_1 zK_a=0$

b点：$p_{a2}=\gamma_1 h_1 K_a=18\times6\times0.333=36.0$（kPa）

由于水下土的 φ 值与水上土的 φ 值相同，故在 b 点处的主动土压力无突变现象。

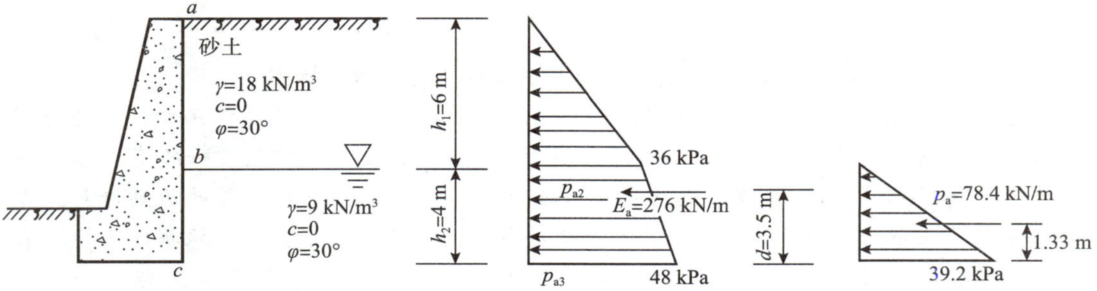

图 5-16　例 5-2 图

c 点：$p_{a3}=(\gamma_1 h_1+\gamma' h_2)K_a=(18\times6+9\times4)\times0.333=48.0$（kPa）

主动土压力分布如图 5-16 所示，同时可求得其合力 E_a 为

$$E_a=\frac{1}{2}\times36\times6+36\times4+\frac{1}{2}\times(48-36)\times4=108+144+24=276\ (\text{kN/m})$$

合力 E_a 作用点距墙底距离 d 为

$$d=\frac{1}{276}\times\left(108\times6+144\times2+24\times\frac{4}{3}\right)=3.5\ (\text{m})$$

此外，c 点水压力为

$$p_w=\gamma_w h_2=9.8\times4=39.2\ (\text{kPa})$$

作用在墙上的水压力合力 E_w 为

$$E_w=\frac{1}{2}\times39.2\times4=78.4\ (\text{kN/m})$$

水压力合力 E_w 作用在距墙底 $\frac{h_2}{3}=\frac{4\ \text{m}}{3}=1.33$ m 处。

5.5　库仑土压力理论

库仑在 1776 年提出的土压力理论也是著名的古典土压力理论之一。由于其计算原理比较简明、适应性较广，特别是在计算主动土压力时有足够的精度，因此至今仍在工程上得到广泛的应用。库仑理论的基本假定如下。

（1）挡土墙向前移动。

（2）墙后填土沿墙背 $\overline{AB}$ 和填土中某一平面 $\overline{BC}$ 同时下滑，形成滑动楔体 $\triangle ABC$。

（3）土楔体 $\triangle ABC$ 处于极限平衡状态，不计本身压缩变形。

（4）楔体 $\triangle ABC$ 对墙背的推力即主动土压力 p_a，如图 5-17 所示。

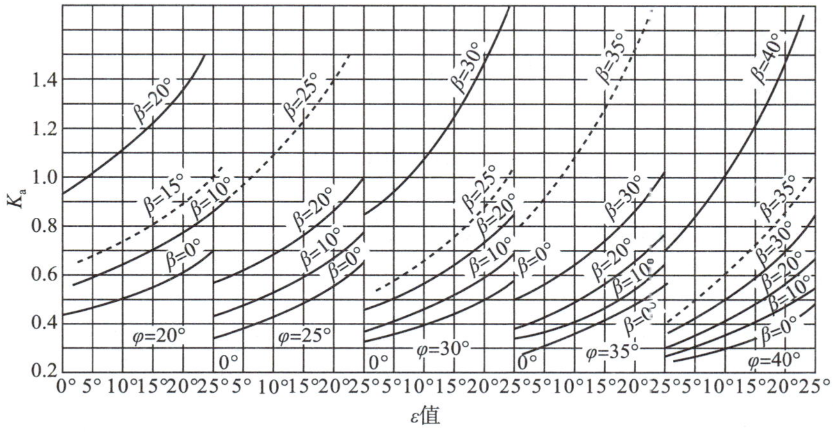

图 5-17　库仑主动土压力系数 K_a（$\delta=2\varphi/3$）

5.5.1　主动土压力

如图 5-18 所示，挡土墙墙背 AB 倾斜，与竖直线的夹角为 ε；填土表面 AC 是一倾斜平面，与水平面间的夹角为 β。当挡土墙在填土压力作用下离开填土向外移动时，墙后土体会逐渐达到主动极限平衡状态，此时土体中将产生两个通过墙脚 B 的滑动面 AB 及 BC。假定滑动面 BC 与水平面夹角为 α，并取单位长度挡土墙进行分析。考虑滑动土楔 ABC 的静力平衡条件，则作用在其上的力有以下几个。

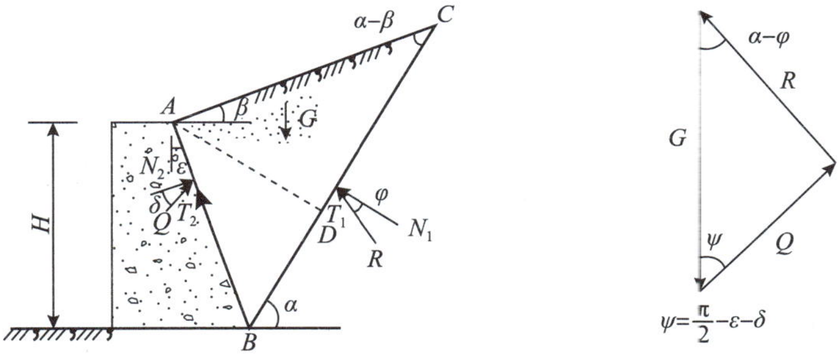

（a）计算机模型　　（b）力平衡三角形

图 5-18　库仑主动土压力计算

（1）土楔 ABC 的重力 G。若 α 值已知，则 G 的大小、方向及作用点位置均已知。

（2）土体作用在滑动面 BC 上的反力 R。R 是 BC 面上摩擦力 T_1 与法向反力 N_1 合力，它与 BC 面法线间的夹角等于土的内摩擦角 φ。由于滑动土楔 ABC 相对于滑动面 BC 右边的土体是向下移动的，故摩擦力 T_1，的方向向上。R 的作用方向已知，大小未知。

（3）挡土墙对土楔的作用力 Q。它与墙背法线间的夹角等于墙背与填土间的摩擦角 δ。由于滑动土楔 ABC 相对于墙背是向下滑动的，故墙背在 AB 面上产生的摩擦力 T_2 的方向向上。Q 的作用方向已知，大小未知。

根据滑动土楔 ABC 的静力平衡条件，可绘出 G、R 和 Q 的力平衡三角形。由正弦定律得

$$\frac{G}{\sin\left[\pi-(\psi+\alpha-\varphi)\right]}=\frac{Q}{\sin(\alpha-\varphi)} \tag{5.27}$$

式中，$\psi = \frac{\pi}{2} - \varepsilon - \delta$。

由图 5-18 可知

$$G = \frac{1}{2}\overline{AD} \cdot \overline{BC} \cdot \gamma$$

$$\overline{AD} = \overline{AB} \cdot \sin\left(\frac{\pi}{2} + \varepsilon - \alpha\right) = H \cdot \frac{\cos(\varepsilon - \alpha)}{\cos\varepsilon}$$

$$\overline{BC} = \overline{AB} \cdot \frac{\sin\left(\frac{\pi}{2} + \beta - \varepsilon\right)}{\sin(\alpha - \beta)} = H \cdot \frac{\cos(\beta - \varepsilon)}{\cos\varepsilon \cdot \sin(\alpha - \beta)}$$

$$G = \frac{1}{2}\gamma H^2 \frac{\cos(\varepsilon - \alpha) \cdot \cos(\beta - \varepsilon)}{\cos^2\varepsilon \cdot \sin(\alpha - \beta)} \tag{5.28}$$

将式（5.28）代入式（5.27），得

$$Q = \frac{1}{2}\gamma H^2 \left[\frac{\cos(\varepsilon - \alpha) \cdot \cos(\beta - \varepsilon) \cdot \sin(\alpha - \varphi)}{\cos^2\varepsilon \cdot \sin(\alpha - \beta) \cdot \cos(\alpha - \varphi - \varepsilon - \delta)}\right] \tag{5.29}$$

式中，γ，H，ε，β，δ，φ 均为常数，Q 随滑动面 BC 的倾角 α 而变化。当 $\alpha = \frac{\pi}{2} + \varepsilon$ 时，$G=0$，故 $Q=0$；当 $\alpha = \varphi$ 时，由式（5.29）知 $Q=0$。因此，当 α 在 $\left(\frac{\pi}{2} + \varepsilon\right)$ 和 φ 之间变化时，Q 存在一个极大值。这个极大值 Q_{max} 即为所求的主动土压力合力 E_a。

为求得 Q_{max} 值，可将式（5.29）对 α 求导，并令

$$\frac{dQ}{d\alpha} = 0 \tag{5.30}$$

由式（5.30）解得 α 值并代入式（5.29），即可得库仑主动土压力计算公式为

$$E_a = Q_{max} = \frac{1}{2}\gamma H^2 K_a \tag{5.31}$$

其中

$$K_a = \frac{\cos^2(\varphi - \varepsilon)}{\cos^2\varepsilon \cdot \cos(\delta + \varepsilon)\left[1 + \sqrt{\frac{\sin(\delta + \varphi) \cdot \sin(\varphi - \beta)}{\cos(\delta + \varepsilon) \cdot \cos(\varepsilon - \beta)}}\right]^2} \tag{5.32}$$

式中　γ、φ——挡土墙后填土的重度及内摩擦角；

H——挡土墙的高度；

ε——墙背与竖直线间夹角，当墙背俯斜时为正，参考图 5-18，反之为负；

δ——墙背与填土间的摩擦角，与墙背面粗糙程度、填土性质、墙背面倾斜形状等有关，可由试验确定或参考经验数据确定；

β——填土面与水平面间的倾角；

K_a——库仑主动土压力系数，它是 φ、δ、ε 的函数；当 $\beta=0$ 时，K_a 值可由表 5-3 查得。

表 5-3　库仑主动土压力系数 K_a（=0）

墙背倾斜情况	ε/（°）	δ/（°）	φ/（°）					
			20	25	30	35	40	45
			K_a					
仰斜	−15	$\frac{1}{2}\varphi$	0.357	0.274	0.208	0.156	0.114	0.081
		$\frac{2}{3}\varphi$	0.346	0.266	0.202	0.153	0.112	0.079
	−10	$\frac{1}{2}\varphi$	0.385	0.303	0.237	0.184	0.139	0.104
		$\frac{2}{3}\varphi$	0.375	0.295	0.232	0.180	0.139	0.104
	−5	$\frac{1}{2}\varphi$	0.415	0.334	0.268	0.214	0.168	0.131
		$\frac{2}{3}\varphi$	0.406	0.327	0.263	0.211	0.168	0.131
竖直	0	$\frac{1}{2}\varphi$	0.447	0.367	0.301	0.246	0.199	0.160
		$\frac{2}{3}\varphi$	0.438	0.361	0.297	0.244	0.200	0.162
俯斜	+5	$\frac{1}{2}\varphi$	0.482	0.404	0.338	0.282	0.234	0.193
		$\frac{2}{3}\varphi$	0.450	0.398	0.335	0.282	0.236	0.197
	+10	$\frac{1}{2}\varphi$	0.520	0.444	0.378	0.322	0.273	0.230
		$\frac{2}{3}\varphi$	0.514	0.439	0.377	0.323	0.277	0.237
	+15	$\frac{1}{2}\varphi$	0.564	0.489	0.424	0.368	0.318	0.274
		$\frac{2}{3}\varphi$	0.559	0.486	0.425	0.371	0.325	0.284
	+20	$\frac{1}{2}\varphi$	0.615	0.541	0.476	0.463	0.370	0.325
		$\frac{2}{3}\varphi$	0.611	0.540	0.479	0.474	0.381	0.340

如果填土面水平（$\beta=0$）、墙背竖直（$\varepsilon=0$）及墙背光滑（$\delta=0$），由式（5.32）可得

$$K_a=\frac{\cos^2\varphi}{(1+\sin\varphi)^2}=\frac{1-\sin^2\varphi}{(1+\sin\varphi)^2}=\frac{1-\sin\varphi}{1+\sin\varphi}=\tan^2\left(45^\circ-\frac{\varphi}{2}\right) \qquad (5.33)$$

朗肯主动土压力系数的表达式即为式（5.33）。可见，在某种特定条件下，两种土压力理论得到的结果是一致的。

如图 5-19 所示，作用在墙背上的主动土压力合力 E_a 的作用方向与墙背法线成 δ 角，与水平面成 θ 角，其作用点在墙高的 $\frac{1}{3}$ 处。可以将合力 E_a 分解为水平分力和竖向分力 E_{ax} 两部分，则 E_{ax} 和 E_{ay} 都是线性分布，即

$$E_{ax} = E_a\cos\theta = \frac{1}{2}\gamma H^2 K_a\cos\theta \tag{5.34}$$

$$E_{ay} = E_a\cos\theta = \frac{1}{2}\gamma H^2 K_a\cos\theta \tag{5.35}$$

式中，θ 为 E_a 与水平面的夹角，且 $\theta=\delta+\varepsilon$。

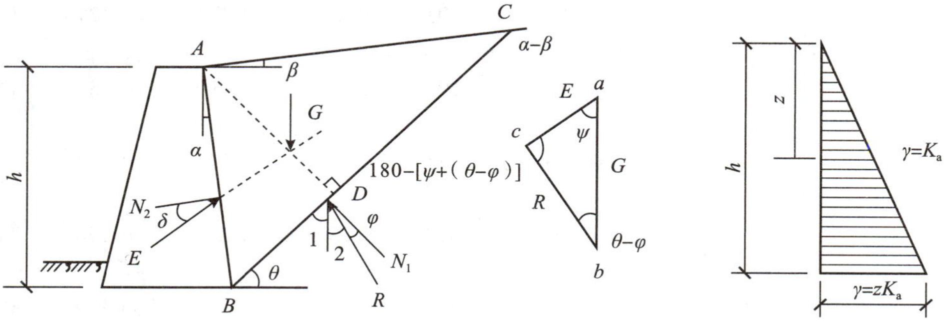

（a）　　（b）

图 5-19　库仑主动土压力分布

【例 5-3】如图 5-20 所示，已知某挡土墙墙高 $H=5$ m，墙背倾角 $\varepsilon=10°$，填土为细砂，填土面水平（$\beta=0$），填土重度 $\gamma=19$ kN/m^3，内摩擦角 $\varphi=30°$，墙背与填土间的摩擦角 $\delta=15°$。试按库仑土压力理论计算作用在墙上的主动土压力合力。

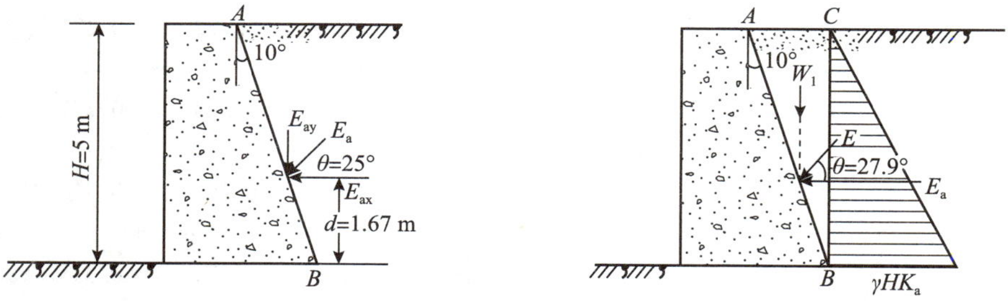

（a）计算简图　　（b）土压力分布

图 5-20　例 5-3 图

【解】当 $\beta=0$，$\varepsilon=10°$，$\varphi=30°$ 时，由上表查得库仑主动土压力系数 $K_a=0.378$。由库仑土压力理论计算公式求得作用在单位长度挡土墙上的主动土压力合力为

$$E_a=\frac{1}{2}\gamma H^2K_a=\frac{1}{2}\times19\times5^2\times0.378=89.78\ (\text{kN/m})$$

$$E_{ax}=E_a\cos\theta=89.78\times\cos(15°+10°)=81.36\ (\text{kN/m})$$

$$E_{ay}=E_a\sin\theta=89.78\times\sin(15°+10°)=37.94\ (\text{kN/m})$$

主动土压力合力 E_a 的作用点位置距墙底距离为

$$d=\frac{H}{3}=\frac{5}{3}=1.67\ (\mathrm{m})$$

5.5.2　被动土压力

无黏性土被动土压力计算图如图 5-21 所示。

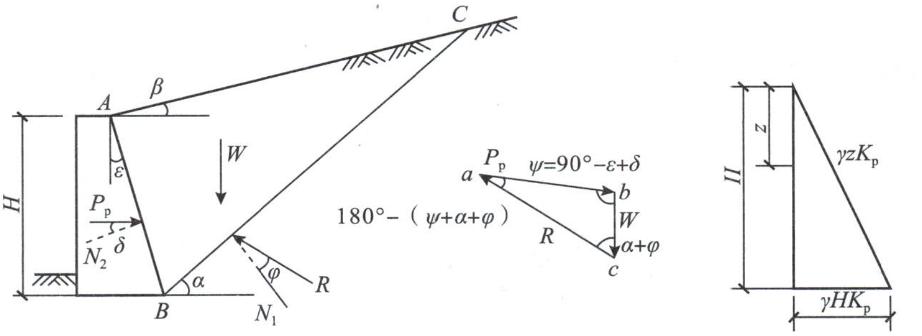

（a）土楔体ABC上的作用力　（b）力矢三角形　（c）被动土压力分布

图 5-21　无黏性土被动土压力计算图

计算公式

$$P_p=\frac{1}{2}\gamma H^2\frac{\cos^2(\varphi+\varepsilon)}{\cos^2\varepsilon\cdot\cos(\varepsilon-\delta)\left[1-\sqrt{\dfrac{\sin(\varphi+\delta)\cdot\sin(\varphi+\beta)}{\cos(\varepsilon-\delta)\cdot\cos(\varepsilon-\beta)}}\right]^2}\tag{5.36}$$

令

$$K_p=\frac{\cos^2(\varphi+\varepsilon)}{\cos^2\varepsilon\cdot\cos(\varepsilon-\delta)\left[1-\sqrt{\dfrac{\sin(\varphi+\delta)\cdot\sin(\varphi+\beta)}{\cos(\varepsilon-\delta)\cdot\cos(\varepsilon-\beta)}}\right]^2}\tag{5.37}$$

则

$$p_p=\frac{1}{2}\gamma H^2K_p\tag{5.38}$$

其中，库仑被动土压力分布呈三角形，如图 5-21（c）所示。

知识拓展

特殊情况下的库仑土压力计算

1. 均布荷载作用下的库仑主动土压力计算

挡土墙后的土体表面常作用有不同形式的荷载，从而使作用在墙背上的主动土压力有所增大。考虑最简单的情况，即土体表面作用有均布荷载 q，如图 5-22 所示。此时，可首先将均布荷载 q 换算为土体的当量厚度 $h_0=q/\gamma$（γ 为土体的重度），以此确定假想中的墙顶 A' 点，其次根据无地面荷载作用时的情况求出土压力强度及总土压力，具体步骤如下。

在三角形 $AA'A_0$ 中，由几何关系可得

$$AA'=h_0\cdot\frac{\cos\beta}{\cos(\varepsilon-\beta)}\tag{5.39}$$

AA'在竖向的投影为

$$h' = AA'\cos\varepsilon = \frac{q}{\gamma} \cdot \frac{\cos\varepsilon \cdot \cos\beta}{\cos(\varepsilon-\beta)} \tag{5.40}$$

故可得墙顶 A 点处

$$p_{aA} = \gamma h' K_a \tag{5.41}$$

墙底 B 点处

$$p_{aB} = \gamma (h+h') K_a \tag{5.42}$$

于是可得墙背 AB 上的总土压力为

$$E_a = \gamma h \left(\frac{1}{2}h + h'\right) K_a \tag{5.43}$$

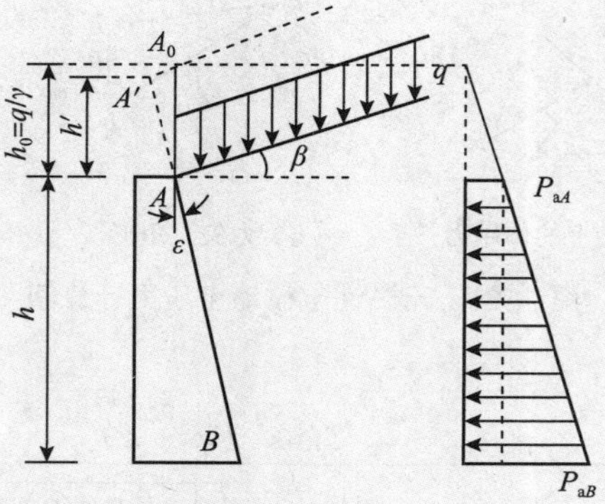

图 5-22　均布荷载作用下的库仑主动土压力

2. 成层土中库仑主动土压力计算

如图 5-23 所示，假设各层土的分界面与土体表面平行。求下层土的土压力强度时，可将上面各层土的土重看成均布荷载的作用。各点的土压力强度如下。

在第 1 层土顶面处 $p_a=0$。

在第 1 层土底面处 $p_a=\gamma_1 h_1 K_{a1}$。

将 $\gamma_1 h_1$ 的土重换算为第 2 层土的当量土厚度，即

$$h'_1 = \frac{\gamma_1 h_1}{\gamma_2} \cdot \frac{\cos\varepsilon \cdot \cos\beta}{\cos(\varepsilon-\beta)} \tag{5.44}$$

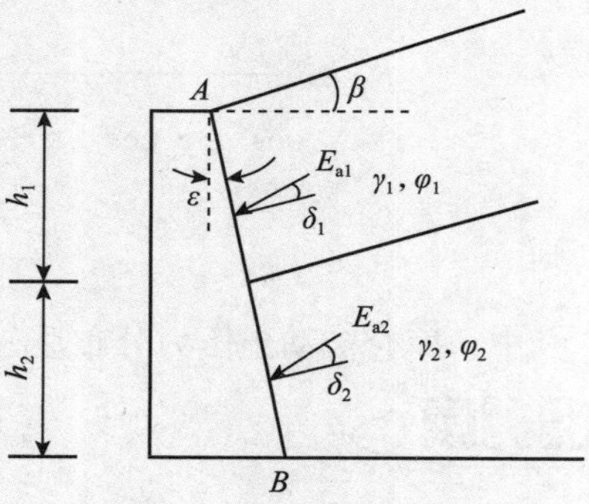

图 5-23　成层土中库仑主动土压力

则在第 2 层土顶面处

$$p_a = \gamma_2 h'_1 K_{a2} \tag{5.45}$$

在第 2 层土底面处

$$p_a = \gamma_2 (h'_1 + h_2) K_{a2} \tag{5.46}$$

式中　K_{a1}、K_{a2}——第 1 层、第 2 层土的库仑主动土压力系数；

γ_1、γ_2——第 1 层、第 2 层土的重度，kN/m³。

每层土的总压力 E_{a1}、E_{a2} 的大小等于土压力分布图形的面积，作用方向与 AB 法线方向成 δ_1、δ_2 角（δ_1、δ_2 分别为第 1 层，第 2 层土与墙背之间的摩擦角），作用点位于各层土压力分布图的中心处。

5.6 挡土墙结构设计

5.6.1 挡土墙的类型

挡土墙结构形式有：重力式挡土墙、悬臂式挡土墙、扶壁式挡土墙及锚杆挡土墙、锚碇板挡土墙、土工织物挡土墙等。

1. 重力式挡土墙

挡土墙主要类型如图 5-24（a）所示，墙面暴露于外，墙背可以做成倾斜和垂直的。墙基的前缘称为墙趾，后缘称为墙踵。重力式挡土墙通常由块石或混凝土浇筑而成，因而墙体抗拉强度较小，作用于墙背的土压力所引起的倾覆力矩全靠墙身自重产生的抗倾覆力矩来平衡。重力式挡土墙具有结构简单、施工方便、就地取材等优点，是工程中应用较广泛的一种形式。

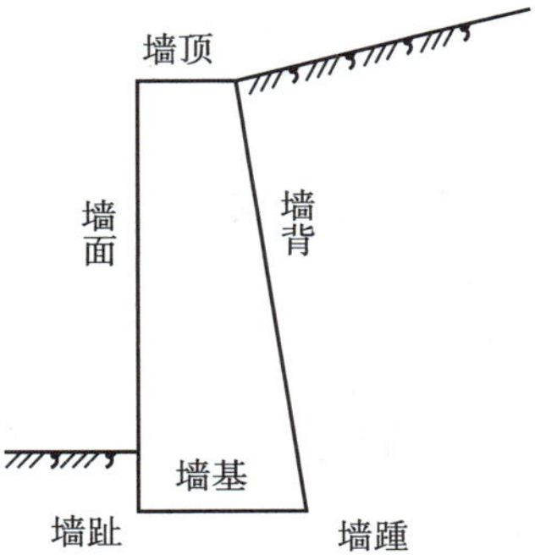

（a）重力式挡土墙

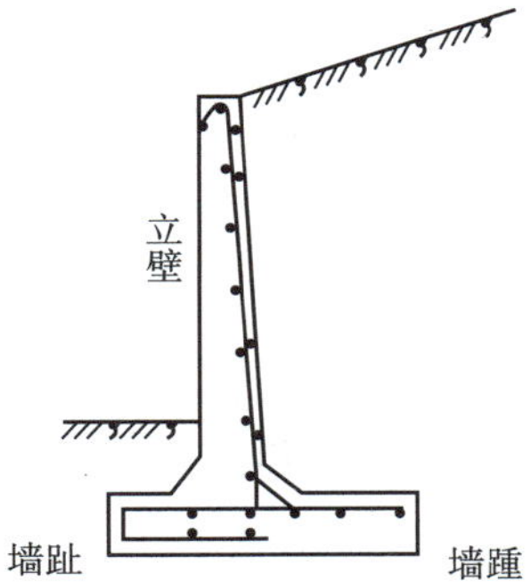

（b）悬臂式挡土墙

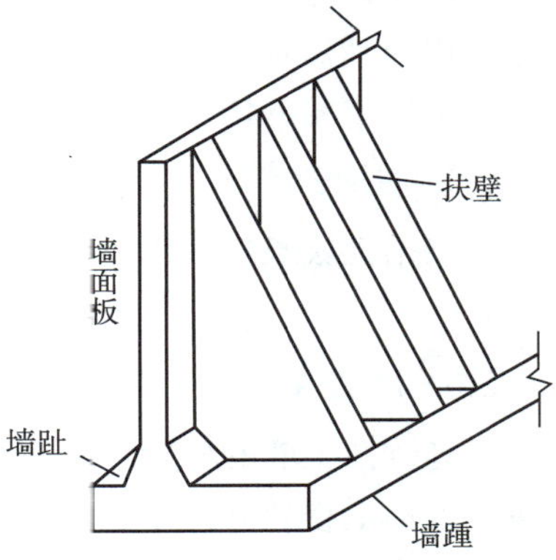

（c）扶壁式挡土墙

图 5-24　挡土墙主要类型

2. 悬臂式挡土墙

悬臂式挡土墙一般由钢筋混凝土建造，它由三个悬臂板组成，即立壁、墙趾悬臂和墙踵悬臂，如图 5-24（b）所示。墙的稳定性主要靠墙踵底板上的土重，而墙体内的拉应力则由钢筋承担。因此，这类挡土墙的优点是能充分利用钢筋混凝土的受力特性，墙体截面较小，在市政工程以及厂矿储库中广泛应用这种挡土墙。

3. 扶壁式挡土墙

当墙后填土比较高时，为了增强悬臂式挡土墙中立壁的抗弯能力，常沿墙的纵向每隔一定距离设一道扶壁，故称为扶壁式挡土墙，如图 5-24（c）所示。其他挡土墙还有锚杆挡土墙、锚碇板挡土墙、土工织物挡土墙等。

5.6.2 挡土墙的设计

挡土墙的设计是一个复杂的过程，需要考虑到多个因素，才能开展多项工作。

1. 土壤调查

进行土壤调查和测试，确定土壤的性质、强度和稳定性参数，以便进行稳定性分析和设计。

2. 坡度和倾斜角度

确定挡土墙所在坡面的倾斜角度，它会影响挡土墙的稳定性和所需的支撑结构。

3. 水文条件

考虑降雨情况、地下水位和土壤湿度对挡土墙的影响。若设计的挡土墙无挡水要求时，必须做好排水设施。排水不良，大量雨水将使墙后侧压力增大，土的抗剪强度降低，造成挡土墙的破坏。

4. 荷载计算

计算并考虑挡土墙所承受的水平土壤压力、水压力、附加活动荷载（如车辆、结构等）以及地震荷载。根据地形、荷载条件及平面布置，结合当地经验和现场地质条件，初步选定挡土墙的体型和尺寸。

5. 材料选择

根据土壤条件和设计要求，选择合适的材料，如混凝土、钢筋混凝土、石块、土工格栅等。

6. 稳定性分析

进行挡土墙的稳定性分析，包括计算倾覆稳定性、滑移稳定性和冲刷稳定性等，可以使用各种工程软件或手算方法进行分析。

7. 结构设计

根据稳定性分析结果和荷载计算，设计挡土墙的结构形式、墙体厚度、锚杆或地下墙柱等支撑结构。

8. 施工监管和质量控制

确保施工符合设计要求，并定期检查挡土墙的状况和性能。控制填土质量，挡土墙的回填土料应尽量选择透水性较大的土，如砂性土、砾石、碎石等；不应采用淤泥、耕植土、膨胀性黏土等作为填料，填土时应分层夯实。实际操作过程中，具体的挡土墙设计可能会因不同的工程要求和地理环境而有所不同。

提 示

挡土墙建成后，应定期检查挡土墙的稳定性和表面状况，出现任何破损、渗漏、滑移或倾斜等问题时，及时采取维修或修复措施。

5.6.3　挡土墙的计算

挡土墙的计算包括内容有：稳定性验算（包括抗倾覆和抗滑移稳定验算）；地基的承载力验算；墙身强度验算。

1. 稳定性验算

挡土墙的稳定性应满足以下要求。

（1）抗倾覆安全系数

$$K_q = \frac{Wb + E_z a}{E_x h} \geqslant 1.6 \tag{5.47}$$

（2）抗滑移安全系数

$$K_b = \frac{(W + E_z)\mu}{E_x} \geqslant 1.3 \tag{5.48}$$

式中　W——挡土墙每延米自重，kN/m；

E_z、E_x——主动土压力 E_a 的垂直和水平分量，kN/m；

h、a、b——E_z、E_x、W 对墙趾的力臂，m；

μ——基底摩擦系数，由试验确定，当缺乏试验资料时，可见表 5-4。

表 5-4　土对挡土墙基底的摩擦系数 μ

土的类别		摩擦系数 μ
黏性土	可塑	0.20～0.30
	硬塑	0.30～0.35
	坚硬	0.35～0.45
粉土		0.30～0.40
中砂、粗砂、砾砂		0.40～0.50
碎石土		0.40～0.60
软质岩		0.40～0.60
表面粗糙的硬质岩		0.65～0.75

2. 地基的承载力验算

地基的承载力验算，一般与偏心荷载作用下基础的计算方法相同。一般地基承载力验算包括以下几个步骤。

（1）地基类型确认

确定地基的类型，例如，坚硬岩石、饱和土壤或非饱和土壤。地基类型会影响地基承载力的计算方法和参数。

（2）单轴抗压强度计算

根据土壤试验数据和相关公式，计算土壤的单轴抗压强度。单轴抗压强度是衡量土壤抗压能力的一个关键参数。

（3）土壤承载力计算

根据所选的地基类型、土壤特性以及地基结构的设计要求，使用合适的承载力计算方法，如平均承载力法、有效应力法或极限平衡法等，计算土壤的承载力。承载力通常以单位面积上的最大承载力表示。

（4）荷载计算

确定施加在地基上的荷载，包括垂直荷载、水平荷载和倾覆力矩等。荷载可以来自建筑物、设备、雪、风、地震等。

（5）安全系数考虑

根据设计要求和规范，确定所需的安全系数来确保地基的稳定性。安全系数通常应包括垂直承载力安全系数、水平承载力安全系数和倾覆稳定性安全系数等。

（6）承载力验算

进行承载力验算，将地基的核定承载力与设计荷载相比较。确保核定承载力大于设计荷载，并满足安全系数的要求。

3. 墙身强度验算

墙身强度验算应根据墙身材料分别按砌体结构、素混凝土结构或钢筋混凝土结构的有关计算方法进行。墙体强度验算是确保墙体结构稳定和安全的重要步骤。一般墙体强度验算包括以下几个步骤。

（1）确定设计要求

确定墙体的设计要求，包括受力状态、设计荷载、使用条件等。这些设计要求将影响墙体强度验算的方法和参数选择。

（2）材料强度评定

评定墙体所用材料（如混凝土、砖块、砌块等）的强度参数，包括抗压强度、抗拉强度和抗剪强度等。确保所用材料满足设计要求。

（3）承载力计算

根据墙体几何形状、材料特性和设计荷载，计算墙体的承载能力。考虑墙体的受力分布、受力平衡和受力方向等因素，以确定墙体的最大承载能力。

（4）倾覆稳定性验算

进行倾覆稳定性验算，计算墙体受到侧向荷载（如风荷载、地震荷载）时的倾覆稳定性。通过比较倾覆力矩和倾覆抵抗力矩，评估墙体的倾覆稳定性。

（5）抗滑稳定性验算

进行抗滑稳定性验算，计算墙体受到水平荷载时的抗滑稳定性。考虑墙体与基础接触面的摩擦力和土壤承载力等因素，评估墙体抗滑稳定性。

（6）抗剪验算

针对特定部位和受力条件，进行墙体的抗剪验算。根据剪力分布、墙体内部剪力传递机制等因素，评估墙体的抗剪能力。

（7）安全系数考虑

根据设计要求和规范，确定所需的安全系数来确保墙体的稳定和安全。通常包括承载能力安全系数、倾覆稳定性安全系数和抗滑稳定性安全系数等。

（8）结果评估

将墙体的设计承载能力与实际荷载进行比较，并评估墙体的稳定性和安全性。确保设计的墙体结构可以满足设计要求并具有足够的强度。

思政链接

第十四届国际工程地质与环境大会在蓉开幕

2023 年 9 月 22 日，由成都理工大学主办的第十四届国际工程地质与环境大会在成都世纪城国际会议中心开幕。据悉，该大会被称为地质学界“奥林匹克”盛会，系首次在中国举办。四川省人大常委会副主任何延政，雅典国立科技大学 IAEG 主席 Vassilis Marinos，中国地质大学（武汉）中国地质学会工程地质专委会主任委员唐辉明，韩国成均馆大学国际地质工程学会联合会（FedIGS）主席 Chungsik Yoo，成都理工大学党委副书记、校长刘清友，成都理工大学副校长许强、巨能攀等出席会议，来自国内外相关高校、科研院所和生产单位等参会代表 1 300 余人到场参会。

本届大会以“工程地质与宜居地球”为主题，对工程地质与全球气候变化、地质灾害评估与防治、岩土体结构与工程地质特性、重大工程建设中的海洋、交通、城市以及生态环境保护等工程地质与环境问题、工程地质与韧性工程建设、智慧工程地质、工程地质新理论新方法新技术等进行研讨，推动国际工程地质与环境学科与研究发展，为重大工程、生态文明和宜居地球建设献计献策。

唐辉明在致辞中表示，长期以来，中国的工程地质工作人员为国际工程地质学的发展做出了重要的贡献，近年来我国学者丰富了工程地质学的理论体系，促使工程地质学在国家重大工程建设方面发挥独特作用。他期待此次盛会进一步促进交流合作，加快中国工程地质学与世界深入融合，为国际工程地质学发展注入智慧，为共创人类宜居地球提供更多智力支持。

何延政致辞表示，成都理工大学深耕工程地质和环境保护六十余年，全力推动了我国工程地质学科建设以及科技创新发展，为助力经济社会高质量发展贡献了智慧和力量。他相信大会的成功举办，必将以全球视野拓展工程地质研究领域，推动国际工程地质事业高质量发展，为加快人与自然和谐共生的现代化贡献更多的智慧。他希望各位国内外专家、院士多到川开展相关考察，用专业视野为四川省筑牢长江黄河上游生态屏障，加快建设全国绿色发展示范区、高品质生活宜居地，全力打造“美丽中国先行区”出谋划策。

刘清友代表主办单位成都理工大学向出席开幕式的各位院士专家、领导嘉宾、代表们表示热烈欢迎。他表示，此次大会由成都理工大学首次主办，是一次突破性的壮举。他提到，在张倬元、黄润秋等几代工程地质学家的共同努力下，成都理工大学工程地质和生态环境科研团队守正创新，深耕理论发展与科技创新，为国家和社会培养了一大批高层次人才，为工程地质和环境保护领域的发展做出了重要贡献。本届大会得到了国内外众多知名专家学者的积极响应、踊跃参与，以及相关单位的鼎力支持。大家相聚美丽蓉城、共话科技创新、交流思想、展示成果，必将掀开新时代全球工程地质发展与环境保护的崭新篇章，为构建人类命运共同体、打造“宜居地球”贡献智慧和力量。最后，他真诚希望大家一如既往地关心指导学校的建设发展。

许强代表组委会进行报告。他提到，此次大会有超过 732 份完整的论文，经过严格的审查程序，有 328 份论文被接受，接受率达到 45% 以上，所有这些投稿覆盖了 12 个主要领域，来自于 45 个国家和地区。有 1 194 位来自于 35 个国家的学者注册进大会，参与开幕式有 1 300 多人。此外，会后设有 3 条实地科考路线，分别有都江堰-映秀、泸定-磨西及巴东-三峡路线。

项目小结

本项目主要是对土坡稳定性评价与土压力计算进行了介绍。首先介绍了土坡稳定的意义，以及影响土坡稳定的因素；其次介绍了挡土结构物上的土压力，包括静止土压力、主动土压力和被动土压力的原理和计算方法；再次介绍了静止土压力进行具体计算，提供了实际工程中常用的计算方法，为工程实践提供了参考依据；最后介绍了朗肯土压力理论和库仑土压力理论，为土压力的评估和设计提供了理论支持。

通过本项目的学习，读者能够了解土坡稳定性评价和土压力计算的重要性，并为土坡工程和挡土墙结构的设计与施工提供合理的理论基础和实用方法。

课后实训

1. 成员分组

以 3~5 人为一组，选出组长并进行分工，将小组成员及分工情况填入表 5-5 中。

表 5-5　小组成员及分工情况

小组成员	姓名	学号	分工
组长			
组员			

2. 开展实训

将实训操作过程填入表 5-6 中。

表 5-6　实训开展工作表

姓名	日期
实训项目	
具体任务	
相关知识	
其他项目	
实训记录	
教师指导	

3. 考核评价

各组展示任务完成情况，并完成表 5-7 所示的考核评价表。

表 5-7　考核评价表

评价项目	评价内容	分值	评分		
			自评	互评	师评
职业素养考核项目（40%）	考勤、仪容仪表	10 分			
	安全意识、责任意识及服从意识	10 分			
	团队合作、沟通交流能力	10 分			
	维护场地、设备及工具等干净整洁	10 分			
专业能力考核项目（60%）	积极参与教学活动并理解实训活动要求	20 分			
	工程基本专业知识查找及时、准确	20 分			
	土压力计算操作符合规范，任务完成度	20 分			
合计：综合分数________自评（20%）+互评（20%）+师评（60%）		100 分			
综合评语		指导教师（签名）：			

课后习题

一、填空题

1. ________又称为土坡失稳，是指土坡在一定范围内整体地沿某一滑动面向下和向外移动而丧失其稳定性。

2. 土坡受到的荷载包括________和外荷载，荷载的大小和分布会对土坡的稳定性产生直接影响。

3. 挡土结构物按其刚度和位移方式可以分为______和柔性挡土墙两大类。

4. 挡土墙完全没有侧向位移、偏转和自身弯曲变形时，作用在其上的土压力即为______。

5. 为了增强悬臂式挡土墙中立壁的抗弯能力，常沿墙的纵向每隔一定距离设一道扶壁，故称为________。

二、简答题

1. 土坡失稳的表现有哪些？
2. 什么是静止土压力？

项目 6

浅基础设计与施工

项目概述

浅基础是指基础底部埋深相对较浅的基础，通常用于承载轻至中等荷载的建筑物或结构。浅基础设计与施工包括对建筑物基础的设计、施工和监测等过程，旨在确保建筑物在基础条件下的安全性和稳定性。浅基础埋深浅，结构形式简单，施工方法简便，造价也较低，因此是建筑物最常用的基础类型。

学习目标

知识目标

◆理解浅基础的分类及适用条件。

◆熟悉作用在基础上的荷载的基本概念。

◆了解基础设计相关知识，包括设计原理、计算方法等。

◆熟悉浅基础施工的主要内容，包括工艺流程、施工方法等。

能力目标

◆独立进行浅基础分类及适用条件的分析，准确选择适合工程需求的浅基础类型。

◆能够进行基础荷载计算和分析，理解不同荷载对基础的影响，并能根据实际情况进行合理设计。

◆掌握浅基础施工的主要内容，能够独立组织和管理施工工艺流程。

素质目标

◆培养学生在工程团队中良好的协作意识和沟通能力，能够有效与其他岗位人员协商合作，确保工程设计与施工的顺利进行。

◆提升学生对工程安全的重视和责任感，培养学员自我保护意识，能够在工程设计与施工中时刻关注安全风险，确保工程安全。

案例导入

项目背景：该住宅楼位于杂填土地基上，所处地区有一定的地震活动性质，需要设计一种适用于该地质条件和地震力要求的浅基础。

项目范围：本工程主要包括对该住宅楼的浅基础设计，以确保楼房的稳定和安全。

工程计划如下。

(1) 地质勘察：进行详细的地质勘察，了解地质情况、土层分布、土壤类型、含水量等，以确定地基的特性和选取适当的设计参数。

(2) 载荷计算：根据建筑楼体的结构形式、楼层数、楼层荷载、风荷载、雪荷载等因素，进行承载力计算和变形计算，确定地基所需的设计荷载。

(3) 地震力考虑：根据地震烈度、设计地震加速度、结构刚度等参数，进行地震力计算，确定地震荷载的作用效果。

(4) 基础选型：根据地质数据、荷载计算和地震力考虑等结果，选取适当的基础类型，如扩展基础、浅埋基础或桩基础等。

(5) 基础尺寸计算：根据选定的基础类型，利用相关公式或软件进行基础尺寸计算，包括基础底面积、基础厚度和基础的几何形状等。

(6) 基础设计：根据基础尺寸计算的结果，进行具体的基础设计，确定基础的布置方式、配筋设计和钢筋的直径和间距等。

(7) 施工方案确定：确定基础施工的具体方法和程序，包括基坑开挖、基础浇筑、钢筋的安装和混凝土的养护等。

(8) 监测与评估：在基础施工完成后，进行基础的监测和评估，观察基础的变形和稳定性，确保基础设计的效果。

问题思考

根据所学知识，如何进行工程的浅基础设计？

6.1 浅基础概述

浅基础只需采用排水、挖槽等普通施工方法即可建造的基础。由于基础侧面土体对基础的约束作用较小，可靠性也较低，浅基础在设计计算时侧面摩擦力对基础承载力的影响可忽略不计。

6.1.1 浅基础分类及适用条件

浅基础的类型很多，有些浅基础的名称也不统一，《建筑地基基础设计规范》（GB 50007—2011）将浅基础分为如下几种类型。

1. 无筋扩展基础

无筋扩展基础系指用砖、毛石、混凝土、毛石混凝土、灰土和三合土等材料组成，且不需配置钢筋的墙下条形基础或柱下独立基础，适用于多层民用建筑和轻型厂房，如图 6-1 所示。无筋扩展基础受力可简化为倒置短悬臂梁，由抗压性能较好，而抗拉、抗剪性能较差的材料建造的基础，因此，基础需具有非常大的截面抗弯刚度，受力后基础不允许挠曲变形和开裂，所以习惯称其为“刚性基础”。

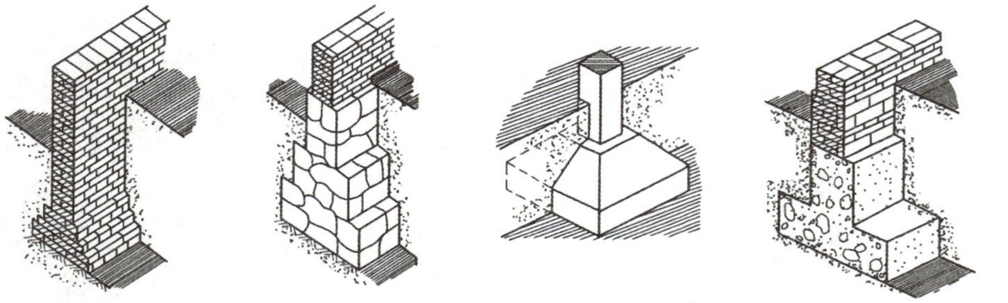

（a）砖基础　（b）毛石基础　（c）柱下混凝土基础　（d）墙下毛石混凝土基础

图 6-1　无筋扩展基础

为保证基础安全，无筋扩展基础必须规定基础材料强度及质量、限制台阶宽高比、控制建筑物层高和一定的地基承载力，一般无需进行繁杂的内力分析和截面强度计算。其中，无筋扩展基础（图 6-2）高度应满足下式要求

$$H_0 \geqslant \frac{b-b_0}{2\tan\alpha} \tag{6.1}$$

式中　b——无筋扩展基础底面宽度，m；

b_0——基础顶面墙体宽度或柱脚宽度，m；

H_0——基础高度，m；

b_2——基础台阶宽度，m；

$\tan\alpha$——无筋扩展基础台阶宽高比 $b_2 : H_0$ 的允许值，可按表 6-1 选用。

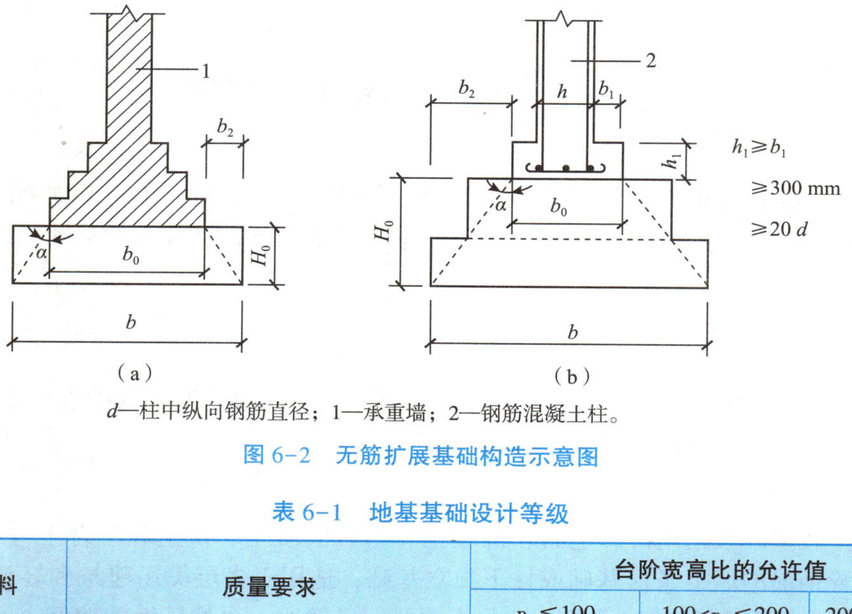

（a）　（b）

d—柱中纵向钢筋直径；1—承重墙；2—钢筋混凝土柱。

图 6-2　无筋扩展基础构造示意图

表 6-1　地基基础设计等级

基础材料	质量要求	台阶宽高比的允许值		
		$p_k \leqslant 100$	$100 < p_k \leqslant 200$	$200 < p_k \leqslant 300$
混凝土基础	C15 混凝土	1 : 1.00	1 : 1.00	1 : 1.25
毛石混凝土基础	C15 混凝土	1 : 1.00	1 : 1.25	1 : 1.50
砖基础	砖不低于 MU10、砂浆不低于 M5	1 : 1.50	1 : 1.50	1 : 1.50

续表

基础材料	质量要求	台阶宽高比的允许值		
		$p_k \leqslant 100$	$100<p_k \leqslant 200$	$200<p_k \leqslant 300$
毛石基础	砂浆不低于 M5	1 : 1.25	1 : 1.50	—
灰土基础	体积比为 3 : 7 或 2 : 8 的灰土，其最小干密度：粉土 1 550 kg/m^3 粉质黏土 1 500 kg/m^3 黏土 1 450 kg/m^3	1 : 1.25	1 : 1.50	—
三合土基础	体积比 1 : 2 : 4～1 : 3 : 6（石灰：砂：骨料），每层约虚铺 220 mm。夯至 150 mm	1 : 1.50	1 : 2.00	—

注：(1) p_k 为标准组合时基础底面处的平均压力值，kPa。

(2) 阶梯形毛石基础的每阶伸出宽度，不宜大于 200 mm。

(3) 当基础由不同材料叠合组成时，应对接触部分作抗压验算。

(4) 混凝土基础单侧扩展范围内基础底面处的平均压力值超过 300 kPa 时，尚应进行抗剪验算；对基底反力集中于立柱附近的岩石地基，应进行局部受压承载力验算。

在基础荷载较大、地质条件不良的情况下，地基底部的尺寸也需相应加大。为了满足无筋扩展基础的宽高比要求，加深基础是必要的。这样的设计，在进行基础布置和选择地基持力层时，往往会给现场施工带来一定的困难，如基坑开挖与排水等。同时，也可能导致工程造价的上升。此外，无筋扩展基础还存在用料多、自重大的缺点，这在某些情况下是不利的。因此，在进行基础设计时，必须充分考虑这些因素，以确保工程的安全和质量。

2. 扩展基础

扩展基础指为扩散上部结构传来的荷载，使作用在基底的压应力满足地基承载力的设计要求，且基础内部的应力满足材料强度的设计要求，通过向侧边扩展一定底面积的基础。一般特指柱下钢筋混凝土独立基础和墙下钢筋混凝土条形基础，如图 6-3 和图 6-4 所示。

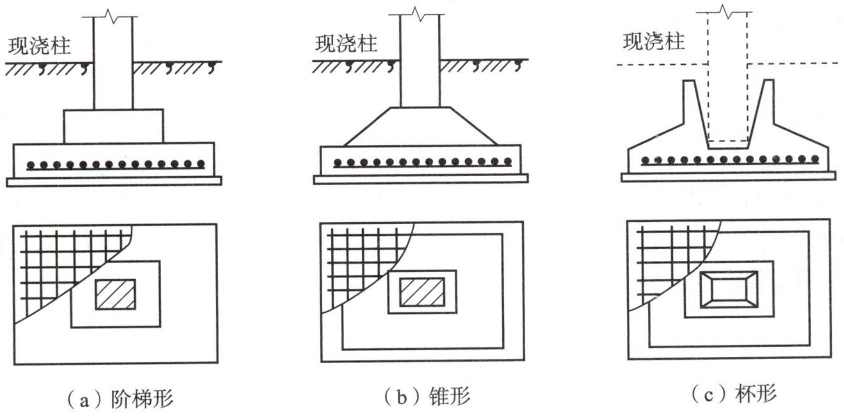

图 6-3　柱下钢筋混凝土独立基础

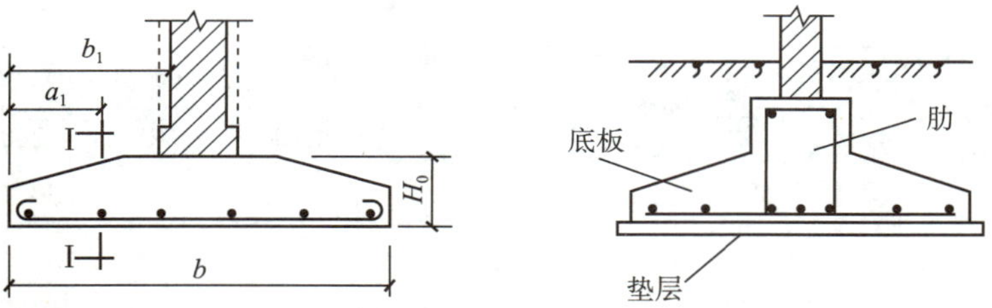

（a）无肋　　　　（b）有肋

图 6-4　墙下钢筋混凝土条形基础

3. 柱下条形基础

在钢筋混凝土框架结构中，当地基承载力较小而柱下承受较大的荷载时，如果采用扩展基础，可能会导致过大的沉降和差异沉降，或者由于基础底面积较大而使基础边缘互相接近甚至重叠。为了增加基础的整体性并简化施工，可以将同一排的柱基础连通起来，形成柱下钢筋混凝土条形基础，如图 6-5 所示。若仅是相邻柱相连，又称作联合基础或双柱联合基础。

采用柱下钢筋混凝土条形基础不能满足地基基础设计要求时，可采用交叉条形基础（也称柱下十字交叉条形基础），如图 6-6 所示。这种基础在纵横两向均具有一定的刚度，当地基软弱且在两个方向的荷载和土质不均匀时，交叉条形基础具有更高的承载力、更好的整体性和良好的调整不均匀沉降的能力。

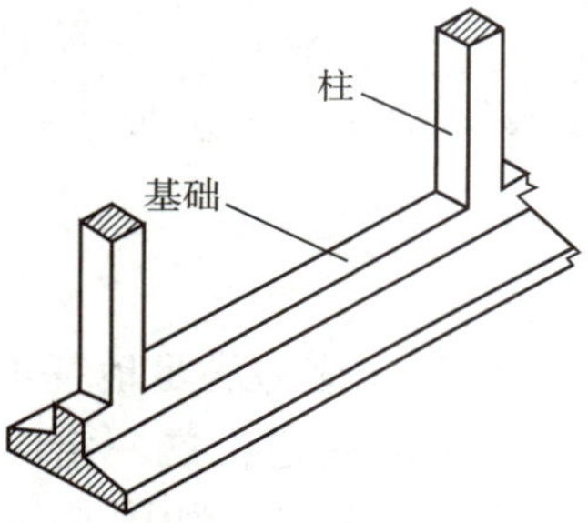

图 6-5　柱下条形基础

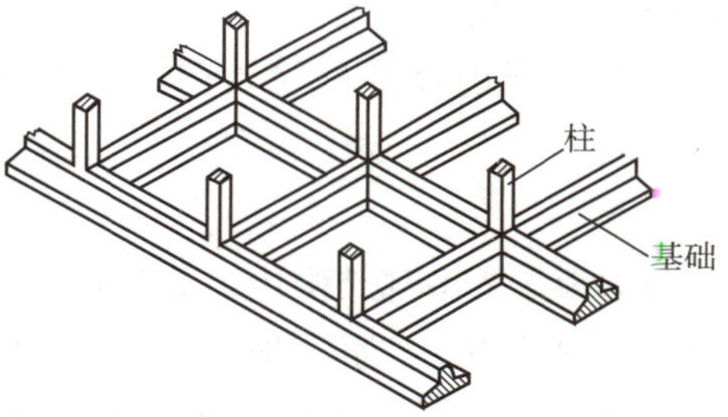

图 6-6　柱下十字交叉条型基础

4. 筏形基础

筏形基础通常由一层或多层厚度较大的钢筋混凝土组成，在地基土壤上均匀分布，以增加整个基础的承载能力和稳定性。它能够通过增加基础的面积来减小地基承载力的影响，并通过比较大的自重使地基沉降均匀分布，从而减小沉降差异和基础边缘的问题。筏形基础在构造上好像倒置的钢筋混凝土楼盖，并可分为平板式和梁板式两种，如图 6-7（a）和图 6-7（b）所示。一般根据地基土质、上部结构体系、柱距、荷载大小、使用要求以及施工条件等因素确定。

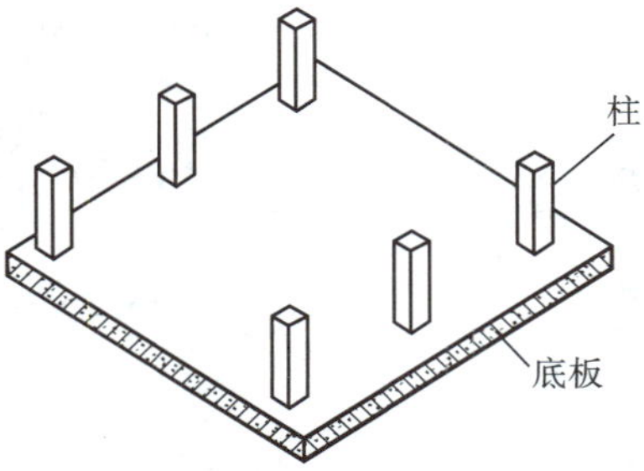

（a）平板式

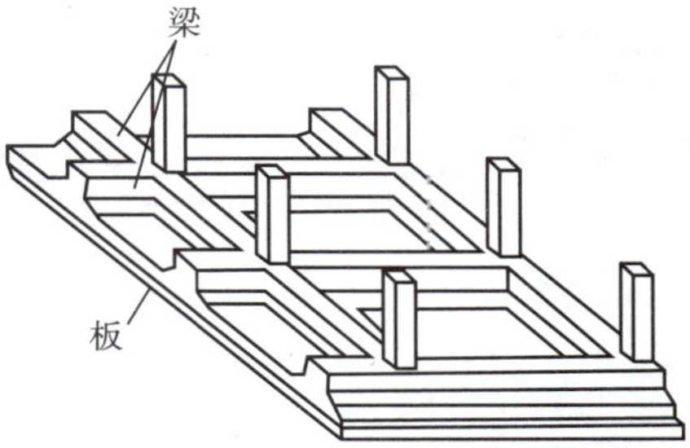

（b）梁板式

图 6-7　筏形基础

5. 箱形基础

箱形基础是指由底板、顶板、钢筋混凝土纵横隔墙构成的整体现浇钢筋混凝土结构，可根据建筑、埋深等要求做成单层或多层形式，如图 6-8 所示。箱形基础通过增加基础的面积和刚度，将建筑物的荷载均匀分散到更大的土壤面积上，减小地基承载力的影响，并通过比较大的自重使地基沉降均匀分布，从而减小沉降差异和基础边缘的问题，因此抗震性能更好，是高层建筑广泛采用的基础形式。

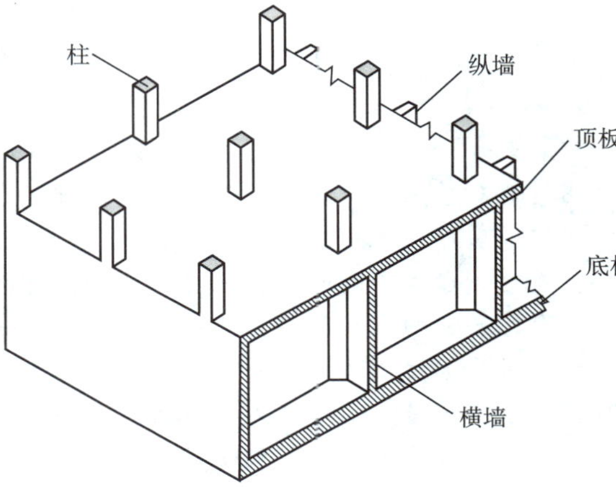

图 6-8　箱形基础

箱形基础本身可作为地下室使用，但由于纵、横墙将整个地下室分成了多个小空间，使其使用功能受到较大限制。此外，箱形基础结构形式复杂，耗费材料较多，设计计算及施工均较为复杂，因此，当筏形基础不能满足要求时，应根据实际情况确定选用箱形基础还是采用桩基础等深基础。

6. 壳体基础

壳体基础是一种具有较大水平尺寸和较小垂直尺寸的扩展基础形式，通常用于在地基承载力较弱或基础荷载较大的情况下，能够有效地减小建筑物的沉降和沉降差异。壳体基础的形状类似于一个薄壁的壳体，通常由混凝土或其他适当材料制成，具有较大的水平底面积，可以将建筑物的荷载均匀分散到更大的土壤面积上，从而减小地基承载力的影响。由于其较小的垂直尺寸，壳体基础可以减小地基沉降和沉降差异，提高基础的稳定性。其常用形式有正圆锥壳、M 形组合壳、内球外锥组合壳等，如图 6-9 所示；用于一般工业和民用建筑柱基或筒形构筑物的基础，如烟囱、水塔、中小型高炉、电视塔等。

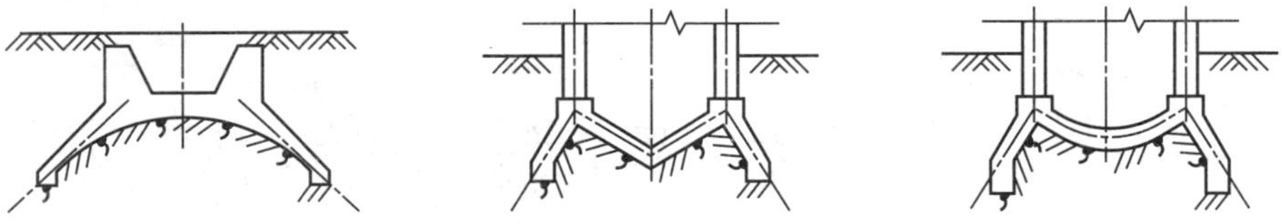

（a）正圆锥壳　（b）M形组合壳　（c）内球外锥组合壳

图 6-9　壳体基础

由于壳体基础施工时技术难度大，易受气候影响，难以实现机械化施工，因此在工程实践中较少使用壳体基础。

知识拓展

桥梁基础分类

1. 根据结构形式和施工方法分类

桥梁基础根据其结构形式和施工方法可分为明挖基础、桩基础、管柱基础和沉井基础等。

明挖基础的埋置深度可较其他类型基础浅（≤5 m），故为浅基础。其采用露天敞坑放坡开挖，然后在地基上用块石或混凝土砌筑实体基础，如图 6-10 所示。

在遇地下水位较高或松软地层放坡开挖有困难时，使用支撑或喷射混凝土护壁来保证基坑开挖。它的构造简单，所用材料不能承受较大的拉应力，故基础的厚宽比要足够大，受力时才不致使基础本身产生挠曲变形，因此又称为刚性基础。当地基土的强度较低时，为了适应地基的承载力，基底的平面尺寸都需要扩大，使基底产生的最大应力不超过持力层的容许承载力，故明挖基础又常称为刚性扩大基础。

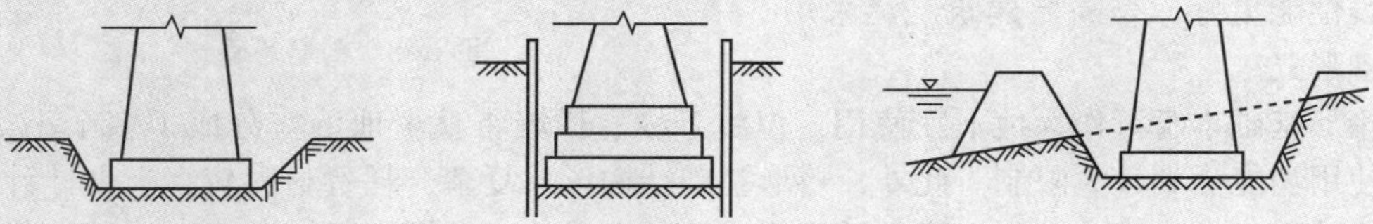

（a）　（b）　（c）

图 6-10　明挖基础

对于布置在水中的基础，明挖基础适用于浅层土较坚实，且水流冲刷不严重的浅水地区。由于它的构造简单，埋深浅，施工容易，加上可以就地取材，故造价低廉，广泛用于中小桥涵及旱桥。中国赵州桥就是在粉质黏土地基上采用了这种基础。

2. 根据施工作业和场地布置分类

根据其施工作业和场地布置可分为陆上基础、浅水基础和深水基础。

陆上基础平面位置及场地安排可以方便地自由择优进行，但进入土体应有围护土壁的措施，深到地下水面时则有水下施工的工艺和结构要求。

浅水基础是在水较浅的情况下，采用人工填土筑岛、围堰内抽水、轻便栈桥或以上方法的结合，以便在水上工作场地的基础类型。

深水基础一般指水较深，浅水基础施工的方法难以使用，而必须使用施工船舶、浮式机械、自浮结构等组成工作平台，提供施工场地及条件才能进行工作的基础类型。

6.1.2 作用在基础上的荷载简介

作用在基础上的荷载通常指的是建筑结构施加在地基或基础上的载荷，一般多指永久荷载、可变荷载及偶然荷载三类。

1. 荷载的分类

《建筑结构荷载规范》（GB 50009—2012）指出，建筑结构的荷载可分为下列三类。

（1）永久荷载

在结构使用期间，其值不随时间变化，或其变化与平均值相比可以忽略不计，又或其变化是单调的并能趋于限值的荷载，包括结构自重、土压力、预应力等。

（2）可变荷载

在结构使用期间，其值随时间变化，且其变化与平均值相比不可以忽略不计的荷载。包括楼面活荷载、屋面活荷载和积灰荷载、吊车荷载、风荷载、雪荷载、温度作用等。

（3）偶然荷载

在结构使用年限内不一定出现，而一旦出现其量值很大，且持续时间很短的荷载，如地震荷载、爆炸荷载、撞击力等。

2. 荷载代表值与荷载组合值

荷载代表值指设计中用以验算极限状态所采用的荷载量值。《建筑结构荷载规范》（GB 50009—2012）给出了荷载的四种代表值：标准值、组合值、频遇值和准永久值。

建筑结构及基础设计时，对不同荷载应采用不同的代表值。荷载标准值是指荷载的基本代表值，为设计基准期内最大荷载统计分布的特征值。其他代表值都可在标准值的基础上乘以相应的系数后得出。

建筑结构设计应根据使用过程中在结构上可能同时出现的荷载，按承载能力极限状态和正常使用极限状态分别进行荷载组合，并应取各自的最不利的组合进行设计。具体包括基本组合、偶然组合、标准组合、频遇组合、准永久组合。

地基基础设计时，作用组合的效应设计值应符合下列规定。

正常使用极限状态下，标准组合的效应设计值（S_k）应按下式确定

$$S_k = S_{Gk} + S_{Q1k} + \psi_{c2}S_{Q2k} + \cdots + \psi_{cn}S_{Qnk} \tag{6.2}$$

式中 S_{Gk}——永久作用标准值（G_k）的效应；

S_{Qik}——第 i 个可变作用标准值（Q_{ik}）的效应；

ψ_{ci}——第 i 个可变作用（Q_i）的组合值系数，按国家标准《建筑结构荷载规范》（GB 50009—2012）的规定取值。

准永久组合的效应设计值（S_k）应按下式确定

$$S_k = S_{Gk} + \psi_{q1}S_{Q1k} + \psi_{q2}S_{Q2k} + \cdots + \psi_{qn}S_{Qnk} \tag{6.3}$$

式中，ψ_{qi} 为第 i 个可变作用的准永久值系数，按《建筑结构荷载规范》（GB 50009—2012）的规定取值。

承载能力极限状态下，由可变作用控制的基本组合的效应设计值（S_d），应按下式确定

$$S_d = \gamma_G S_{Gk} + \gamma_{Q1}S_{Q1k} + \gamma_{Q2}\psi_{C2}S_{Q2k} + \cdots + \gamma_{Qn}\psi_{cn}S_{Qnk} \tag{6.4}$$

式中　γ_G——永久作用的分项系数，按《建筑结构荷载规范》（GB 50009—2012）的规定取值；

γ_{qi}——第 i 个可变作用的分项系数，按《建筑结构荷载规范》（GB 50009—2012）的规定取值。

对由永久作用控制的基本组合，也可采用简化规则，基本组合的效应设计值（S_d）可按下式确定

$$S_d = 1.35S_k \tag{6.5}$$

式中，S_k 为标准组合的作用效应设计值。

提 示

建筑结构所涉及的永久荷载（常用材料和构件的自重）、可变荷载（楼面等效均布活荷载、风荷载、雪荷载等），以及偶然荷载的规定及取值见《建筑结构荷载规范》（GB 50009—2012）。

3. 作用在建（构）筑物基础上的荷载

通常，建（构）筑物以承受竖向荷载为主，如自重、屋面荷载和楼面荷载；水平荷载主要是风荷载。这些荷载通过柱、墙等传至基础顶部，产生作用于基础的竖向力、水平力和弯矩。此外，基础所受荷载还包括基础自重及其上的填土重等。

计算荷载时，应自建（构）筑物顶部开始，按照传力系统自上而下累计到室内设计地面处。由于室内、外地坪高度通常不同，故在计算外墙或外柱基础时，可累计到室内、外设计地面的平均高程处。这样，基础所受的力最终可简化为作用点通过基础底面中心的竖向力、水平力和弯矩。此外，工业厂房常通过基础梁（过梁）将墙的荷载传至独立基础的侧面。

竖向力通常是基础承受的主要荷载，是造成基底竖向压力及地基沉降的主要原因。水平力主要影响地基的水平稳定性，同时对基底产生弯矩。弯矩则影响基底压力的分布形态，并造成地基的不均匀沉降，导致基础倾斜。若水平力和弯矩均为零，则基础所受的荷载称为中心荷载。

6.2 浅基础设计

地基基础设计是建筑物结构设计的重要组成部分。基础的形式和布置，要合理配合上部结构的设计，满足建筑物整体的要求，同时要做到便于施工、降低造价。浅基础就是天然地基上结构简单且最为经济的基础形式，如能满足要求，宜优先选用。浅基础初步设计中通常只考虑基础底面以下土层的承载能力，而忽略基础侧面土的摩擦力。

浅基础设计

6.2.1 基础设计的相关知识

浅埋基础的设计包含两大部分内容：一是地基计算，即按地基承载力、变形、稳定性等方面的要求，确定出浅埋基础的底面尺寸；二是基础设计，需保证基础结构自身具有足

够的强度和刚度。对无筋扩展基础，据此确定基础的高度；对扩展基础，则需确定基础的高度及钢筋的配置。

1. 浅基础设计的内容

天然地基上浅基础的设计，包括下述各项内容。

（1）选择基础的材料、类型，进行基础平面布置。

（2）选择基础的埋置深度。

（3）确定地基承载力特征值。

（4）确定基础的底面尺寸。

（5）必要时进行地基沉降与稳定性验算。

（6）进行基础结构设计（按基础布置进行内力分析、截面计算和满足构造要求）。

（7）绘制基础施工图，提出施工说明。

上述浅基础设计的各项内容是互相关联的。设计时可按上列顺序，首先选择基础材料、类型和埋深，其次逐项进行计算，如发现前面的选择不妥，则须修改设计，直至各项计算均符合要求且各数据前后一致为止。

2. 浅基础对地基设计的要求

地基基础设计应根据地基复杂程度、建筑物规模和功能特征以及由于地基问题可能造成建筑物破坏或影响正常使用的程度分为三个设计等级，见表6-2。

表6-2 地基基础设计等级

设计等级	建筑和地基类型
甲级	重要的工业与民用建筑 30层以上的高层建筑 体型复杂，层数相差超过10层的高低层连成一体建筑物 大面积的多层地下建筑物（如地下车库、商场、运动场等） 对地基变形有特殊要求的建筑物 复杂地质条件下的坡上建筑物（包括高边坡） 对原有工程影响较大的新建建筑物 场地和地基条件复杂的一般建筑物 位于复杂地质条件及软土地区的二层及二层以上地下室的基坑工程 开挖深度大于15 m的基坑工程 周边环境条件复杂、环保要求高的基坑工程
乙级	除甲级、丙级以外的工业与民用建筑物 除甲级、丙级以外的基坑工程
丙级	场地和地基条件简单、荷载分布均匀的七层及七层以下民用建筑及一般工业建筑；次要的轻型建筑物非软土地区且场地地质条件简单、基坑周边环境条件简单、环保要求不高且开挖深度小于5.0 m的基坑工程

3. 浅基础设计的基本原则

根据建筑物地基基础设计等级及长期荷载作用下地基变形对上部结构的影响程度，地基基础设计应符合下列规定。

（1）所有建筑物的地基计算均应满足承载力计算的有关规定。

（2）甲级、乙级建筑物均应按地基变形设计。

（3）表 6-3 所列范围内的丙级建筑物可不作变形验算。若地基承载力特征值小于 130 kPa，且体型复杂的建筑；在基础上及其附近有地面堆载或相邻基础荷载差异较大，可能引起地基产生过大的不均匀沉降时；软弱地基上的建筑物存在偏心荷载时；相邻建筑距离过近，可能发生倾斜时；地基内有厚度较大或厚薄不均的填土，其自重固结未完成时，仍应作变形验算。

（4）对经常受水平荷载作用的高层建筑、高耸结构和挡土墙等，以及建造在斜坡上或边坡附近的建筑物和构筑物，尚应验算其稳定性。

（5）基坑工程应进行稳定性验算。

（6）当地下水埋藏较浅，建筑地下室或地下构筑物存在地下室上浮问题时，尚应进行抗浮验算。

表 6-3　可不作地基变形验算的丙级建筑物范围

<table>
<tr><th rowspan="2">地基主要受力层情况</th><th colspan="3">地基承载力特征值 f_{ak}/kPa</th><th>$60 \leqslant f_{ak} < 80$</th><th>$80 \leqslant f_{ak} < 100$</th><th>$100 \leqslant f_{ak} < 130$</th><th>$130 \leqslant f_{ak} < 160$</th><th>$160 \leqslant f_{ak} < 200$</th><th>$200 \leqslant f_{ak} < 300$</th></tr>
<tr><th colspan="3">各土层坡度/%</th><th>≤5</th><th>≤5</th><th>≤10</th><th>≤10</th><th>≤10</th><th>≤10</th></tr>
<tr><td rowspan="8">建筑类型</td><td colspan="3">砌体承重结构、框架结构（层数）</td><td>≤5</td><td>≤5</td><td>≤5</td><td>≤6</td><td>≤6</td><td>≤7</td></tr>
<tr><td rowspan="4">单层排架结构（6 m 柱距）</td><td rowspan="2">单跨</td><td>吊车额定起重量/t</td><td>5~10</td><td>10~15</td><td>15~20</td><td>20~30</td><td>30~50</td><td>50~100</td></tr>
<tr><td>厂房跨度/m</td><td>≤12</td><td>≤18</td><td>≤24</td><td>≤30</td><td>≤30</td><td>≤30</td></tr>
<tr><td rowspan="2">多跨</td><td>吊车额定起重量/t</td><td>3~5</td><td>5~10</td><td>10~15</td><td>15~20</td><td>20~30</td><td>30~75</td></tr>
<tr><td>厂房跨度/m</td><td>≤12</td><td>≤18</td><td>≤24</td><td>≤30</td><td>≤30</td><td>≤30</td></tr>
<tr><td colspan="2">烟囱</td><td>高度/m</td><td>≤30</td><td>≤40</td><td>≤50</td><td>≤75</td><td colspan="2">≤100</td></tr>
<tr><td colspan="2" rowspan="2">水塔</td><td>高度/m</td><td>≤15</td><td>≤20</td><td>≤30</td><td>≤30</td><td colspan="2">≤30</td></tr>
<tr><td>容积/m^3</td><td>≤50</td><td>50~100</td><td>100~200</td><td>200~300</td><td>300~500</td><td>500~1 000</td></tr>
</table>

注：（1）地基主要受力层系指条形基础底面下深度为 $3b$（b 为基础底面宽度），独立基础下为 $1.5b$，且厚度均不小于 5 m 的范围（二层以下一般的民用建筑除外）。

（2）地基主要受力层中如有承载力特征值小于 130 kPa 的土层时，表中砌体承重结构的设计，应符合《建筑地基基础设计规范》（GB 50007—2011）有关要求。

（3）表中砌体承重结构和框架结构均指民用建筑，对于工业建筑可按厂房高度、荷载情况折合成与其相当的民用建筑层数。

（4）表中吊车额定起重量、烟囱高度和水塔容积的数值系指最大值。

6.2.2　基础埋深与基底尺寸的确定

1. 基础埋深的确定

直接支承基础的土层称为持力层，其下的各土层称为下卧层。基础的埋置深度是指基础底面至地面（一般指设计地面）的距离。选择基础埋置深度也即选择合适的地基持力层。基础埋置深度的大小关系到建筑物的安全和正常使用。

（1）建筑物的结构条件和场地环境条件

基础的埋深首先取决于建筑物的用途、类型、规模、结构形式等结构条件以及建筑物的场地环境条件。某些建筑物地下需要具备一定的使用功能或宜采用某种基础形式，这些要求常成为其基础埋置深度选择的先决条件。例如，当建筑物带有地下室、地下管沟时，基础的埋深将整体或局部增大。若由于建筑物使用上的要求（如地下室和非地下室连接段纵墙的基础）或土层等原因，造成墙下基础的埋深不同，此时应将基础做成台阶形，由浅到深，逐步过渡。建筑物外墙下常有水管、煤气管等各类管道穿过，一般要求基础低于管道，而避免管道由基础下方穿过，影响管道的使用和维修。对高层建筑来说，由于要承受较大的风荷载甚至地震荷载，为保证基础具有足够的稳定性，一般要求有较大的埋深；砖窑受到高温的作用，冷库承受低温的作用等都会对基础埋深产生影响。

地基的变形也是一个需考虑的因素，如上部结构较高或荷载较大时，地基的沉降也相对较大，框架结构对不均匀沉降较为敏感，此时常需将基础置于埋深较大的坚硬的土层上；受动力荷载的基础对持力层土的要求是不宜为饱和疏松的粉细砂等。

当存在相邻建筑物时，为保证原有建筑物的安全和正常使用，新建建筑物的基础埋深不宜大于原有建筑基础。当埋深大于原有建筑基础时，两基础间应保持一定净距，其数值应根据建筑物荷载大小、基础形式和土质情况确定，一般应保证二者基础间的净距不小于基底高差的 1~2 倍。

（2）地基的工程地质与水文地质条件

地质条件是决定基础埋深的重要因素，通常地基由多层土组成，各土层的强度和压缩性不同。地基土层均为承载力高、压缩性小的好土时，埋深主要由其他因素确定。当上层地基的承载力大于下层土时，在满足地基稳定和变形要求的前提下，应尽量浅埋。除岩石地基外，基础埋深不宜小于 0.5 m，以便节省投资，方便施工。另外，基础顶面应低于设计外地面 0.1 m，以避免基础外露，同时又要便于周围排水沟的设置。在抗震设防区，除岩石地基外，天然地基上的箱形基础和筏形基础的埋置深度不宜小于建筑物高度的 1/15；当基础埋置在易风化的岩层上时，施工时应在基坑开挖后立即铺筑垫层。

基础埋深的选择也要考虑地下水的影响，基础宜埋置在地下水位以上，当必须埋在地下水位以下时，应采取地基土在施工时不受扰动的措施。若地基中有承压含水层，确定基础埋深时必须考虑承压水的作用，以保证基坑开挖时，坑底土不被承压水冲破。如

图 6-11 所示，要求坑底土的竖向压力 σ 大于承压含水层顶部的水压 u，$u/\sigma = k$，一般情况下 k 取 1.0，对宽基坑，取 0.7，$\sigma = \sum \gamma_i z_i$ 为基槽（坑）底至承压含水层顶面间土层的自重应力，$u = \gamma_w h$ 为含水层顶面的静水压力。

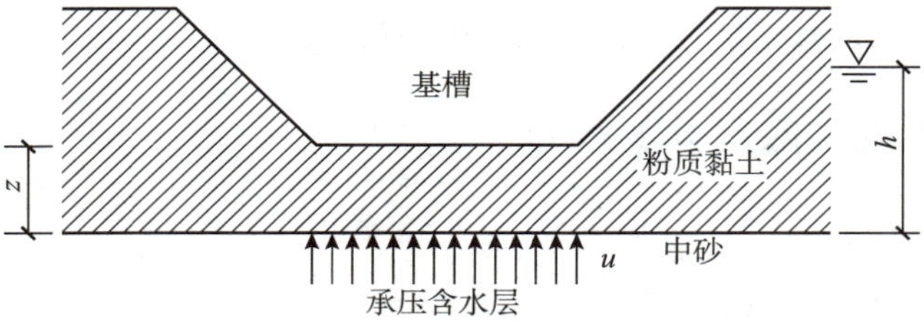

图 6-11　基坑下有承压水时埋深的确定

（3）地基的冻融条件

地表下一定深度的地层温度，随大气温度而变化。季节性冻土层是冬季冻结、天暖解冻的土层，在我国北方地区分布广泛。季节性冻土层厚度在 0.5 m 以上，最厚达 3 m。如果基础埋于季节性冻土冻结深度内，冻胀产生的上抬力大于基础荷重，基础就有可能被上抬；土层解冻时，土体软化，强度降低，地基产生融陷。而不同位置的冻胀和融陷往往是不均等的，因此可导致建筑物开裂、倾斜、倒塌，门窗不能开启，严重时墙体开裂。

由于冻胀和融陷只发生在地表以下一定深度范围内，因此，防止这种危害的一个重要措施就是使基础有足够的埋深。为防止冻胀的危害，季节性冻土地基中的基础最小埋深按下式进行计算

$$d_{min} = z_d - h_{max} \tag{6.6}$$

式中，h_{max} 为基础底面下允许冻土层的最大厚度，m。

季节性冻土地基的场地冻结深度

$$z_d = z_0 \psi_{zs} \psi_{zw} \psi_{ze} \tag{6.7}$$

式中　Δz ——场地冻结深度，m，当有实测资料时按 $z_d = h' - \Delta z$ 计算；

h' ——最大冻深出现时场地最大冻土层厚度，m；

Δz ——最大冻深出现时场地地表冻胀量，m；

z_0——标准冻结深度，m，当无实测资料时，按国家标准《建筑地基基础设计规范》（GB 50007—2011）的附录 F 采用；

ψ_{zs} ——土的类别对冻结深度的影响系数，见表 6-4；

ψ_{zw} ——土的冻胀性对冻结深度的影响系数，见表 6-5；

ψ_{ze} ——环境对冻结深度的影响系数，见表 6-6。

表 6-4　土的类别对冻结深度的影响系数

土的类别	黏性土	细砂、粉砂、粉土	中、粗、砾砂	大块碎石土
影响系数 ψ_{zs}	1.00	1.20	1.30	1.40

表 6-5　土的冻胀性对冻结深度的影响系数

冻胀性	不冻胀	弱冻胀	冻胀	强冻胀	特强冻胀
影响系数 ψ_{zw}	1.00	0.95	0.90	0.85	0.80

表 6-6　环境对冻结深度的影响系数

周围环境	村、镇、旷野	城市近郊	城市市区
影响系数 ψ_{zc}	1.00	0.95	0.90

注：环境影响系数一项，当城市市区人口为 20 万～50 万时，按城市近郊取值；当城市市区人口大于 50 万小于或等于 100 万时，只计入市区影响；当城市市区人口超过 100 万时，除计入市区影响外，尚应考虑 5 km 以内的郊区近郊影响系数。

知识链接

对于桥涵基础，在确定基础的埋置深度时，主要从以下两方面考虑。

(1) 从保证持力层不受外界破坏因素的影响考虑，基础埋深不得小于按各种破坏因素而定的最小埋深。

(2) 从满足各项力学验算的要求考虑，在最小埋深以下各土层中找一个埋深较浅、压缩性较低、强度较高的土层，即地基承载力较高的土层作为持力层。在地基分层较复杂的情况下，可作为持力层者不止一个，需根据经济、技术条件、上部结构形式、邻近建筑物相互影响、施工等方面的综合比较，选出一个最佳方案。

2. 基底尺寸的确定

(1) 按地基持力层承载力计算基底尺寸

无筋扩展基础和扩展基础底面尺寸的大小通常由地基承载力控制，包括持力层的承载力计算和软弱下卧层的验算。通常，基础设计是根据构造要求和过去的设计经验，首先，拟定基础几何尺寸；其次，按照最不利荷载组合的基底合力进行地基承载力、基底合力偏心距、基础稳定性验算；最后，对部分建筑物，仍需考虑地基变形的影响，进行地基稳定性和地基沉降量的验算。如不能满足要求，则应对基础尺寸做出调整，直至满足要求为止。

《建筑地基基础设计规范》（GB 50007—2011）根据“所有建筑物的地基计算均应满足承载力”的基本原则，设计天然地基上的浅基础时，选择好基础埋深后，按持力层的承载力特征值计算所需的基础底面尺寸。

当轴心荷载作用时，要求符合下式要求

$$p_k = \frac{F_k + G_k}{A} \leqslant f_a \tag{6.8}$$

式中　p_k——相应于作用的标准组合时，基础底面处的平均压力值，kPa；

F_k——相应于作用的标准组合时，上部结构传至基础顶面的竖向力值，kN；

G_k——基础自重和基础上的土重，kN；

f_a——修正后的地基承载力特征值，kPa。

式（6.8）进一步可写为

$$A \geqslant \frac{F_k}{f_a - \gamma_G d} \tag{6.9}$$

式中，d 为自重计算高度。由所需的面积 A 即可确定出基础的长、宽尺寸。

对条形基础，可取单位长度（1 m）计算，基础的宽度应满足

$$b \geqslant \frac{F_k}{f_a - \gamma_G d} \tag{6.10}$$

式中，F_k 为条形基础单位长度上所受的竖向荷载，kN/m。

当偏心荷载作用时，除符合式（6.8）要求外，尚应符合下式规定

$$p_{kmax} = \frac{F_k + G_k}{A} + \frac{M_k}{W} \leqslant 1.2 f_a \tag{6.11}$$

式中，p_{kmax} 为相应于作用的标准组合时，基础底面边缘的最大压力值（kPa）。

此时，基底面积可按下列步骤试算确定（以独立基础为例）。

① 按中心荷载作用下的计算式（6.9）初算基础底面积 A_1。

② 根据偏心距的大小，将 A_1 扩大 10%～40%，即 $A=(1.1\sim1.4)A_1$。

③ 按 A 定出基底尺寸，再验算基底最大压应力是否满足条件式（6.10），此外，为保证基底不与下面的土层脱离，还应满足

$$p_{kmin} = \frac{F_k + G_k}{A} - \frac{M_k}{W} > 0 \tag{6.12}$$

若上述条件不能满足，或基底压应力过小而使地基承载力富余过多，则应重新调整基础尺寸。

【例 6-1】 工程黏性土重度 γ_m 为 18.2 kN/m³，孔隙比 $e=0.7$，液性指数 $I_L=0.75$ 地基承载力特征值 f_{ak} 为 220 kPa。现修建一个外柱基础，作用在基础顶面的轴心荷载 $F_k=830$ kN 基础埋深（自室外地面起算）为 1.0 m，室内地面高出室外地面 0.3 m。试确定方形基础底面宽度。若作用在基础顶面除轴心荷载外，还作用有力矩 200 kN·m，水平荷载 20 kN（图 6-12），基础底面为矩形，试确定基底尺寸。

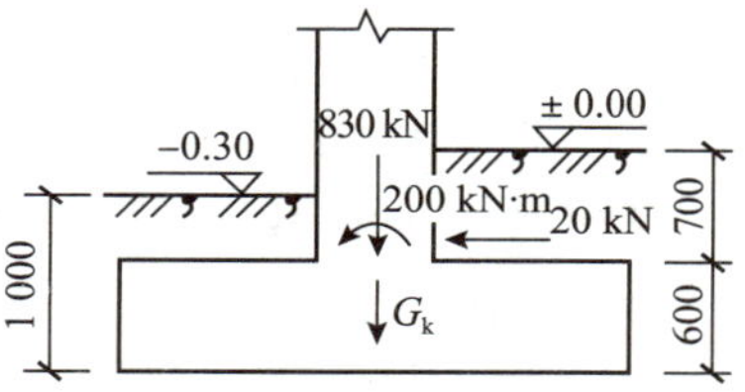

图 6-12　例 6-1 图

【解】（1）确定方形基础底面宽度

① 地基承载力深度修正：自室外地面起算的基础埋深 $d=1.0$ m，查询承载力修正系数表，得 $\eta_d=1.6$，计算修正后的地基承载力特征值为

$$f_a = f_{ak} + \eta_d \gamma_m (d-0.5) = 220 + 1.6 \times 18.2 \times (1.0-0.5) = 235(\text{kPa})$$

② 计算基础及其上土的重力 G_k 时的基础埋深：$d=(1.0+1.3)/2=1.15(\text{m})$

③ 计算基础底面宽度：由于埋深范围内没有地下水，由式（6.9）得方形基础底面宽度为

$$b \geqslant \sqrt{\frac{F_k}{f_a - \gamma_G d}} = \sqrt{\frac{830}{235 - 20 \times 1.15}} = 1.98(\text{m})$$

取 $b=2$ m，因 $b<3$ m，不必进行承载力宽度修正。

（2）基础顶面有力矩及水平荷载时，确定矩形基础底面尺寸

① 初步确定基础底面尺寸：考虑荷载偏心，将基底面积初步增大 20%

$$A = 1.2\frac{F_k}{f_a - \gamma_G d} = \frac{1.2 \times 830}{235 - 20 \times 1.15} = 4.5(\text{m}^2)$$

取基底长短边之比 $l/d=2.0$，于是

$$b=\sqrt{A/n}=\sqrt{4.5/2}=1.5(\mathrm{m})$$

$$l=nb=2\times1.5=3.0(\mathrm{m})$$

因 $b=1.5\ \mathrm{m}<3\ \mathrm{m}$，不必进行承载力宽度修正。

② 验算荷载偏心距 e。

基底处的总竖向压力

$$F_k+G_k=830+20\times1.5\times3.0\times1.15=933.5(\mathrm{kN})$$

基底处的总力矩

$$M_k=200+20\times0.6=212(\mathrm{kN\cdot m})$$

偏心距

$$e=\frac{M_k}{F_k+G_k}=\frac{212}{933.5}=0.227(\mathrm{m})<l/b=0.5(\mathrm{m})\ \text{满足要求。}$$

③ 验算基底最大压应力 p_{kmax}。

$$p_{kmax}=\frac{F_k+G_k}{A}\left(1+\frac{6e}{l}\right)=\frac{933.5}{1.5\times3}\times\left(1+\frac{6\times0.227}{3}\right)=301.6(\mathrm{kPa})>1.2f_a=282(\mathrm{kPa})$$

不满足要求。

④ 调整基底面尺寸再验算。

取 $b=1.6\ \mathrm{m}$，$l=3.2\ \mathrm{m}$，则

$$F_k+G_k=830+20\times1.6\times3.2\times1.15=947.8(\mathrm{kN})$$

$$e=\frac{M_k}{F_k+G_k}=\frac{212}{947.8}=0.224(\mathrm{m})<l/b=0.5(\mathrm{m})\ (\text{即}\ p_{kmin}>0\ \text{满足})$$

$$p_{max}=\frac{947.8}{1.6\times3.2}\times\left(1+\frac{6\times0.224}{3.2}\right)=262.9(\mathrm{kPa})<1.2f_c=282(\mathrm{kPa})\text{，满足要求。}$$

所以，基底尺寸取 1.6 m×3.2 m。

6.2.3　扩展基础初步设计

扩展基础系指柱下钢筋混凝土独立基础和墙下钢筋混凝土条形基础，其中独立基础可以是现浇的或预制的，而条形基础通常为现浇的。以钢筋混凝土为材料的扩展基础具有较高的抗弯强度，与无筋扩展基础相比，基础高度不受高宽比的限制，可充分放大基础底面尺寸，达到减小地基应力的效果，同时可有效地减小基础埋深，做到“宽基浅埋”，节省材料和土方开挖量，加快工程进度。它适用于六层和六层以下的一般民用建筑和整体式结构厂房承重的柱基和墙基。

1. 扩展基础构造要求

(1) 一般要求

① 锥形基础的边缘高度不宜小于 200 mm，且两个方向的坡度不宜大于 1∶3，阶梯形基础的每阶高度，宜为 300~500 mm，如图 6-13 (a) 和图 6-13 (b) 所示。

② 通常在底板下浇注一层素混凝土垫层。垫层厚度不宜小于 70 mm，垫层混凝土强度不宜低于 C10；常做 100 mm 厚 C10 素混凝土垫层，两边各伸出基础 100 mm。

③ 扩展基础受力钢筋最小配筋率不应小于 0.15%，底板受力钢筋最小直径不应小于

10 mm，间距不大于 200 mm，也不宜小于 100 mm；墙下钢筋混凝土条形基础纵向分布钢筋的直径不应小于 8 mm，间距不应大于 300 mm；每延米分布钢筋的面积不应小于受力钢筋面积的 15%。底板钢筋的保护层当有垫层时厚度不应小于 40 mm；无垫层时不应小于 70 mm。柱下钢筋混凝土独立基础的边长和墙下钢筋混凝土条形基础的宽度大于或等于 2. 5 m 时，底板受力钢筋的长度可取边长或宽度的 0. 9 倍，并宜交错布置。如图 6-13（c）所示。

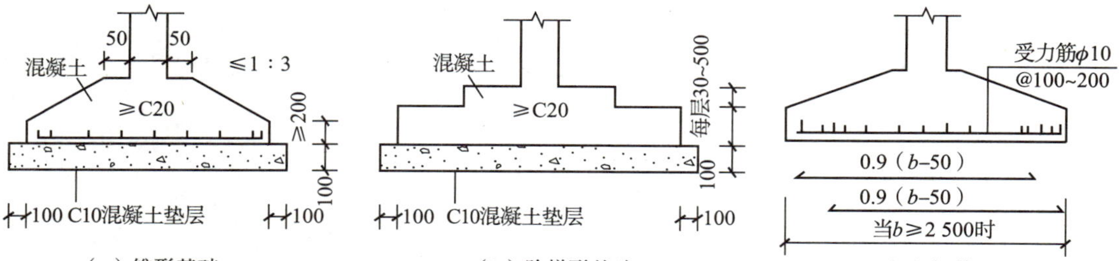

（a）锥形基础　　（b）阶梯形基础　　（c）钢筋配置

图 6-13　扩展基础构造的一般要求

④ 混凝土强度等级不应低于 C20。

⑤ 钢筋混凝土条形基础底板在 T 形及十字形交接处，底板横向受力钢筋仅沿一个主要受力方向通长布置，另一方向的横向受力钢筋可布置到主要受力方向底板宽度 1/4 处（图 6-14）。在拐角处底板横向受力钢筋应沿两个方向布置。

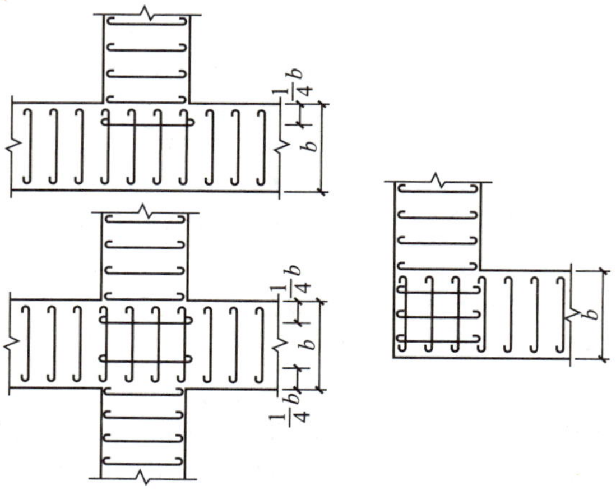

（a）T形及十字形交接处　　（b）拐角处

图 6-14　墙下条形基础纵横交叉处底板受力钢筋布置

（2）现浇柱下独立基础构造要求

现浇钢筋混凝土独立基础主要用于现浇钢筋混凝土框架结构房屋和单层工业厂房。现浇基础中应伸出插筋，插筋的数量、直径及钢筋种类应与柱内纵向受力钢筋相同，与柱中纵向受力钢筋的连接方法应符合现行国家标准《混凝土结构设计规范》（GB 50010—2010）中的规定。现浇独立基础中插筋的构造要求如图 6-15 所示。

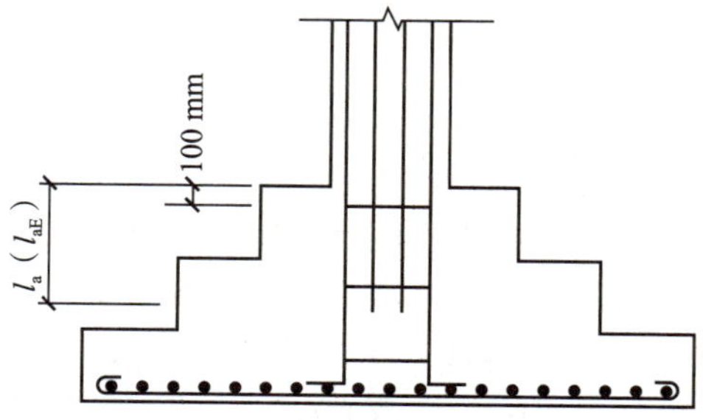

图 6-15　现浇独立基础中插筋的构造要求

插筋的下端宜做成直钩放在基础底板钢筋网上，当柱为轴心受压或小偏心受压且基础高度大于等于 1 200 mm，或柱为大偏心受压且基础高度大于等于 1 400 mm 时，可仅将四角的插筋伸至底板钢筋网上，其余则应锚固在基础顶面以下 l_a 或 l_{aE}（l_a 和 l_{aE} 分别为无、有抗震要求时钢筋的锚固长度，l_a 按现行国家标准《混凝土结构设计规范》（GB 50010—2010）中的规定确定；有抗震设防要求时，l_{aE} 则按下式计算：一、二级抗震等级 $l_{aE}=1.15l_a$；三级抗震等级 $l_{aE}=1.05l_a$；四级抗震等级 $l_{aE}=l_a$）。

（3）预制独立基础

钢筋混凝土预制独立基础主要用于单层厂房结构采用预制钢筋混凝土柱时。根据杯口的位置，预制基础分为低杯口和高杯口，分别如图 6-16（a）、图 6-16（b）所示。除单杯口形式外，根据需要，预制基础还可做成双杯口形式，如图 6-17 所示。

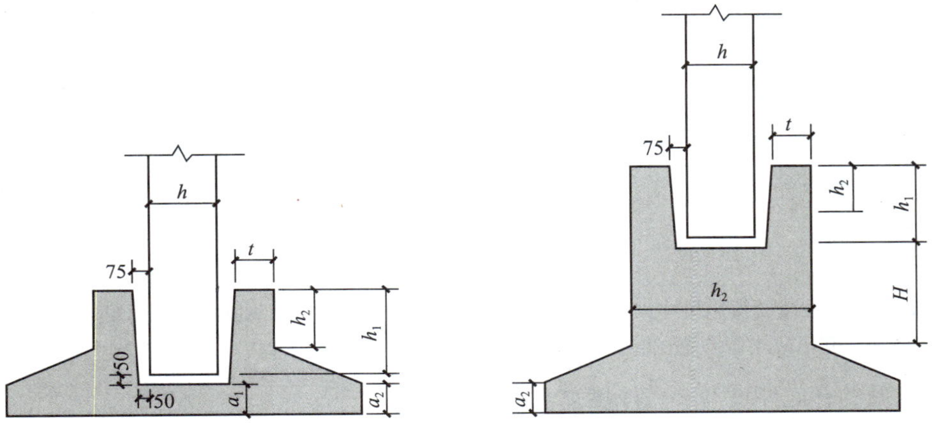

（a）预制低杯口基础　　（b）预制高杯口基础

图 6-16　预制基础（单位：mm）

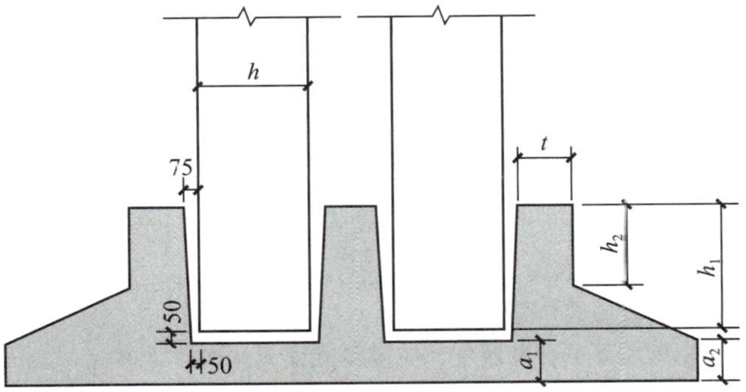

图 6-17　预制双杯口基础（单位：mm）

高杯口是指杯口的底面高于基础扩大部分的顶面，当地基持力层顶面起伏、倾斜或局部有软弱土层时，往往造成各基础的埋深不等，为了便于施工，预制柱的长度通常是一致的，因此只能调整基础的高度。双杯口基础常用于两个柱共用一个基础或采用双肢柱时，当厂房纵向长度很长时需设置伸缩缝，此处通常设置两根柱子，因两柱共用一个基础故需两个杯口。当建筑物平面为 L、T 等形状时，在纵、横相交处也常是两柱共用一个基础，此外，若厂房将来还准备进行扩建，处于端部的基础也需预留一个杯口。

预制钢筋混凝土柱与杯口基础的连接，如图 6-18 所示，应符合下列规定。

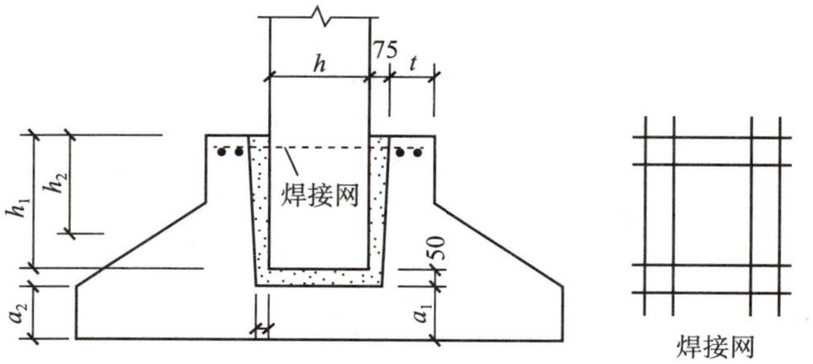

图 6-18　预制钢筋混凝土柱与杯口基础的连接示意图（$a_2 \geqslant a_1$）（单位：mm）

① 柱的插入深度 h_1 见表 6-7，并应满足钢筋锚固长度的要求及吊装时柱的稳定性。

表 6-7　柱的插入深度 h_1　　单位：mm

矩形或工字形柱				双肢柱
$h<500$	$500 \leqslant h<800$	$800 \leqslant h \leqslant 1\ 000$	$h>1\ 000$	
$h \sim 1.2h$	h	$0.9h$ 且$\geqslant 800$	$0.8h$ $\geqslant 1\ 000$	$(1/3 \sim 2/3)\ h_a$ $(1.5 \sim 1.8)\ h_b$

注：（1）h 为柱截面长边尺寸；h_a 为双肢柱全截面长边尺寸；h_b 为双肢柱全截面短边尺寸。

（2）柱轴心受压或小偏心受压时，h_1 可适当减小，偏心距大于 $2h$ 时，h_1 应适当加大。

② 基础的杯底厚度和杯壁厚度见表 6-8。

表 6-8　基础的杯底厚度和杯壁厚度

柱截面长边尺寸 h/mm	杯底厚度 a/mm	杯壁厚度 t/mm
$h<500$	$\geqslant 150$	$150 \sim 200$
$500 \leqslant h<800$	$\geqslant 200$	$\geqslant 200$
$800 \leqslant h<1\ 000$	$\geqslant 200$	$\geqslant 300$
$1\ 000 \leqslant h<1\ 500$	$\geqslant 250$	$\geqslant 350$
$1\ 500 \leqslant h<2\ 000$	$\geqslant 300$	$\geqslant 400$

注：（1）双肢柱的杯底厚度值，可适当加大。

（2）当有基础梁时，基础梁下的杯壁厚度，应满足其支承宽度的要求。

（3）柱子插入杯口部分的表面应凿毛，柱子与杯口之间的空隙，应用比基础混凝土强度等级高一级的细石混凝土充填密实，当达到材料设计强度的 70%以上时，方能进行上部吊装。

③ 当柱为轴心受压或小偏心受压且 $t/h_2 \geqslant 0.65$ 时，或大偏心受压且 $t/h_2 \geqslant 0.75$ 时，杯壁可不配筋；当柱为轴心受压或小偏心受压且 $0.5 \leqslant t/h_2 \leqslant 0.65$ 时，杯壁可按表 6-9 构造配筋；其他情况下，应按计算配筋。

表 6-9　杯壁构造配筋

柱截面长边尺寸（mm）	$h<1\ 000$	$1\ 000\leq h<1\ 500$	$1\ 500\leq h\leq 2\ 000$
钢筋直径（mm）	8~10	10~12	12~16

注：表中钢筋置于杯口顶部，每边两根。

④ 墙下钢筋混凝土条形基础主要用作砌体承重墙体的基础，可做成等厚度或变厚度、无肋型或有肋型，其截面形式如图 6-19 所示。通过加肋，除了可以提高基础的强度外，还可有效地提高其刚度，增强基础的整体性，降低因荷载分布差异及地基土层厚度不均造成的不均匀沉降。肋的纵向钢筋和箍筋一般按经验确定，对基础基本尺寸、配筋、垫层等方面的要求同柱下钢筋混凝土独立基础。

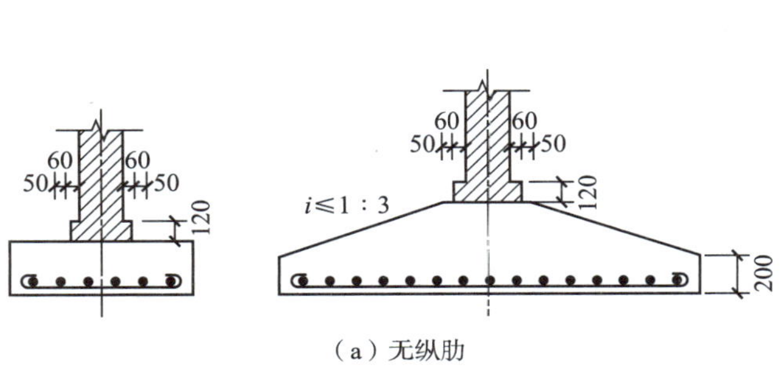

图 6-19　墙下钢筋混凝土条形基础的截面形式（单位：mm）

2. 扩展基础结构设计

扩展基础的结构设计包括确定基础高度和基础底板配筋。

（1）中心荷载作用下墙下钢筋混凝土条形基础结构设计

基础所受荷载包括基础自重、基础上的填土自重以及上部结构传来的荷载，在计算基础内力时可近似地认为基础及作用于其上的填土自重在基础范围内均匀分布，且与之相对应的基底反力也是均匀分布的，故它们在基础中不产生剪力和弯矩。因此，在计算基础内力时，基底反力采用净反力，以 p_j 表示，即外荷载 F（不考虑基础及其上填土的自重）及弯矩 M 产生的基底反力。钢筋混凝土条形基础在均布线荷载 F（kN/m）作用下，受力分析简化如图 6-20 所示。基底净反力计算公式为

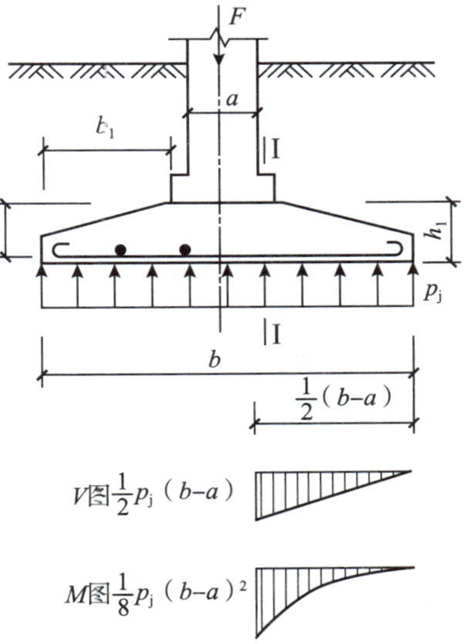

图 6-20　墙下钢筋混凝土条形基础的验算截面

$$\begin{matrix} p_{jmax} \\ p_{jmin} \end{matrix} = \frac{F}{b} \pm \frac{M}{W} \tag{6.13}$$

式中　p_{jmax}、p_{jmin}——相应于荷载效应基本组合时的基底最大、最小净反力，kPa；

F——上部结构传至地面标高处的荷载设计值，kN/m；

b——墙下钢筋混凝土条形基础宽度，m。

中心荷载作用下基底净反力

$$p_j = \frac{F}{b} \tag{6.14}$$

① 墙下钢筋混凝土条形基础底板厚度设计。底板厚度由混凝土抗剪计算确定

$$h_0 \geqslant \frac{V}{0.7\beta_{hs}f_t} \tag{6.15}$$

式中　V——基础底板根部截面的剪力，kN，且

$$V = \frac{1}{2}(b - a)p_j \tag{6.16}$$

a——砖墙厚度，m；

b——墙下钢筋混凝土条形基础宽度，m；

f_t——混凝土轴心抗拉强度设计值，kPa；

β_{hs}——受剪承载力截面高度影响系数，$\beta_{hs}=(800/h_0)^{1/4}$，当 $h_0 < 800$ mm 时，取 $h_0 = 800$ mm 当 $h_0 > 200$ mm 时，取 $h_0 = 200$ mm 。

计算时可取 1/8 基础宽度作为初值进行试算。

② 墙下钢筋混凝土条形基础底板配筋，应符合现行国家标准《混凝土结构设计规范》（GB 50010—2010）正截面受弯承载力计算公式。墙下钢筋混凝土条形基础在均布线荷载 F（kN/m）作用下的受力情况如同一受 p_j 作用的倒置悬臂梁，如图 6-20 所示。基础底板支座的弯矩设计值

$$M = \frac{1}{2}p_j\left(\frac{b-a}{2}\right)^2 = \frac{1}{8}p_j(b-a)^2 \tag{6.17}$$

为防止底板受弯破坏，受力钢筋截面面积计算公式为

$$A_s = \frac{M}{0.9h_0f_y} \tag{6.18}$$

式中　A_s——每米长基础底板受力钢筋截面积；

f_y——钢筋抗拉强度设计值。

偏心荷载作用下墙下钢筋混凝土条形基础结构设计详见《建筑地基基础设计规范》（GB 50007—2011）。

（2）中心荷载作用下钢筋混凝土柱下独立基础结构设计

① 在柱中心荷载 F 作用下，如果基础高度或阶梯高度不足时，则将沿着柱周边或阶梯高度变化处产生冲切破坏，形成 45°斜裂面的角锥体，如图 6-21 所示。在计算时，冲切破坏面与水平面的夹角取为 45°。因此，由冲切破坏锥体以外的地基反力所产生的冲切力应小于冲切面处混凝土的抗冲切能力。对于矩形基础，柱短边一侧冲切破坏较柱长边一侧危险，所以，一般只需根据短边一侧冲切破坏条件来确定底板

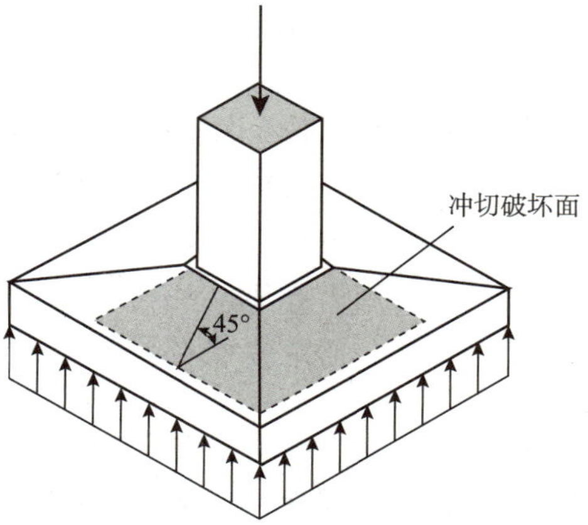

图 6-21　独立基础冲切破坏

厚底。为保证柱下独立基础双向受力，基础底面两个方向的边长一般都选择在相同或相近的范围内。

当冲切破坏的破坏锥体在基础底面以内时，基础截面高度受冲切承载力控制，无需进行受剪承载力验算。在实际工程中，柱下独立基础底面两个方向的边长比值有可能大于2，柱与基础交接处不存在受冲切的问题，此时仅需对基础进行斜截面受剪承载力验算。

为防止基础发生冲切或剪切破坏，要求基底净反力在冲切或剪切破坏面产生的拉应力小于基础材料的抗拉强度，因此，基础应有足够的高度。具体计算详见《建筑地基基础设计规范》（GB 50007—2011）。

② 由于单独基础底板在地基净反力作用下，在两个方向均发生弯曲，所以两个方向都要配受力钢筋，钢筋面积按两个方向的最大弯矩分别计算。按现行国家标准《混凝土结构设计规范》（GB 50010—2010）正截面受弯承载力公式计算。

【例6-2】 已知某教学楼外墙厚370 mm，传至基础顶面的竖向荷载标准值 $F_k=267$ kN/m，设计值 $F=1.35F_k=360$ kN/m，室内外高差0.90 m，基础埋深按1.30 m计算（以室外地面算起），地基承载力特征值 $f_a=130$ kPa。试设计该墙下钢筋混凝土条形基础。

【解】 由上可知，中心荷载作用下墙下钢筋混凝土条形基础设计包括基底埋深、基底面积、基础底板厚度以及底板配筋四个方面。已知基底埋深1.30 m，因此，只需对其他三个方面进行设计。

（1）确定条形基础底面宽度

根据条形基础宽度公式

$$b \geqslant \frac{F_k}{f_a-\gamma_G\bar{d}}=\frac{267}{130-20\times\left(1.3+\dfrac{0.90}{2}\right)}=2.8(\mathrm{m})$$

取基础底面宽度 $b=2.8$ m $=2\ 800$ mm。

（2）确定基础底板厚度

取1/8基础宽度作为初值进行试算，因此，$h\geqslant\dfrac{b}{8}=\dfrac{2\ 800}{8}=350$ mm，根据墙下钢筋混凝土基础构造要求，初步绘制基础剖面如图6-22所示。

墙下钢筋混凝土基础抗剪强度验算如下。

按式 $p_j=\dfrac{F}{b}$ 计算地基净反力设计值

$$p_j=\frac{F}{b}=\frac{360}{2.8}=129(\mathrm{kPa})$$

按式 $V=\dfrac{1}{2}(b-a)p_j$ 计算基础底板根部Ⅰ-Ⅰ截面剪力设计值

$$V=\frac{1}{2}(b-a)p_j=\left(\frac{2.800-0.370}{2}\right)\times129=1.215\times129=157(\mathrm{kN/m})$$

由于基础设计一般要求混凝土强度等级不低于C20，因此，选用C20混凝土，$f_t=1.10\ \mathrm{N/mm^2}$。

按式 $h_0\geqslant\dfrac{V}{0.7\beta_{hs}f_t}$ 计算基础最少所需有效厚度

$\beta_{hs}=(800/h_0)^{1/4}$ 当 $h_0<800$ mm 时，取 $h_0=800$ mm。由前知，h 初值取为 350 mm，按有垫层并暂按 ϕ20 底板钢筋直径计算，基础有效高度 $h_0=350-40-\frac{20}{2}=300(\mathrm{mm})$，因此，$\beta_{hs}=1$

$$h_0 \geqslant \frac{V}{0.7\beta_{hs}f_t}=\frac{157\times10^3}{0.7\times1.0\times1.10}=203.9(\mathrm{mm})$$

实际基础高度符合钢筋混凝土基础抗剪强度要求。

(3) 确定基础底板配筋

计算 Ⅰ-Ⅰ 截面弯矩。由式（6.17）知

$$M=\frac{1}{8}p_j(b-a)^2=\frac{1}{8}\times129\times(2.800-0.370)^2=95.2(\mathrm{kN\cdot m})$$

选用 HPB235 级钢筋，$f_y=210\ \mathrm{N/mm^2}$

代入公式（6.18），

$$A_s=\frac{M}{0.9h_0f_y}=\frac{95.2\times10^6}{0.9\times300\times210}=1\ 679(\mathrm{mm^2})$$

选用 ϕ16@120（实配 $A_s=1\ 675\ \mathrm{mm^2}\approx1\ 679\ \mathrm{mm^2}$），分布钢筋选 ϕ8@250。基础剖面图如图 6-22 所示。

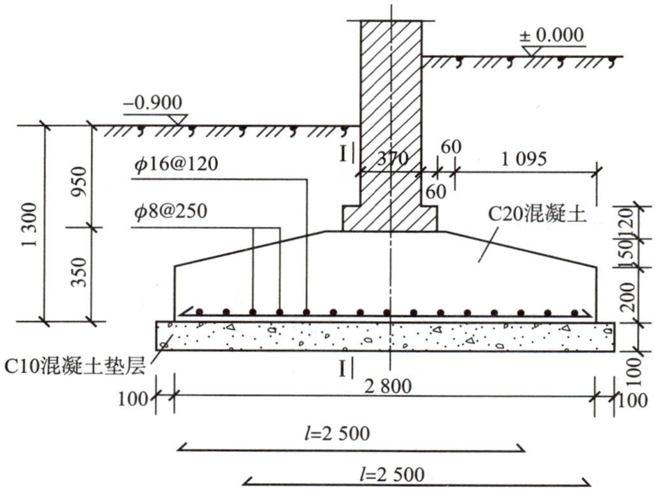

图 6-22 基础剖面图

6.3 浅基础施工

6.3.1 浅基础施工主要内容

浅基础施工适用于一些轻型建筑物，如小型住宅、仓库等，并且在进行施工前需要进行地质勘察和结构设计，以确定合适的基础类型和施工方式。同时，施工过程中需严格按

照相关规范和要求进行操作，以确保施工质量和安全性。陆地上的浅基础施工主要内容包括基础的定位与放样；基坑的开挖与支护；基坑排水或降水；基础的检验和处理；基础的浇注与回填。

1. 基础的定位与放样

浅基础施工前，首先需要把设计图纸中的构造物基础在现实场地找出具体位置，一般用经纬仪或全站仪进行测量定桩，并拉出轴线和基础边线，称为放线。基础放样应遵循的原则是："先整体后局部，上一步工作没有校核之前不进行下一步工作。"

2. 基坑的开挖与支护

浅基坑开挖，应先进行测量定位，抄平放线，定出开挖长度，按放线分块（段）分层挖土。根据土质和水文情况，采取在四侧或两侧直立开挖或放坡，以保证施工操作安全。地质条件好、基坑较浅，地下水位较低、渗透量小，不影响坑壁稳定时，基坑可不用支护，直接进行开挖，坑壁可挖成竖直或斜坡形，通常无支护基坑的开挖深度不超过5 m。

（1）无支护基坑坑壁形式的选择

常见的无支护坑壁形式有垂直坑壁、斜坡和阶梯形坑壁、变坡度坑壁三种，如图6-23所示。

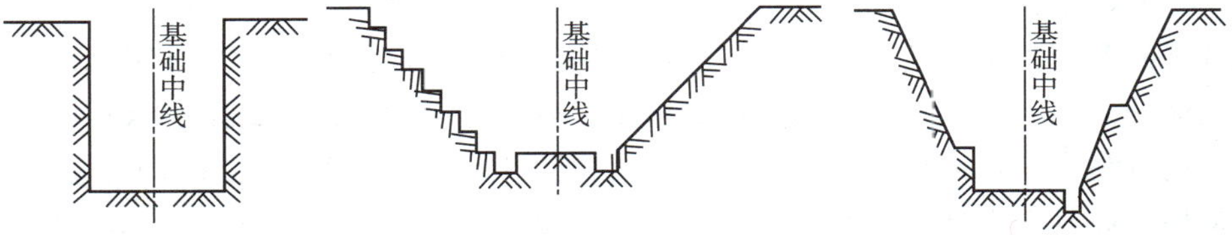

（a）垂直坑壁　（b）斜坡和阶梯形坑壁　（c）变坡度坑壁

图 6-23　基坑开挖形式示意图

对天然含水量接近最佳含水量、构造均匀、不致发生坍滑、移动或不均匀下沉的土质，基坑开挖可采取垂直坑壁的形式。不同土类状态无支护开挖垂直坑壁容许深度见表6-10。

表 6-10　不同土类状态无支护开挖垂直坑壁容许深度

土类	容许深度/m
密实、中密的砂类土和砾类土（充填物为砂类土）	1.00
硬塑、软塑的低液限粉土、低液限黏土	1.25
硬塑、软塑的高液限黏土、高液限黏质土或夹砂砾土	1.50
坚硬的高液限黏土	2.00

对附近无重要构筑设施、地下管线及施工场地许可的地区，基坑深度在5 m以内，土的湿度正常、土层构造均匀时，基坑坑壁坡度可参考表6-11采用斜坡开挖或按相应斜坡高、宽比值挖成阶梯形坑壁，每梯高度以0.5~1.0 m为宜，阶梯可兼作人工运土的台阶。

表 6-11　基坑坑壁坡度表

坑壁土	坑壁坡度		
	坡顶无荷载	坡顶有静荷载	坡顶有动荷载
砂土类	1∶1	1∶1.25	1∶1.5
碎石类土	1∶0.75	1∶1	1∶1.25
黏性土、粉土	1∶0.33	1∶0.5	1∶0.75
极软岩、软岩	1∶0.25	1∶0.33	1∶0.67
较软岩	1∶0	1∶0.1	1∶0.25
极硬岩、硬岩	1∶0	1∶0	1∶0

基坑穿过不同土层时，坑壁边坡可按各层土质采用不同坡度。当下层土质为密实黏性土或岩石时，下层可采用垂直坑壁，在坑壁坡度变化处可视需要设不小于 0.5 m 宽的平台。

（2）基坑开挖方法

根据地质情况可采用人工、半机械和机械等开挖方法。在开挖过程中，随时检查开挖尺寸、位置，注意地质情况变化，随时修正基坑尺寸和开挖坡度。对于岩石基坑，必要时可进行松动爆破结合人工开挖。

基坑开挖前应先做好地面排水，在基坑顶缘四周应外设排水坡，并在适当距离设置截水沟，且应防止水沟渗水，以免影响坑壁稳定；坑缘边应留有护道，距坑缘不小于 1.0 m，在垂直坑壁坑缘边的护道还应当增加宽度，堆置弃土的高度不得超过 1.5 m；施工时注意观察坑缘顶地面有无裂缝，坑壁有无松散坍落现象发生，确保施工安全；基坑施工不可延续时间过长，应连续施工，相邻基坑深浅不一时，一般按先深后浅的顺序施工；相邻基坑深浅不等时，一般按先深厚浅的顺序施工；如果用机械施工，基底应留置 20~30 cm 厚土层停止挖掘，待浇注基础前改为人工开挖，避免机械施工时扰动基底土层，勤测量、勤检查、避免基坑深度超挖。当基坑深度超挖时，应变更设计采取降低基础、加厚基础等措施，不得随意回填。

（3）基坑支护

对于坑壁土质不良、放坡开挖工程量过大或受施工场地等限制不能放坡的基坑，基坑开挖时通常采用挡板支撑、钢木结合支撑、板桩支撑、喷射混凝土护壁的方法进行支护。

3. 基坑排水或降水

基坑如在地下水位以下，随着基坑的下挖，渗水将不断涌入基坑，因此施工过程中必须不断地排水，以保持基坑的干燥，便于基坑挖土和基础的砌筑与养护。常用的基坑排水方法为明沟排水、井点降水、盲沟排水。

（1）明沟排水

基坑整个开挖过程及基础砌筑和养护期间，在基坑四周开挖排水沟汇集坑壁及基底渗出的地下水，并引向一个或数个比排水沟挖得更深一些的集水井，然后用水泵抽走。当开挖基础不深或水量不大的沟槽或基坑时，通常采用明沟排水的方法。排水沟和集水井应设在基础范围以外，集水井井壁宜用混凝土滤水管或其他材料，井底铺一层粗砂或碎石层，以保护井底下的土在抽水时不被带走。

（2）井点降水

井点降水是人工降低地下水位的一种方法。在基坑开挖前，预先在基坑四周打入（或沉入）若干根井管，井管下端 1.5 m 左右为滤管，上面钻有若干直径约 2 mm 的滤孔，外面用过滤层包扎起来。各个井管用集水管连接并抽水，使地下水位降落到坑底以下，同时在基坑开挖过程中仍不断抽水。采用井点降水时，井管范围内的地下水不从基坑的四周边缘和底面流出，而是以相反的方向流向井管，因而可以避免发生流砂和边坡坍塌现象，且流水压力对土层还有一定的压密作用。井点类型分为轻型井点、喷射井点、电渗井点、管井井点和深井井点等，可根据土的渗透系数，要求降低水位的深度及工程特点选用。轻型井点是人工降低地下水位方法中最典型的一种。各类井点法降水适用范围见表 6-12。

表 6-12　各类井点法降水适用范围

井点名称	土层渗透系数/($m \cdot d^{-1}$)	降低水位深度/m
单层轻型井点	0.1~50	3~6
多层轻型井点	0.1~50	6~12（由井点层数而定）
喷射井点	0.1~1	8~20
电渗井点	<0.1	根据选井点确定
管井井点	20~200	3~5
深井井点	10~250	>15

（3）盲沟排水

盲沟排水指的是在路基或地基内设置的充填碎、砾石等粗粒材料并铺以倒滤层的排水、截水暗沟，用以排除地下水，降低地下水位。盲沟排水可根据地下工程的外轮廓布置管网，确定盲沟构造反滤层的选材，以及盲沟与基础的最小距离。

4. 基底的检验和处理

基底的检验和处理是指在施工过程中对基础底部进行检查和必要的处理，以确保基础的质量和稳定性。

（1）清理基底

在施工之前，需要清理基底上的杂物、污物和浮土。清理基底可以使用挖掘机、推土机等设备或者人工清理的方法。

（2）检查基底平整度

对基底进行检查，确保其平整度符合设计要求，可以使用水平仪、水平挡板等工具检查基底的平整度，并根据需要进行调整。

（3）检查基底承载能力

通过地质勘察和土壤测试，评估基底的承载能力，可以通过钻孔取样、贯入试验等方法获取土壤信息，并根据设计要求确定基底的承载能力。

（4）处理不均匀基底

如果基底不均匀或存在空洞、软弱区域等问题，需要进行相应的处理，可以采取填土、增加基底厚度、加固等方法来修复不均匀基底。

（5）处理潮湿基底

如果基底存在湿润或潮湿的情况，应及时进行处理，避免对基础结构造成不利影响，可以采取排水、加铺防水材料等方法来处理潮湿基底。

（6）处理易变形基底

如果基底存在易变形的情况，例如存在活动沉降、水文条件变化等，需要采取相应的措施来解决，可以采取加固、加厚基底、增加承台等方法来处理易变形基底。

在进行基底的检验和处理时，建议根据具体的工程要求和地质条件，进行必要的测试和分析，并按照相关规范和要求进行处理，以确保基底的质量和安全性。同时，施工过程中需要严格按照设计要求和施工规范进行操作，确保基础施工质量。

基坑开挖到设计基底高程后，必须进行基底检验方可进行浅埋基础的砌筑施工。基坑检验合格后应尽快施工基础，缩短基坑暴露时间。基底检查方法可采用直观或触探方法，触探试验包括静力触探和动力触探两种。基底检查时如发现土质比设计要求差，认为地基承载力不够时，应改变基础设计，如扩大基础底面积或改为桩基等，也可视具体情况进行人工加强的特殊处理。

5. 基础的浇注与回填

基础浇注属于钢筋混凝土基础工程，是指在完成基础准备工作后，将混凝土直接倒入基础模板内，并进行振实、养护等工序，使其逐步凝固成为坚实的基础结构的过程。在基础验收完毕后进行基土回填，回填前将基槽内的杂物清理干净，并办理隐检手续。采用人工和机械配合填土蛙式夯机或平板振捣器夯实，现场专人负责，采用原基础开挖的好土进行回填，土必须过 50 mm 筛，土质的含水率（控制范围 12%~15%）和夯实后的干容重符合设计要求后再进行下一步填土，不得采用淤泥和淤泥质土，有机质含量不大于 5%。当采用分层回填时，应在下层的压实系数经试验合格后进行上层施工。

6.3.2 钢筋混凝土基础工程施工

钢筋混凝土基础是指采用钢筋、混凝土等建筑材料建造的柱下独立或条形基础、墙下条形基础、筏形基础、箱形基础。钢筋混凝土基础工程是由基础模板工程、基础钢筋工程、基础混凝土工程等分项工程组成的。

1. 钢筋混凝土工程内容

（1）基础模板工程

模板是按照混凝土构件所要求的几何尺寸成型的模型板。它是保证混凝土在浇注过程中保持正确的形状和尺寸，在硬化过程中进行防护和养护的工具。为此，基础模板的施工应满足以下要求。

① 保证基础结构和构件各部位的形状、尺寸和相对位置的正确。

② 模板工程具有足够的强度、刚度和稳定性，能可靠地支撑新浇注混凝土的自重和侧向压力，以及在施工过程中产生的施工荷载，不变形，不出现倾斜和失稳。

③ 模板搭设应构造简单，拆装方便，并便于钢筋的绑扎与安装、混凝土的浇注和养护等要求。

④ 模板接缝严密，不应漏浆。

⑤ 因地制宜，合理选材，提高模板的周转率。

模板系统包括模板、支架和紧固连接件三大部分。模板按其安装与拆除方法的不同分为固定式模板，移动式模板和永久式模板；模板按其构造形式的不同分为整体式模板，定型模板，工具式模板，滑升模板和胎模；模板按其所用材料的不同分为木模板，竹木模板，钢模板，钢木模板，铝合金模板，塑料模板和玻璃钢模板等。

（2）基础钢筋工程

混凝土结构基础所用的常用钢筋按生产工艺分为热轧钢筋和热处理钢筋，热轧钢筋按强度分为 HPB235、HRB335、HRB400、RRB400 四个级别，热处理钢筋分为 40Si2Mn、48Si2Mn、45Si2Cr 三个级别，钢筋的强度和硬度逐级升高，但塑性则逐级降低。钢筋按轧制外形分为：光圆钢筋和变形钢筋（月牙形、螺旋形、“人”字形钢筋）。钢筋截面形状如图 6-24 所示。

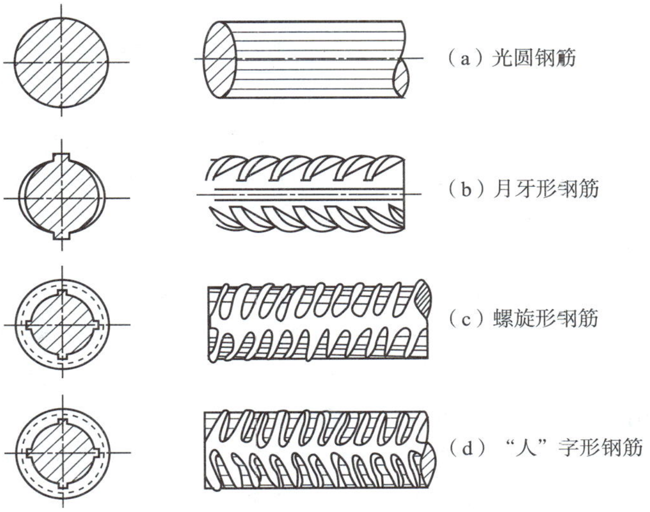

图 6-24　钢筋截面形状

钢筋一般在钢筋车间或工地的钢筋加工棚加工，然后运至现场安装或绑扎。钢筋连接的方法有三种，绑扎连接、焊接连接及机械连接。钢筋的绑扎是将钢筋用镀锌铁丝在满足规范规定的最小搭接钢筋长度的要求下，绑扎在一起。绑扎目前仍为钢筋连接的主要手段之一。受力钢筋的接头宜设置在受力较小处。接头末端至钢筋弯起点的距离不应小于钢筋直径的 10 倍，以保证钢筋的承载、传力性能。基础结构内若采用绑扎搭接接头，则接头相邻纵向受力钢筋的绑扎接头宜相互错开。

钢筋绑扎搭接接头的具体要求见《混凝土结构工程施工规范》（GB 50666—2015）。基础钢筋施工时，要求所用钢筋种类、规格必须符合设计要求，并经检验合格；钢筋下料必须符合配料单的规格、尺寸、形状及数量；基础钢筋施工选用与结构强度相同的细石混凝土材料制成 50 mm 见方，与钢筋保护层同厚的混凝土垫块，块内预留 20~22 号的钢丝，用于绑扎固定。其施工工艺流程如图 6-25 所示，每项工序操作结束后，应及时办理检查手续，合格后方能进行下一道工序的施工。

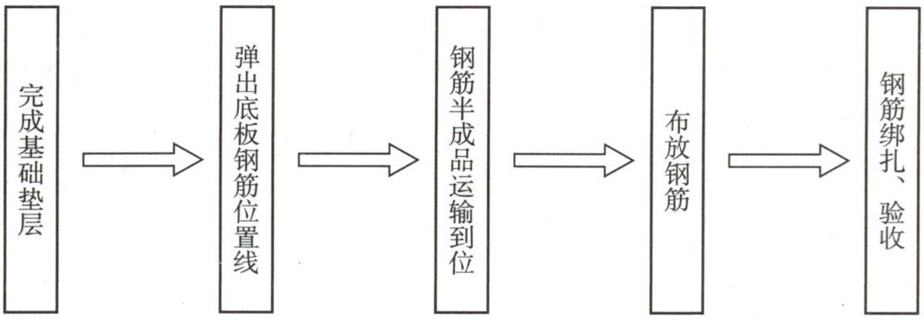

图 6-25　基础钢筋施工工艺流程

（3）基础混凝土工程

根据基础工程结构特点，结合现场具体情况，制定基础混凝土灌注的施工方案，包括施工工艺流程、流水作业段的划分、浇注程序与方法、混凝土运输与布料方式方法以及质量标准、安全施工等。

混凝土浇注时，不应发生初凝和离析现象，其坍落度必须符合国家标准《混凝土结构工程施工质量验收规范》（GB 50204—2015）的规定。坍落度的测定方法应符合国家标准《普通混凝土拌合物性能试验方法标准》（GB/T 50080—2016）的规定。为保证混凝土浇注时不产生离析现象，混凝土自吊斗口下落的自由倾落高度不得超过 2 m，浇注高度若超过 2 m 时，必须采取措施，要沿串桶或溜槽使混凝土下落。为使混凝土振捣密实，必须分层浇注，基础工程的分层厚度宜在 250 mm 左右。

浇注混凝土时，要随时观察模板、钢筋、预留孔洞、预埋件和插筋等有无移动、变形和堵塞现象。混凝土的浇注工作应连续进行，如必须间歇，其间歇时间应尽量缩短，并应在前层混凝土凝结之前，将次层混凝土浇注完毕。间歇的最长时间应按所用水泥品种、室外气温及混凝土凝结条件确定。若发现问题应及时处理，并应在混凝土初凝前修整完好。

混凝土浇注完毕后，根据《混凝土结构工程施工质量验收规范》（GB 50204—2015）的有关规定，应按施工技术方案及时采取有效的养护措施。

知识拓展

模板工程安装与拆除的质量标准

1. 一般规定

模板及其支架应根据工程结构形式、荷载大小、地基土类别、施工设备和材料供应等条件进行设计。模板及其支架应具有足够的承载能力、刚度和稳定性，能可靠地承受浇注混凝土的重量、侧压力以及施工荷载；在浇注混凝土之前，应对模板工程进行验收；模板安装和浇注混凝土时，应对模板及其支架进行观察、维护，发生异常情况时及时进行处理；模板及其支架拆除的顺序及安全措施应按施工技术方案执行。

2. 主控项目

安装现浇结构的上层模板及其支架时，下层楼板应具有承受上层荷载的能力，或加设支架；上、下层支架的立柱应对准，并铺设垫板；在涂刷模板隔离剂时，不得沾污钢筋与混凝土接槎处；底模及其支架拆除时的混凝土强度应符合设计要求；当设计无具体要求时，混凝土强度应符合相关规定。具体详见《混凝土结构工程施工规范》（GB 50666—2015）。

3. 一般项目

无论是采用何种材料制作模板，安装时应满足下列要求。

（1）模板的接缝不应漏浆；在浇注混凝土前，木模板应浇水湿润，但模板内不应有积水。

（2）模板与混凝土的接触面应清理干净并涂刷隔离剂，但不得采用影响结构性能或妨碍装饰工程施工的隔离剂。

（3）浇注混凝土前，模板内的杂物应清理干净。用作模板的地坪、胎模等应平整光洁，不得产生影响构件质量的下沉、裂缝、起砂或起鼓。固定在模板上的预埋件、预留孔和预留洞均不得遗漏，且应安装牢固，现浇结构模板安装的偏差应符合《混凝土结构工程施工质量验收规范》（GB 50204—2015）规定。由于侧模拆除时混凝土强度不足可能造成结构构件缺棱掉角和表面损伤，侧模拆除时的混凝土强度应能保证其表面及棱角不受损伤。

2. 扩展基础施工

扩展基础施工分为现浇扩展基础施工和预制基础施工。施工过程包括浇注混凝土垫层、铺设基础钢筋、支设模板、浇混凝土、拆模等。其中，现浇扩展基础施工基础类型包括现浇独立基础、墙下条形基础和柱下条形基础。其施工流程如下。

（1）在现浇基础施工前应先进行基槽检验。

（2）基坑验槽合格后应立即浇灌混凝土垫层，要求垫层表面平整。当垫层混凝土达到一定强度后，在其上弹线、支模、铺放钢筋网片，钢筋网片底部用与混凝土保护层同厚度的水泥砂浆块垫塞，以保证钢筋位置正确。

（3）基础混凝土浇灌前，应清除干净模板和钢筋上的垃圾、泥土和油污等杂物。对模板的缝隙和孔洞应予堵严；木模板表面要浇水湿润，但不得积水。钢模板面要涂隔离剂。

（4）现浇柱锥形基础浇捣时，应注意锥体斜坡部位的混凝土浇捣的质量及坡度大小的正确，斜面部分的模板应随混凝土浇捣分段支设并顶压牢固，防止模板移动变形，以符合设计要求。严禁斜面部分不支模，或用铁锹拍实。

（5）现浇柱阶梯形基础，基础混凝土宜分层连续浇灌完成。台阶分层一次浇捣完毕，不允许留设施工缝。每层混凝土要一次卸足，顺序是先角边，后中间，务必使砂浆充满模板。每浇完一台阶应停 0.5~1.0 h，以便使混凝土获得初步沉实，然后再浇灌上层。每一台阶浇灌完，表面应抹平。

（6）基础上有插筋时，要将插筋加以固定以保证其位置的正确，以防浇捣混凝土时产生位移和倾斜，发生偏差时应及时纠正。

（7）基础混凝土浇灌完，应用草帘等覆盖并浇水加以养护。

（8）现浇混凝土柱基础拆模后，需进行隐蔽工程的检验，及时在基础和坑壁之间进行回填。

预制基础施工在房屋建筑工程中，主要是预制杯形基础施工，施工时应将模板压紧，在杯底应预留观测孔或振捣孔，混凝土浇注应对称均匀。高杯口基础施工时，由于最上一个台阶较高，可采用安装杯口模板的方法施工，即当混凝土浇捣接近杯口底时，再安装固定杯口模板，继续浇注杯口四侧混凝土，但应确保标高准确。对高杯口基础的高台阶部分应按整体分层浇注，不留施工缝。在第一级台阶混凝土灌注时，先将杯口底部混凝土捣实，再振捣杯芯模周边以外的混凝土，振捣时间尽可能缩短。在第二级台阶混凝土灌注时，用插入式振捣器深入下一级台阶混凝土少量深度，使杯口混凝土尽量少往上泛冒。

在浇注过程中，应在两侧对称浇注，注意杯芯模板的位置，以免将杯芯模板挤向一侧或用于混凝土泛起而使杯芯模板抬高造成芯模位移。浇注高杯口基础混凝土时，可采用后安装杯口模板的方法施工，即当混凝土浇注至接近杯口底部时，再安装杯口模板，然后浇灌杯口混凝土。杯形基础混凝土拆模时，先取出楔形板，然后分别将两半杯口模板取出。为拆模方便，杯口模板外可包一层薄铁皮。杯形基础一般在杯底留有 50 mm 厚的细石混凝土找平层，在浇灌基础混凝土时要仔细留出。基础浇捣完，在混凝土初凝后终凝前用倒链将杯口模板取出，并将杯口内侧表面混凝土凿毛。基础混凝土浇灌完成后与现浇柱基础施工步骤相同。

3. 钢筋混凝土筏形基础施工

（1）钢筋混凝土筏形基础施工前检查

钢筋混凝土筏形基础施工前，若地下水位较高，应采取人工降低地下水位法使地下水位降至基坑底下不少于 500 mm，以保证基坑在无水情况下进行开挖和基础施工。基坑不得长期暴露，更不得积水，经验收合格后，立即进行基础施工。冬期施工时应采取有效措施，防止基坑底土的冻胀。

（2）钢筋混凝土筏形基础的施工方法

第一种方法：施工时，底板、内外墙和顶板的支模、绑钢筋、浇注混凝土可采取分块进行。在垫层上，先绑扎底板梁的钢筋和上部柱插筋，浇注底板混凝土，待强度达到设计强度的 20%以上后，再在底板上支梁侧模板，浇注完梁部分混凝土。其施工缝的留设位置和处理应符合《混凝土结构工程施工质量验收规范》（GB 50204—2015）的有关要求，外墙接缝应设止水带。

第二种方法：基础的底板、内外墙和顶板宜连续浇注完毕。在施工中要保证梁位置和柱插筋的位置正确，如有偏差立即调整。为防止出现温度裂缝，一般应设置贯通止水带，宽度不宜小于 800 mm，后浇带的钢筋应贯通，顶板浇注后，相隔 2~4 周，在混凝土设计强度等级的基础上提高一级将后浇带浇注振捣密实，并加强养护。

施工完毕，当混凝土基础达到设计强度的 30%时，应进行基坑回填。基坑回填应在四周同时进行，并按基底排水方向由高到低分层进行。在基础底板上埋设好沉降观测点，定期进行观测、分析，做好记录。停止降水时，应验算基础的抗浮稳定性，抗浮稳定系数不宜小于 1.2，如果不能满足时，应采取有效措施，比如继续抽水直至上部结构荷载加上后能满足抗浮稳定系数要求为止，或在基础内灌水或加重物等，以防止基础上浮或倾斜。

思政链接

创新驱动岩土工程发展

党的二十大报告指出，实施科教兴国战略，强化现代化人才支撑，着力造就拔尖创新人才。坚持面向世界科技前沿、面向经济主战场、面向国家重大需求、面向人民生命健康，加快实现高水平科技自立自强。以国家战略需求为导向，集聚力量进行原创性引领性科技攻关，坚决打赢关键核心技术攻坚战。加快实施一批具有战略性全局性前瞻性的国家重大科技项目，增强自主创新能力。加强基础研究，突出原创，鼓励自由探索。我国学者对土力学的研究始于 1945 年黄文熙在中央水利实验室创立第一个土工试验室，但是大规模的土力学研究是在新中国成立之后随着大量国外留学人员的归来才开始的。70 多年来我国的岩土科学家们取得了许多重要成果。

在土的特性方面，刘祖典等对黄土湿陷特性的研究；在软黏土的强度变形特性方面，魏汝龙率先展开研究，提出了魏汝龙-Khosla-Wu 临界状态模型；在砂土动力特性以及地震液化大变形方面，汪闻韶发现和首先研究少黏性土地震液化问题，提出了少黏性土地震液化评价方法；在理论计算方面，黄文熙对地基应力和沉降计算方法做出过许多改进；在本构模型方面，陈宗基提出了流变模型；在软土流变理论、动力固结理论、土坝震后永久变形和土工数值分析方面，钱家欢在国内做了开拓性工作；在瞬态土动力学、黄土静动力学特性、土结构性定量化参数、非饱和土有效应力方面，谢定义做了开创性的工作；在土石坝和地基基础工程方面，沈珠江建立了土体极限分析理论，提出了软土地基稳定分析的有效固结应力法；在边坡稳定理论和数值分析方面，陈祖煜发展完善了以极限平衡为基础的边坡稳定分析理论，得出了边坡稳定分析上限解的微分方程以及相应的解析解，使边坡三维稳定分析成为现实可行。

项目小结

本项目主要介绍了浅基础设计与施工的内容，旨在为工程领域的从业者提供对浅基础设计和施工的认识和指导。首先介绍了浅基础的分类及适用条件的介绍，对作用在基础上的荷载进行简要说明，为后续的设计和施工提供了背景和基础知识；其次介绍了浅基础设计的相关知识；最后介绍了浅基础施工的主要内容，以及钢筋混凝土基础工程施工的实际操作，为工程实践提供了具体的施工指引。

通过本项目的学习，读者能够了解浅基础设计与施工的相关知识，掌握基础设计的原理和方法，熟悉基础施工的流程和技术要点，从而为实际工程项目提供质量可靠的基础工程支持。

课后实训

1. 成员分组

以 3~5 人为一组，选出组长并进行分工，将小组成员及分工情况填入表 6-13 中。

表 6-13 小组成员及分工情况

小组成员	姓名	学号	分工
组长			
组员			

2. 开展实训

将实训操作过程填入表 6-14 中。

表 6-14　实训开展工作表

姓名	日期
实训项目	
具体任务	
相关知识	
其他项目	
实训记录	
教师指导	

3. 考核评价

各组展示任务完成情况，并完成表 6-15 所示的考核评价表。

表 6-15　考核评价表

评价项目	评价内容	分值	评分		
			自评	互评	师评
职业素养考核项目（40%）	考勤、仪容仪表	10 分			
	安全意识、责任意识及服从意识	10 分			
	团队合作、沟通交流能力	10 分			
	维护场地、设备及工具等干净整洁	10 分			
专业能力考核项目（60%）	积极参与教学活动并理解实训活动要求	20 分			
	工程基本专业知识查找及时、准确	20 分			
	浅基础设计符合规范，任务完成度	20 分			
合计：综合分数______自评（20%）+互评（20%）+师评（60%）		100 分			
综合评语		指导教师（签名）：			

课后习题

一、填空题

1. ________指用砖、毛石、混凝土、毛石混凝土、灰土和三合土等材料组成，且不需配置钢筋的墙下条形基础或柱下独立基础。

2. 采用柱下钢筋混凝土条形基础不能满足地基基础设计要求时，可采用________。

3. ________是一种具有较大水平尺寸和较小垂直尺寸的扩展基础形式，通常用于在地基承载力较弱或基础荷载较大的情况下，能够有效地减小建筑物的沉降和沉降差异。

4. ________开挖，应先进行测量定位，抄平放线，定出开挖长度，按放线分块（段）分层挖土。

二、简答题

1. 简述建筑结构的荷载分类。

2. 简述浅基础设计的内容。

项目 7

深基础设计与施工

项目概述

深基础是埋深较大，一般埋深大于 5 m 的基础。深基础设计与施工主要包括对建筑物或其他结构中的深层基础进行设计和施工的过程。在建筑工程中，深基础通常用于承受较大荷载或土层较软的情况下，以确保建筑物的稳定性和安全性。深基础设计与施工涉及地质勘察、结构设计、施工工艺等多个方面的内容，对建筑物的结构性能和安全性有着重要影响。

学习目标

知识目标

◆理解深基础的概念、特点和各种类型的基础结构。

◆熟悉桩基础设计的原则、步骤和常用的桩类型选择。

◆了解桩基础施工的方法、技术及注意事项。

能力目标

◆掌握确定桩的承载力的方法，能够独立进行单桩竖向容许承载力的计算以及桩基承载力的验算，并根据实际情况进行合理评估。

◆具备深基础设计与施工的综合能力，能够在实际工程项目中进行深基础设计和施工管理，确保工程的质量、安全和进度。

素质目标

◆提升学生在深基础设计与施工中发现和解决问题的能力，注重解决实际工程中遇到的难题。

◆强化学生在深基础设计与施工中的责任心和安全意识，通过培养预见问题和安全意识，确保深基础工程的安全和可靠。

案例导入

某日清晨，一市区在建的一座 13 层住宅楼发生整体倒塌，桩基被整齐折断，造成多名工人死亡。经事故专家组调查，该楼房采用 PHC 管桩基础，桩基和楼体结构设计均符合规范要求。楼房左侧进行了地下车库基坑的开挖，开挖深度为 4.6 m，右侧在短期内堆积了 10 m 高的土方。

问题思考

结合所学内容，试分析该楼房倒塌的原因，并说明哪些情况下适用桩基础。

7.1　深基础概述

7.1.1　深基础的特点

深基础是埋深较大，以下部坚实土层或岩层作为持力层的基础，其作用是把所承受的荷载相对集中地传递到地基的深层。当建筑场地的浅层土质不能满足建筑物对地基承载力和变形的要求，而又不适宜采用地基处理措施时，应考虑采用深基础。深基础有桩基础、沉井、地下连续墙等类型。深基础具有下列特点。

1. 承载能力强

深基础通过将荷载传递到较深层土壤或岩石中，能够承受较大的荷载。深基础通常采用桩基、承台基、沉井基、钻孔桩等形式，具有较高的承载能力和稳定性。

2. 适应性广

深基础适用于各种地质条件，包括软土、淤泥、粉砂、岩石等。它能够穿过较弱的上层土层，传递荷载到较深层稳定的土层或岩石中，从而确保基础的稳定性。

3. 减小沉降差异

由于深基础与深层土壤或岩石接触，较浅层地基的荷载差异对建筑物的沉降影响较小。这可以降低地基沉降产生的沉降差异，有助于维持建筑物的水平度和结构的稳定性。

4. 阻止倾斜和滑移

深基础通过在较深层土壤或岩石中传递荷载，可以提供较大的抗倾斜和抗滑移能力。它能够增加基础结构的稳定性，减小因土壤变形引起的建筑物倾斜或滑移的风险。

5. 施工难度较大

相对于浅基础，深基础的施工过程通常要复杂且费时费力。需要使用各种专用设备和技术来钻孔、打桩或挖井等。同时，深基础的设计和施工也需要比较精确的地质勘探和结构分析。

7.1.2　桩基础

桩的基本知识

桩基础是常用的建筑、桥梁基础类型，是由埋于地基土中的若干根桩及将所有桩连成一个整体的承台（或盖梁）两部分所组成的一种基础形式（图 7-1）。桩身可以全部或部分埋入地基中，当桩身外露在地面上较高时，在桩之间应加横系梁，以加强各桩之间的横向联系。若干根单桩在平面上可排列为一排或几排，所有桩的顶部由承台连成一整体，在承台上建柱、桥墩及上部结构。

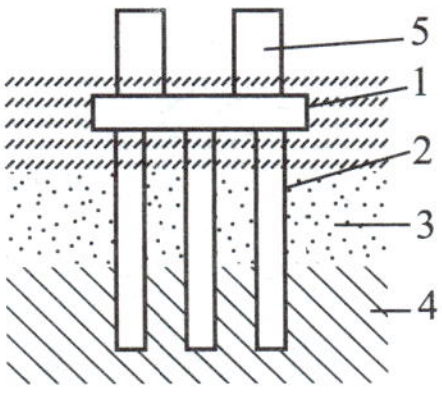

1—承台；2—桩；3—松软土；4—持力层；5—墩柱。

图 7-1　桩基础

1. 桩基础特点

（1）承载力高、稳定性好、沉降量小而均匀。当地基浅层土质不良时，可穿越浅层土发挥地基深层土承载力的作用，以满足建筑、桥梁上部结构物荷载的要求。

（2）在深水河道中施工要比其他基础形式简便。桩基础可以借桩群穿过水流将荷载传到地基中，避免（减少）水下工程，简化施工设备和技术要求，加快施工速度并改善劳动条件。

（3）与其他深基础形式比耗用材料少。

（4）具有较好的适应性。桩基础类型多，成桩机具种类繁多，施工工艺完善，施工经验成熟，施工方法灵活。

2. 桩基础适用条件

（1）荷载较大，地基上部土层软弱，适宜地基持力层位置较深，采用浅基础或人工地基在技术上、经济上不合理时。

（2）河床冲刷较大，河道不稳定或冲刷深度不易计算，采用浅基础施工困难或不能保证基础安全时。

（3）经计算地基沉降过大或结构物对不均匀沉降敏感时，采用桩基础穿过松软土层，将荷载传到较坚实土层，减少结构物沉降并使沉降较均匀。

（4）当施工水位或地下水位较高时，采用桩基础可以减少施工困难。

（5）在地震区可液化地基中，采用桩基础穿越可液化土层，可消除或减轻地震对结构物的危害，增强结构物的抗震能力。

以上情况也可以采用其他形式的深基础，但桩基础由于具有耗用材料少、自重轻、施工简便等优点，往往是优先考虑的深基础方案。但当上层软弱土层很厚，桩底不能达到坚实土层时，就需要用较长、较多的桩来传递荷载，这时的桩基础稳定性较差，沉降量也较大；当覆盖层很薄时，桩的稳定性也会产生问题，此时，桩基础就不一定是最佳的基础形式。

3. 桩与桩基础的分类

（1）桩的分类

① 按制桩材料可以分为木桩、混凝土桩、钢筋混凝土桩和钢桩等。

② 按施工方法可分为预制桩和灌注桩。预制桩是在工厂或施工现场预先将桩制作好，就位后，用锤击、振动、静压、旋入或水冲等方法置入土中。灌注桩是先在施工现场桩位处成孔，然后在孔内放置钢筋笼，再灌入混凝土而成。

③ 按桩的性状和竖向受力情况不同，可分为摩擦型桩和端承型桩。摩擦型桩的桩顶竖向荷载主要由桩侧阻力承受；端承型桩的桩顶竖向荷载主要由桩端阻力承受。

④ 按桩的设置效应（挤土作用）不同，可分为挤土桩、部分挤土桩和非挤土桩。挤土桩，也称排土桩，在成桩过程中，桩周土被挤密或挤开，因而使周围土层受到严重扰动，土的原始结构遭到破坏，土的工程性质有较大改变，如钢筋混凝土桩、沉管灌注桩、各类封底管桩等属于挤土桩。部分挤土桩，也称微挤土桩，在成桩过程中，桩周土仅受到轻微的扰动，土的原始结构和工程性质的变化不明显，如各类开口管桩、小截面的 I 型、H 型钢桩等属于部分挤土桩。非挤土桩，也称非排出桩，将与桩体积相同的土挖出，因而

桩周土受到较小的扰动，如各类人工或机械成孔的灌注桩等属于非挤土桩。

（2）桩基础的分类

① 按承台位置分类，桩基础分为高桩承台和低桩承台两种。通常将承台底面置于土面或局部冲刷线以下的称为低桩承台，承台底面高出地面或局部冲刷线的称为高桩承台，如图 7-2 所示。高桩承台的位置较高，可减少墩台的圬工数量，施工较方便。但是高桩承台在水平力的作用下，由于承台及部分桩身露出地面或局部冲刷线，减少了承台及自由段桩身侧面土的抗力，桩身的内力和位移都将大于低桩承台，在稳定性方面不如低桩承台。

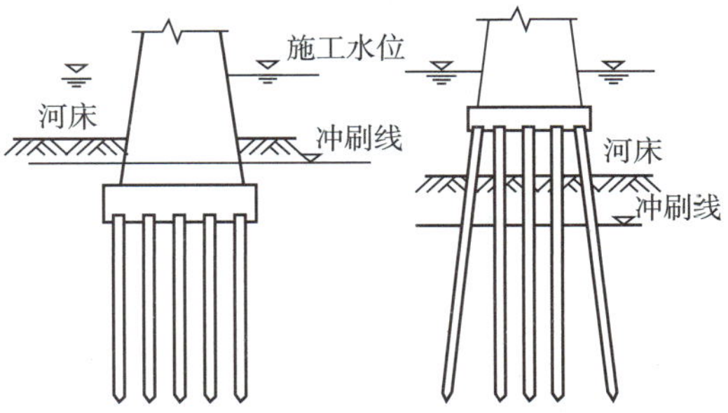

图 7-2 桩基础按承台位置分类

② 按桩轴方向，桩基础分为竖直桩、单向斜桩和双向斜桩桩基等，如图 7-3 所示。桩基中是否需要设置斜桩及设置成多大倾斜度，可根据荷载、桩的截面尺寸和施工方法等因素确定。对于钻（挖）孔桩基础，采用的桩截面尺寸一般较大，桩的抗弯抗剪能力较强，它可以承受较大的水平力；而且由于当前工艺水平的限制，设置斜桩的困难较多，常采用竖直桩基础。对于打入桩桩基础，当桩基承受水平力较大时，采用带斜桩的桩基为宜。

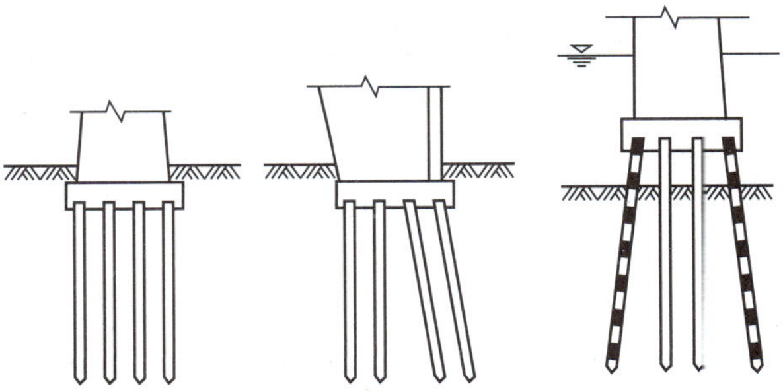

图 7-3 桩基础按桩轴方向分类

③ 按桩的布置形式，桩基础分为单桩或单排桩桩基及多排桩桩基。当桩基只有单根或若干根桩设计成一排时，称为单桩或单排桩桩基，如图 7-4（a）和图 7-4（b）所示。基桩排列的行数和列数均不小于 2 的桩基称为多排桩桩基，如图 7-4（c）所示。

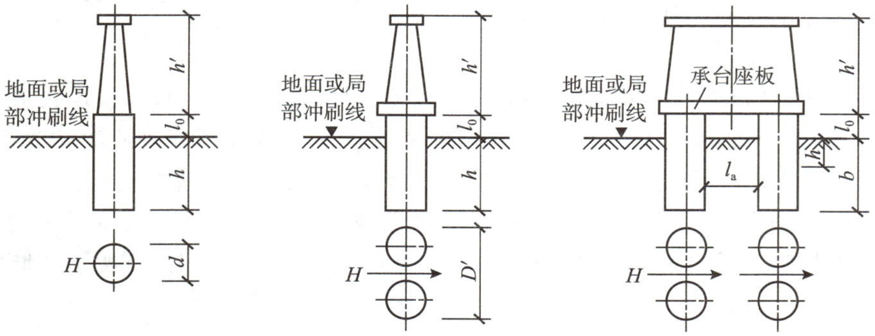

（a）单桩桩基　　（b）单排桩桩基　　（c）多排桩桩基

图 7-4　桩基础按布置形式分类

④ 按桩径（设计直径 d）大小分类。其中，$d \leqslant 250$ mm 为小直径桩；250 mm$<d<$800 mm 为中等直径桩；$d \geqslant 800$ mm 为大直径桩。

知识链接

在桥梁工程中，桥涵桩基础的承台座板的厚度和配筋应根据受力情况决定，其厚度不宜小于 1.5 m，一般用 1.5~3.0 m，底板的底部应布置一层钢筋网（图 7-5）。当基桩采用桩顶主筋伸入承台连接时，此处钢筋网在越过桩顶处不得截断。当基桩采用桩顶直接埋入承台内，且桩顶作用于座板的压应力超过座板混凝土的容许局部承压应力时，应在每一根桩的顶面以上，设置 1~2 层直径不小于 12 mm 的钢筋网，钢筋网的每边长度不得小于桩径的 2.5 倍，其网孔为 100 mm×100 mm~150 mm×150 mm。

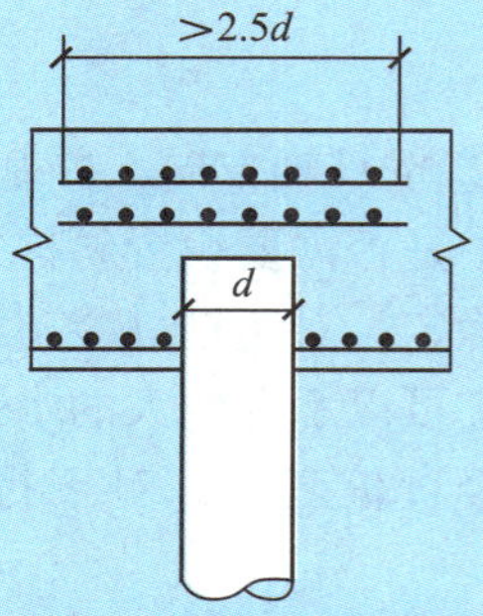

图 7-5　承台座板的钢筋网

7.1.3　地下连续墙

1. 地下连续墙特点及适用条件

地下连续墙是利用专门的成槽机械在所定位置开挖一条狭长的深槽，再使用膨润土泥浆护壁，当一定长度的深槽开挖结束，就形成一个单元槽段，在槽内吊放钢筋笼，再浇灌混凝土，完成一个单元的墙段。然后又连续开挖、浇注混凝土，从而形成一道连续的现浇地下连续墙。

（1） 承载稳定

地下连续墙通过深入土层并与地基相连，能够承受土壤和水压力，为地下结构提供稳定的支撑，对抗土压力和水压力。

（2） 防水效果好

地下连续墙能够有效地阻挡地下水的渗透，保护地下结构不受水的侵蚀，同时也降低了结构周围的地下水位，有利于施工和长期稳定。

（3）基坑支护

地下连续墙在基坑工程中常用作临时或永久性的支护结构，能够保持基坑的稳定，避免地面塌陷和周围建筑物的影响。

（4）施工便利

相对于传统的支撑结构，地下连续墙的施工周期短，且不受天气等自然条件限制，可以有效缩短工期，提高施工效率。地下连续墙能够根据建筑物周围场地条件和地质特点进行灵活设计，适应各种复杂场地和地质条件。

（5）高度可控

通过设计和施工技术，地下连续墙的高度、厚度和钢筋布置等参数都可以根据实际需求进行精确控制，以满足设计要求。

地下连续墙在一些特殊的地质条件下（如很软的淤泥质土，含漂石的冲积层和超硬岩石等），施工难度很大。如果施工方法不当或施工地质条件特殊，可能出现相邻墙段不能对齐和漏水的问题。地下连续墙如果用作临时的挡土结构，比其他方法所用的费用要高些。在城市施工时，废泥浆的处理比较麻烦。地下连续墙可广泛应用在建筑物的地下基础、深基础支护结构、地下车库、地下铁道、地下城、地下电站及水坝的防渗墙等工程中。

2. 地下连续墙的分类与构造要求

（1）地下连续墙的分类

① 按成墙方式可分为：桩排式、槽板式、组合式。

② 按墙的用途可分为：防渗墙、临时挡土墙、永久挡土（承重）墙。

③ 按墙体材料可分为：钢筋混凝土墙、塑性混凝土墙、固化灰浆墙、自硬泥浆墙、预制墙、泥浆槽墙、后张预应力墙、钢制墙。

④ 按开挖情况可分为：地下挡土墙（开挖）、地下防渗墙（不开挖）。

（2）地下连续墙的构造要求

① 地下连续墙的墙体厚度按成槽机的规格，选取 600 mm、800 mm、1 000 mm 或 1 200 mm。

② 地下连续墙墙身混凝土强度等级不宜小于 C30～C40。

③ 地下连续墙纵向受力钢筋的保护层厚度，在基坑内侧不宜小于 50 mm，在基坑外侧不宜小于 70 mm。

④ 地下连续墙的纵向受力钢筋应沿墙身每侧均匀配置，可按内力大小沿墙体纵向分段配置，但通长配置的纵向钢筋不应小于总数的 50%；纵向受力钢筋宜采用 HRB400 级或 HRB500 级钢筋，直径不宜小于 16 mm，净间距不宜小于 75 mm。水平钢筋及构造钢筋宜选用 HPB300 或 HRB400 级钢筋，直径不宜小于 12 mm，水平钢筋间距宜取 200～400 mm。

⑤ 钢筋笼端部与槽段接头之间、钢筋笼端部与相邻墙段混凝土之间的间隙应不大于 150 mm，纵筋下端 500 mm 长度范围内宜按 1∶10 的斜度向内收口。

⑥ 地下连续墙墙顶应设置混凝土冠梁。冠梁宽度不宜小于墙厚，高度不宜小于墙厚的 0.6 倍。

⑦ 地下连续墙宜采用圆形锁口管接头、波纹管接头、楔形接头、工字形钢接头或混凝土预制接头等柔性接头；当地下连续墙作为主体地下结构外墙，且需要形成整体墙体

时，宜采用刚性接头；刚性接头可采用一字形或十字形穿孔钢板接头、钢筋承插式接头等；当采取地下连续墙顶设置通长冠梁、墙壁内侧槽段接缝位置设置结构壁柱、基础底板与地下连续墙刚性连接等措施时，也可采用柔性接头。

7.1.4 沉井基础

1. 沉井基础特点及适用条件

沉井是一种井筒状结构物，将其下沉至设计标高并用作构筑物基础时称为沉井基础。沉井基础属于深基础的一种类型，需采用特殊的施工方法，主要施工方式为现场浇注井筒，采用人工或机械方法清除井内土石，利用其自重等其他辅助方式下沉至设计标高，再浇注混凝土封底以后即可形成沉井基础。

沉井基础通过在土层深部打孔、灌浆或振压等方式构筑而成，可以将建筑物的荷载有效地传递到深层土体或岩石中，从而具有较强的承载能力。沉井基础适用于各种土质和地质条件，可以根据不同场地及工程要求进行设计和施工，适应性较为广泛。由于沉井基础采用深埋方式构筑，可以减少土体表面的变形和沉降，保持建筑物的稳定性。沉井基础在设计时考虑了土体挤压和排水情况，能够有效抵抗地下水涌浮对基础的影响。相比其他深基础形式，沉井基础施工相对简单，且不受线型和起重设备的限制，施工周期相对较短。沉井基础一旦完工后，基础结构内部一般不需要进行维护，保养较为便捷。目前，在深基础的设计施工中，沉井基础的应用已十分普遍。

沉井基础既适合在岸滩及浅水条件下修建，也可在深水中用浮运下沉的方法修建。它最适合在不透水或透水性小的土层中下沉，因为在此条件下井孔中的水可以排干，井孔中可以进行人工施工，沉井下沉方向容易控制，下沉速度也快，如果遇到障碍物也便于处理。当沉井下沉至基岩上时，平整的岩面较为合适，以使沉井下端刃脚与平整的岩面比较密贴。如果岩面起伏不平或倾斜，则刃脚需按岩面起伏情况或倾斜情况做成高低刃脚形式（图7-6），使刃脚踏面尽量与岩面密贴，否则沉井易倾斜，清基无法进行。选用沉井基础前，必须进行详细的地质勘测，查明墩台位置处有无妨碍下沉的障碍物、高低不平的岩面，并了解土层情况，防止下沉过程中出现工程事故，保证工程的顺利进行。

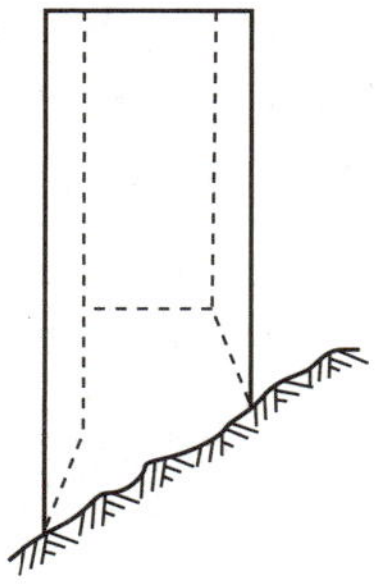

图 7-6 高低刃脚沉井

2. 沉井的类型

（1）按沉井的材料分类

① 混凝土沉井。一般多做成圆形，适用于井壁较厚而下沉深度不大（4~7 m）的松软土层中。当井壁有足够的厚度时，也可做成矩形（此时有拉应力产生）。

② 钢筋混凝土沉井。钢筋混凝土沉井是一种最常用的深基础沉井，它能充分发挥建筑材料的强度，可以做成任何形状，适用于多种不同的地质情况和施工方法。

③ 竹筋混凝土沉井。沉井在下沉过程中，井壁内力较复杂，一旦施工完毕，沉井中的钢筋的作用就不再重要了。竹材是一种抗拉强度较高、耐久性较差、价格低廉的材料。南方各省盛产竹材，因此可就地取材，代替钢筋，以大量节省钢材。

④ 钢沉井。钢沉井适用于空心浮运式沉井。但用钢量较大，一般情况不采用。

（2）按沉井的平面形状分类

沉井按平面形状分为以下类型，如图 7-7 所示。

① 圆形沉井。圆形沉井本身受力条件较好，在周围土压力、水压力作用下，井壁主要承受轴向压应力。无论桥梁纵轴与水流正交或斜交，水流的冲击力和局部冲刷均较小。下沉过程中用机械挖土较方便，且有利于刃脚均匀地支承在土层上，沉井不易倾斜。缺点是与同面积的矩形沉井相比，圆形沉井一般适用于截面为圆形或接近方形的墩台基础；且地基受力条件较差，基底压应力较大。

② 矩形沉井。此种沉井外形构造简单，制作较容易，它与圆端形或矩形墩台身截面配合较好；在外力和基底应力相同的条件下，矩形的基底面积为最小（因其惯性矩大），节省圬工。缺点是在土压力、水压力作用下，井壁受较大挠曲应力，需要布置较多的受力钢筋；矩形阻力系数较大，河床局部冲刷较严重；用机械挖土时，沉井四个角不易挖到，可能导致刃脚不均匀支承在土层上；所以其四角应做成圆角或钝角，以利于受力和清孔。故矩形沉井宜在无水或流水速度较小的河流中采用。

③ 圆端形沉井。圆端形沉井引起河床冲刷最小，但沉井的制作比较麻烦，其他优缺点介于上述两种沉井之间，常用于圆端形桥墩的基础。

（3）按沉井的立面形状分类

① 柱形沉井，如图 7-8（a）所示。下沉时，井壁周围土体对沉井约束较紧，井壁摩阻力大，下沉困难。适宜于摩阻力较小的松软土层；下沉时易于控制方向，不易偏斜。

② 阶梯形沉井，如图 7-8（b）所示。阶梯形沉井是一种常用的多节沉井形式，下沉时底节以上各节井壁所接触的土层已松动过，减少了井壁摩阻力，有利于沉井下沉，但容易偏斜，适用于摩阻力较大的土层中。

③ 锥形沉井，如图 7-8（c）所示。井壁摩阻力较小，下沉时发生偏斜的可能性较大，一般不常用。

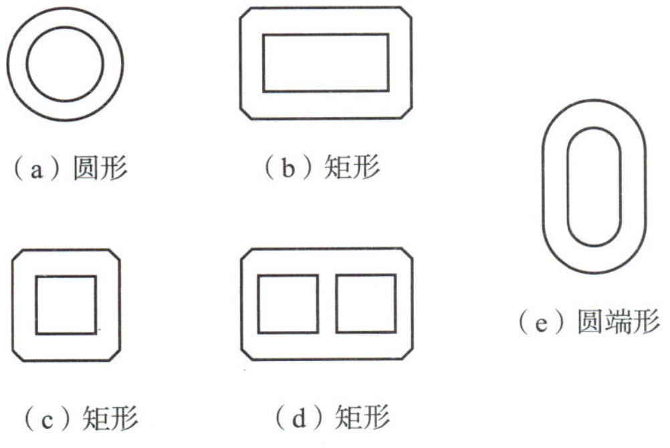

图 7-7　沉井的平面形式

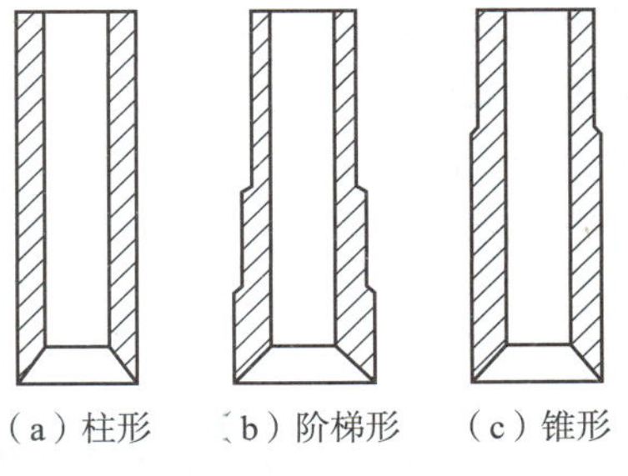

图 7-8　沉井的立面形式

（4）按沉井的施工方法分类

① 就地制作沉井。直接在墩台位置的地面上制造沉井，并就地下沉；若在浅水区，可以先人工筑岛，在岛面上制造沉井，并就地下沉的施工方法。

② 浮式沉井。在深水地区，无法用人工筑岛时采用岸边制作井筒，浮运至桥墩设计处，然后下沉。

3. 沉井的构造

沉井由井壁、刃脚、内隔墙、井孔、凹槽、射水管、封底混凝土及顶盖等部分组成。沉井构造示意图如图 7-9 所示。

(1) 井壁

井壁是沉井的主体部分，它须具有足够的强度用以挡土，又需要有足够的重量克服外壁与土体之间的摩阻力和刃脚土的阻力，使其在自重作用下节节下沉。井壁厚度一般为 0.8～1.2 m。

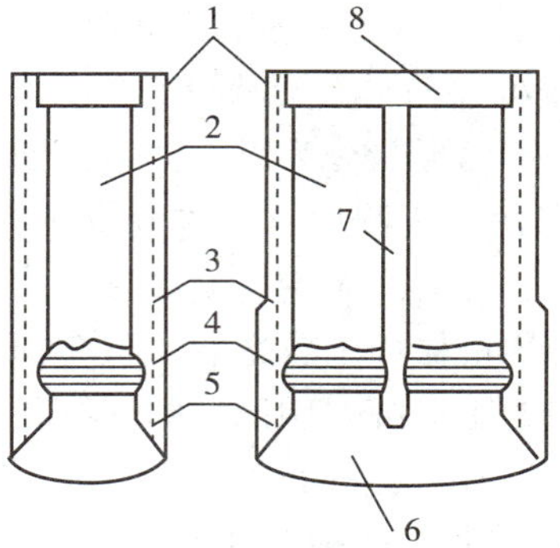

1—井壁；2—井孔；3—预埋射水管；4—井壁凹槽；5—刃脚；6—封底混凝土；7—内隔墙；8—顶盖。

图 7-9 沉井构造示意图

(2) 刃脚

在井筒下端，形如刀刃，下沉时刃脚切入土中，刃脚须有足够的强度，以免产生挠曲或破坏。刃脚底面也称踏面，宽度一般为 100～200 mm。当需要穿过坚硬土层或岩层时，踏面宜用钢板或角钢保护，刃脚内侧的倾斜角为 45°～60°。

(3) 内隔墙

内隔墙的作用是加强沉井的刚度，其底面标高应比刃脚踏面高 0.5 m，以利于沉井下沉。内隔墙间距一般不超过 5～6 m，厚度一般为 0.5～1.2 m。

(4) 井孔

宽度（直径）不宜小于 3 m，是沉井管；施工时挖土、排土场所和通道。

(5) 井壁凹槽

凹槽位于刃脚内侧上方，其作用是使封底混凝土与井壁有较好的接合，使封底混凝土底面的反力更好地传给井壁，深度约为 0.15～0.25 m，高约 1.0 m。

(6) 预埋射水管

当沉井下沉深度大，穿过的土质又较好，估计下沉会产生困难时，可在井壁中预埋射水管组，通过射水管射水减小井壁下沉阻力。

(7) 封底混凝土

沉井下沉到设计标高后进行清基，然后用混凝土封底。

(8) 顶盖

沉井作地下构筑物时，顶部需浇注钢筋混凝土顶盖。

7.2 确定桩的承载力

7.2.1 单桩竖向容许承载力确定

基桩在轴向荷载作用下，可能出现两种破坏：一种是土对桩的阻力不够，以使桩发生大的下沉，而不能满足使用的要求；另一种是因桩身材料强度不够而破坏。因此，确定单桩的轴向容许承载力，应分别按桩身材料和土的阻力进行计算，取其较小者。一般情况下支承在岩层上的柱桩，多是桩身材料先破坏，而摩擦桩多是由于土的摩阻力不够而破坏。现着重介绍按土对桩支撑力确定单桩竖向极限承载力的静载试验法和经验参数法，以及按桩身材料强度确定单桩竖向受压承载力的方法。

1. 单桩竖向抗压静载试验

单桩竖向抗压静载试验主要用于确定单桩竖向抗压极限承载力，判断竖向抗压极限承载力是否满足设计要求等。在桩基施工现场，对试桩直接施加荷载至破坏，以确定其容许承载力的方法。

（1）试验加载装置

锚桩千斤顶是一种常用的加载装置（图7-10），它的主要设备有锚桩、锚梁、横梁、液压千斤顶等。在试桩周围打下4~6根锚桩，锚桩离试桩的距离应不大于$3d$（d为试桩直径），锚桩上连锚梁，锚梁下穿过横梁，在试桩桩顶和横梁之间放置液压千斤顶，用液压千斤顶对试桩加压。测量试桩沉降的设备常用千分表、杠杆式偏移计及水平仪等。

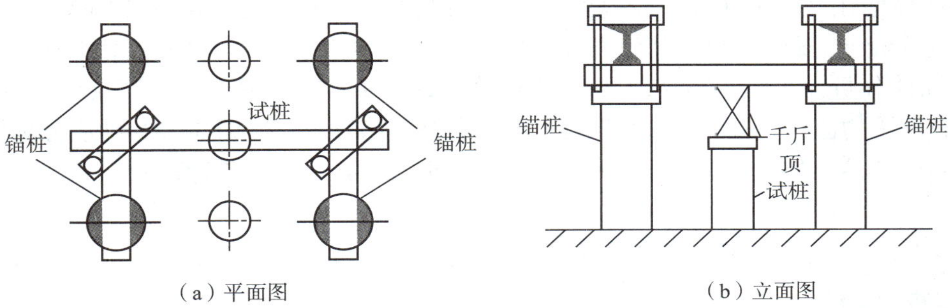

图7-10　锚桩千斤顶

（2）加载方法

试桩加载应沿桩轴方向均匀、无冲击和分级进行。每级加载量一般不大于预计最大荷载的1/8~1/10。加载一次后，每隔5~20 min读一次下沉值，一直读到其下沉终止后，才能加下一级荷载。下沉终止的标准：对砂土是在最后30 min内，对黏性土是在最后60 min内，桩的下沉量不超过0.1 mm。根据每一级加载所记录桩的下沉随时间变化的数据，可绘出荷载-沉降曲线及时间-沉降曲线（图7-11）。

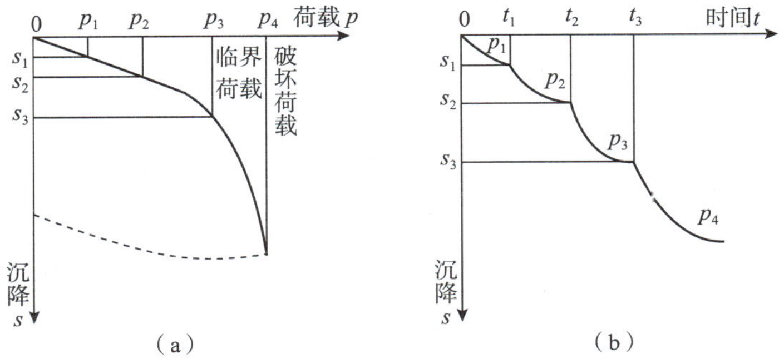

图7-11　荷载-沉降曲线及时间-沉降曲线

为满足测量沉降量的精度，量测沉降量的仪器至少要对称地设置两个，仪器的测量精度应高于0.05 mm。

（3）试桩的破坏标准

试桩在加载过程中，如出现下列情况时，则认为试桩已破坏，可以卸载。

① 桩顶总沉降量大于或等于 40 mm，同时后一级的沉降量大于前一级沉降量的 5 倍。

② 桩顶总沉降量大于或等于 40 mm，施加本级荷载一昼夜后，桩的沉降仍未稳定。

一般将破坏前一级荷载作为极限荷载 P_j 。

（4）桩的轴向受压容许承载力的确定

$$[P]=\frac{P_j}{K} \tag{7.1}$$

式中，K 为安全系数，对于永久性建筑物，取 $K=2.0$；对于临时性建筑物，取 $K=1.5$。

如果上部结构有特殊要求，必须限制桩的沉降量，也可按容许沉降量及荷载-沉降曲线来确定［P］值。实际工程中，为保证试验结果具有足够的代表性，常需取多根桩（例如工程总桩数的 1%）进行试验，由于各试桩所对应的土层不可能完全相同，土的性质、桩的特性都具有一定的随机性，试验也不可避免地会有一些误差，故各试桩的极限承载力不可能完全相同。《建筑地基基础设计规范》（GB 50007—2011）规定：对所有试桩的结果进行统计分析，当承载力的极差（即承载力最大值与最小值的差）不超过平均值的 30%时，取平均值作为桩的极限承载力的值；若极差超过平均值的 30%，则应分析极差偏大的原因，结合具体情况确定极限承载力，必要时需再选试桩，进行试验。

2. 经验参数法

根据《建筑桩基技术规范》（JGJ 94—2008）规定，现介绍几种计算单桩受压容许承载力的经验参数法。

（1）根据土的物理指标与承载力参数之间的经验关系

当根据土的物理指标与承载力参数之间的经验关系确定单桩竖向极限承载力标准值时，宜按下式估算

$$Q_{uk}=Q_{sk}+Q_{pk}=u\sum q_{sik}l_i+q_{pk}A_p \tag{7.2}$$

式中　q_{sik}——桩侧第 i 层土的极限侧阻力标准值，kPa；

q_{pk}——极限端阻力标准值，kPa；

Q_{sk}——单桩总极限侧阻力标准值，kN；

Q_{pk}——单桩总极端限阻力标准值，kN；

u，A_p——单桩周长及桩底面积；

l_i——第 i 层土的厚度。

【例 7-1】 某灌注桩，桩径 $d=0.8$ m，桩长 $l=20$ m。从桩顶往下土层分布为：0~2 m 填土，$q_{sik}=30$ kPa；2~12 m 淤泥，$q_{sik}=15$ kPa；12~14 m 黏土，$q_{sik}=50$ kPa；14 m 以下为密实粗砂层，$q_{sik}=80$ kPa，$q_{sik}=2\ 600$ kPa，该层厚度大，桩未穿透。试计算单桩竖向极限承载力标准值。

【解】 据式 $Q_{uk}=Q_{sk}+Q_{pk}=u\sum q_{sik}l_i+q_{pk}A_p$ 得

$$Q_{uk}=Q_{sk}+Q_{pk}=\pi\times0.8\times(30\times2+15\times10+50\times2+80\times6)+2\ 600\times\frac{\pi}{4}\times0.8^2$$

$$=1\ 583.4+1\ 306.9=2\ 890.3(\text{kN})$$

(2) 根据土的物理指标与承载力参数之间的经验关系

根据土的物理指标与承载力参数之间的经验关系确定大直径桩单桩极限承载力标准值时，可按下式计算

$$Q_{uk}=Q_{sk}+Q_{pk}=u\sum\psi_{si}q_{sik}l_i+\psi_p q_{pk}A_p \tag{7.3}$$

式中　q_{sik}——桩侧第 i 层土极限侧阻力标准值（kPa），对于扩底桩变截面以上 $2d$ 长度范围不计侧阻力；

q_{pk}——桩径为 800 mm 的极限端阻力标准值（kPa）见表 7-1，对于干作业挖孔（清底干净）可采用深层载荷板试验确定；

ψ_{si}、ψ_p——大直径桩侧阻、端阻尺寸效应系数见表 7-2；

u——桩身周长，当人工挖孔桩桩周护壁为振捣密实的混凝土时，桩身周长可按护壁外直径计算。

表 7-1　干作业挖孔桩（清底干净，$D=800$ mm）极限端阻力标准值 q_{pk}（kPa）

土名称		状态		
黏性土		$0.25<I_L\leq0.75$	$0<I_L\leq0.25$	$I_L\leq0$
		800~1 800	1 800~2 400	2 400~3 000
粉土			$0.75\leq e\leq0.9$	$e<0.75$
			1 000~1 500	1 500~2 000
砂土碎石类土		稍密	中密	密实
	粉砂	500~700	800~1 100	1 200~2 000
	细砂	700~1 100	1 200~1 800	2 000~2 500
	中砂	1 000~2 000	2 200~3 200	3 500~5 000
	粗砂	1 200~2 200	2 500~3 500	4 000~5 500
	砾砂	1 400~2 400	2 600~4 000	5 000~7 000
	圆砾、角砾	1 600~3 000	3 200~5 000	6 000~9 000
	卵石、碎石	2 000~3 000	3 300~5 000	7 000~11 000

注：(1) 当桩进入持力层的深度 h_b 分别为：$h_b\leq D$，$D<h_b\leq4D$，$h_b>4D$ 时，q_{pk} 可相应取低、中、高值。

(2) 砂土密实度可根据标贯击数判定，$N\leq10$ 为松散，$10<N\leq15$ 为稍密，$15<N\leq30$ 为中密，$N>30$ 为密实。

(3) 当桩的长径比 $l/d\leq8$ 时，q_{pk} 宜取较低值。

(4) 当对沉降要求不严时，q_{pk} 可取高值。

表 7-2　大直径灌注桩侧阻尺寸效应系数 ψ_{si}、端阻尺寸效应系数 ψ_p

土类型	黏性土、粉土	砂土、碎石类土
ψ_{si}	$(0.8/d)^{1/5}$	$(0.8/d)^{1/3}$
ψ_p	$(0.8/D)^{1/4}$	$(0.8/D)^{1/3}$

（3）根据土的物理指标与承载力参数之间的经验关系

根据土的物理指标与承载力参数之间的经验关系确定钢管桩单桩竖向极限承载力标准值时，可按下列公式计算

$$Q_{uk}=Q_{sk}+Q_{pk}=u\sum q_{sik}l_i+\lambda_p q_{pk}A_p \tag{7.4}$$

当 $h_b/d<5$ 时，

$$\lambda_p=0.16h_b/d \tag{7.5}$$

当 $h_b/d\geqslant 5$ 时，

$$\lambda_p=0.8 \tag{7.6}$$

式中　q_{sik}、q_{pk}——分别按表 7-1、表 7-2 取与混凝土预制桩相同值，kPa；

λ_p——桩端土塞效应系数，对于闭口钢管桩 $\lambda_p=1$，对于敞口钢管桩按式（7.5）、式（7.6）取值；

h_b——桩端进入持力层深度，m；

d——钢管桩外径，mm。

对于带隔板的半敞口钢管桩，应以等效直径 d_e 代替 d 确定 λ_p；$d_e=d/\sqrt{n}$ 其中 n 为桩端隔板分割数（图 7-12）。

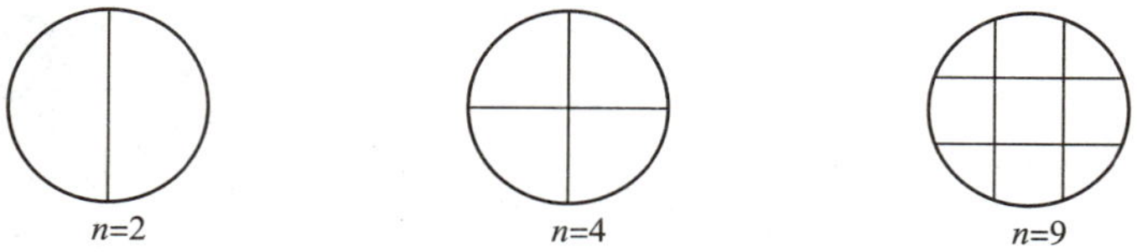

图 7-12　隔板分隔

（4）根据土的物理指标与承载力参数之间的经验关系

根据土的物理指标与承载力参数之间的经验关系确定敞口预应力混凝土空心桩单桩竖向极限承载力标准值时，可按下列公式计算

$$Q_{uk}=Q_{sk}+Q_{pk}=u\sum q_{sik}l_i+q_{pk}(A_j+\lambda_p A_{pl}) \tag{7.7}$$

当 $h_b/d<5$ 时，　$\lambda_p=0.16h_b/d$　(7.8)

当 $h_b/d\geqslant 5$ 时，　$\lambda_p=0.8$　(7.9)

式中　q_{sik}、q_{pk}——与混凝土预制桩相同值，kPa；

A_j——空心桩桩端净面积，mm^2。

管桩

$$A_j=\frac{\pi}{4}(d^2-d_1^2)$$

空心方桩

$$A_j=b^2-\frac{\pi}{4}d_1^2$$

式中　A_{pl}——空心桩敞口面积，mm^2；

λ_p——桩端土塞效应系数；

d、b——空心桩外径、边长，mm；

d_1——空心桩内径，mm。

3. 按桩身材料强度确定单桩竖向受压承载力

按材料强度计算单桩竖向承载力时，将桩视为一轴向受压构件，钢筋混凝土轴心受压桩正截面受压承载力应符合下列规定。

当桩顶以下 5 d 范围的桩身螺旋式箍筋间距不大于 100 mm，且符合灌注桩构造规定时

$$N \leqslant \psi_c f_c A_{ps} + 0.9 f'_y A'_s \tag{7.10}$$

当桩身配筋不符合上述规定时

$$N \leqslant \psi_c f_c A_{ps} \tag{7.11}$$

式中　N——荷载效应基本组合下的桩顶轴向压力设计值，kN；

ψ_c——基桩成桩工艺系数，应按下列规定取值：混凝土预制桩、预应力混凝土空心桩：$\phi_c = 0.85$；干作业非挤土灌注桩：$\psi_c = 0.90$；泥浆护壁和套管护壁非挤土灌注桩、部分挤土灌注桩、挤土灌注桩：$\psi_c = 0.7 \sim 0.8$；软土地区挤土灌注桩：$\psi_c = 0.6$；

f_c——混凝土轴心抗压强度设计值，N/mm^2；

f'_y——纵向主筋抗压强度设计值，N/mm^2；

A_{ps}——桩身截面面积，mm^2；

A'_s——纵向主筋截面面积，mm^2。

7.2.2　桩基承载力验算

对于桩基承载力验算方法，不同的设计规范有不同的规定，现以《建筑桩基技术规范》（JGJ 94—2008）为例，介绍桩基竖向承载力的验算方法。

1. 荷载效应标准组合

轴心竖向力作用下

$$N_k \leqslant R \tag{7.12}$$

竖向偏心力作用下，除应满足上式外，尚应满足

$$N_{kmax} \leqslant 1.2R \tag{7.13}$$

式中　N_k、N_{kmax}——荷载效应标准组合下，基桩轴心竖向力作用下桩顶竖向压力及偏心竖向力作用下桩顶最大竖向压力；

R——基桩或复合基桩竖向承载力特征值。

轴心竖向力作用下

$$N_k = \frac{F_k + G_k}{n}$$

偏心竖向力作用下

$$N_{ik} = \frac{F_k + G_k}{n} \pm \frac{M_{xk} z_i}{\sum_{j=1}^{n} z_j^2} \pm \frac{M_{zk} x_i}{\sum_{j=1}^{n} x_j^2} \tag{7.14}$$

式中　n——桩的总数；

F_k——荷载效应标准组合下，作用于承台顶面的竖向力，kN；

G_k——承台及其上土的自重标准值，对稳定的地下水位以下部分应扣除水的浮力，kN；

M_{xk}，M_{zk}——荷载效应标准组合下，对承台底面群桩形心 x、z 轴的力矩，N·m；

x_i，x_j，z_i，z_j——桩 i、j 的中心到 z、x 轴的距离，m。

2. 荷载效应标准组合和地震作用效应

由于地震作用的时间很短，故考虑地震作用效应时，可将承载力适当提高，规范中将基桩竖向承载力提高 25%，承载力应满足：

竖向轴心力作用下

$$N_{Ek} \leqslant 1.25R \tag{7.15}$$

偏心竖向力作用下，除满足上式外，尚应满足

$$N_{Ekmax} \leqslant 1.5R \tag{7.16}$$

式中　N_{Ek}、N_{Ekmax}——荷载效应标准组合和地震作用效应下，基桩的平均竖向压力及最大竖向压力，kN；

R——考虑地震作用时，基桩或复合基桩竖向承载力特征值，kN。

7.3 桩基础设计

7.3.1 桩基础设计原则与步骤

1. 桩基础设计原则

桩基础的设计首要考虑是其承载能力，即桩基础要能够承受建筑物的荷载并将荷载安全可靠地传递到较深的土层或岩石中。设计时需要充分考虑桩的承载能力计算和安全系数的选择，考虑桩身和桩头的受力情况，包括受压和受拉等不同作用力情况，确保桩基础在承受不同方向荷载时能够保持结构稳定。桩基是由桩、土和承台共同组成的基础，设计时应考虑三者共同作用。桩基按极限状态设计法设计，应满足承载能力极限状态和正常使用极限状态的要求。根据具体工程需要、地质条件等因素，选择合适的桩型，如钻孔灌注桩、钻孔桩、灌注桩等，以满足承载和受力要求。对于地震区域的工程，桩基础的设计需要特别考虑地震荷载的作用，确保结构在地震发生时有较强的抗震性能。

2. 桩基础设计步骤

桩基础的设计首先根据上部结构、地质、水文及荷载等资料，初步拟定承台标高和尺寸、桩的材料、直径、长度、桩数和在平面上的布置、桩和承台的连接等，经反复试算比较，选择最优方案。在设计过程中，不但要满足力学上和使用上的要求，同时还应考虑技术上的可行性和是否经济等因素。桩基础的具体设计步骤如下。

（1）收集设计所需资料，包括建筑物的类型、规模、功能要求、结构体系及荷载情况、对差异变形的适应性、场地地基的岩土工程勘察报告、可供采用的施工技术和设备及材料等。

（2）选择桩型，确定承台底面深度、持力层位置；并确定桩的断面形状及尺寸、桩端持力层及桩长等基本参数。

(3) 确定单桩承载力，包括竖向抗压、抗拔及水平承载力等。

(4) 根据上部结构荷载情况，初步拟定桩的数量，根据构造要求等，拟定桩的平面布置形式和承台的平面形状及尺寸。

(5) 桩基承载力与变形验算，包括竖向及水平承载力，沉降或水平位移等，对有软弱下卧层的桩基，尚应验算软弱下卧层的承载力。

(6) 桩基中各桩受力与结构设计，包括各桩桩顶荷载分析，内力分析以及桩身结构构造设计等，根据结果，对桩的截面、长度等进行必要的调整。

(7) 承台结构设计，包括承台的抗弯、抗剪、抗冲切及抗裂等强度设计及结构构造。

桩基础设计需满足上述两种极限状态的要求，如在上述设计步骤中出现不满足这些要求的情况时，应修改设计参数甚至方案，直至全部满足各项要求方可结束设计工作。

7.3.2　桩的类型选择

桩的类型选择应根据建筑结构类型、荷载性质、桩的使用功能、穿越土层、桩端持力层、地下水位、施工设备、施工环境、施工经验、工期影响、制桩材料供应条件等，按安全适用、经济合理的原则选择。摩擦桩和端承桩的选择主要根据地质条件和岩层的埋置深度来确定。

在同一桩基中，不应同时采用摩擦桩和端承桩，不宜采用不同直径、不同材料的桩，也不宜采用长度相差过大的桩。如果采用摩擦桩，桩的长度不宜太短，否则无法发挥桩基础能够减少沉降量的优势。打入桩适用于稍松至中密的砂类土、粉土和流塑、软塑的黏性土；振动下沉桩适用于砂类土、粉土、黏性土和碎石类土。对漂石或其中含有大孤石的土，预制桩通常难以穿透，因此不宜选用。此外，预制桩显然难以进入新鲜的岩层中，无法形成嵌岩桩。钻孔灌注桩可用于各类土层、岩层，其直径及长度可灵活变化，能够满足绝大多数的尺寸要求。挖孔灌注桩可用于无地下水或少量地下水的土层，其中，人工挖孔桩的直径不宜小于 800 mm。管柱基础多用于深水、有覆盖层或无覆盖层、岩面起伏的大型桥梁，对施工技术、机具设备和电力供应等要求较高。

提　示

施工前应确定设计荷载的类型与大小，并对桩的承载能力进行合理计算和选择。确保桩能够满足所需的荷载要求，同时结构的安全性和稳定性得到充分保证。

7.3.3　承台底面埋深的确定

1. 建筑桩基承台

对带有地下室的建筑，承台的埋深取决于底板的埋深和厚度，通常应使承台的顶面与底板的顶面齐平或低于底板的底面。房屋建筑多采用低承台桩基，为减小外部环境的不良影响，承台的埋深不应小于 600 mm。此外，对季节性冻土，承台宜埋设在冰冻线以下，对膨胀土，承台应在大气影响线以下。

2. 桥梁桩基承台

对于常年有水且水位较高的情况下，施工时排水或者河床的冲刷深度较深的河流，多采用高承台桩基。低承台桩基的稳定性较好，多用于季节性的河流或者冲刷深度较小的河流之中。在没有流冰和不通航的常年有水河流上，为了便于施工和节省墩、台身圬工，往往将承台底面置于施工水位以上。对于航运繁忙的河流，为了避免船只和排筏直接撞击基桩，应将承台底面适当降低或在承台四周设置伸至通航水位以下一定深度的钢筋混凝土围板。

确定承台底面的埋深时，应根据桩基础受力的大小、上部结构的要求、外部环境的影响、施工的便利性等因素。一般情况下，当桩基础承受的水平外力和弯矩较大，或桩侧土较差时，为了缩短桩的长度以及减少桩身弯矩和剪力，宜将承台底面的标高降低；反之，应将承台底面的标高抬高。

7.3.4 桩的截面尺寸和桩长的确定

1. 桩的截面尺寸确定

桩的直径主要取决于单桩承载力等方面的要求，同时还应考虑不同桩型的施工要求。桩的截面形式多样，有圆的、方的、矩形等。根据勘察资料中地基土质、土层等情况，选定桩的类型，混凝土预制桩的截面边长不应小于 200 mm；预应力混凝土预制实心桩的截面边长不宜小于 350 mm 等。对于持力层土较好、桩周土层较差的抗压桩，为提高承载力，可将底部做成扩大端。

2. 桩长确定

桩长是整根桩的长度，在桩的计算中，桩长是指承台底面以下的桩长，对高承台桩基来说，桩长是指承台底面以下桩的自由长度与入土长度之和，对低承台桩基来说，则为桩的入土长度。桩底端持力层对桩基承载力及沉降有着重要的影响，故应尽可能地将桩底置于基岩或坚硬的土层，从而避免置于软弱土层之上或距离软弱下卧层顶面的距离太近。对非端承桩，桩径确定后，可按所需的单桩承载力估算桩的长度。在桥梁基础和房建中的柱（墙）下基础中，同一个基础中一般多采用长度相同的桩。对高层建筑中的桩一筏基础，常通过改变桩长或桩距来调整基础不同位置对沉降变形的抵抗能力，即“变刚度调平法”。

3. 确定群桩的桩数及布桩

（1）桩数

轴心受压桩基础

$$n \geqslant \frac{F_k + G_k}{R_a} \tag{7.17}$$

偏心受压桩基础

$$n \geqslant \phi_e \frac{F_k + G_k}{R_a} \tag{7.18}$$

式中 F_k——相应作用的标准组合时，作用于桩基承台顶面的竖向力，kN；

G_k——桩基承台自重及承台上土自重标准值，kN；

R_a——单桩竖向承载力特征值，kN；

n——桩基中桩数；

ϕ_e——考虑合力偏心影响对桩数的增大系数；对建筑桩基，一般为 1.1~1.2，对铁路桩基，取 1.3~1.8。

（2）桩的平面布置

桩与桩之间的距离要适当，通常按桩的中心距（3~4 倍桩径）布桩。间距太大，将使承台体积增加，造价提高；而间距太小时，对非端承桩可能会因群桩效应显著，导致承载能力不能充分发挥。此外，过小的间距还会给施工造成困难。为防止挤土效应造成的影响，布置较多的群桩时，其桩距在满足最小中心距要求的基础上适当加大，但桩距不宜过大，否则桩承台尺寸太大不经济。桥梁基础、房建中的柱（墙）下基础通常按固定间距布置，对高层建筑的桩-筏基础，也可采用“内密外疏”变间距布置方法。

7.4　桩基础施工

桩基础的施工包括桩的施工和承台的施工，其中关键的是桩的施工。对预制桩，桩制作完成后，所需解决的关键问题是如何将其沉入土中；而灌注桩，关键则是其成孔方法。建筑桩基通常建于陆地，而桥梁桩基则常会涉及水上及水中施工的问题。

7.4.1　钢筋混凝土预制桩的沉桩方法

预制桩可利用锤击、振动、静压等方法下沉。

1. 锤击沉桩

利用桩锤自由下落时的冲击力击打桩头，使桩克服土的阻力下沉到所需位置。采用锤击法下沉的桩常称为打入桩。通过锤型和锤重的选择，锤击法可用于不同土层及不同尺寸桩的下沉施工。但用锤击桩时，会在桩内产生较大的拉应力，为此桩的配筋率相对较高。此外，所产生的噪声也会对周围环境产生较大的影响。桩锤是锤击沉桩的主要设备，有落锤、汽锤、柴油锤、液压锤等类型。

（1）落锤

沉桩时，落锤通过卷扬机提升，效率很低，现已很少使用。

（2）汽锤

汽锤工作原理示意图如图 7-13 所示，按冲击方式，可分为汽缸冲击式和汽锤冲击式。其中，汽锤（缸）的提升依靠蒸汽。图 7-13（a）为单动汽锤，锤的提升靠下方的进气实现。其构造较简单，施工中很少出故障，但锤击频率不高。图 7-13（b）为双动汽锤，可以看出，锤的上方和下方均可进气。因此，锤的下落可同时依靠自重和蒸汽的作用，故锤的下降速度比单动汽锤快，锤击频率较高。

蒸汽打桩锤需配一套庞大的立式锅炉，使用不便，故在陆地施工中的应用越来越少，但在海洋石油平台、港口码头的打桩工程中，常需大吨位的打桩锤，此时其他类型的桩锤很难满足要求，只能使用蒸汽打桩锤。

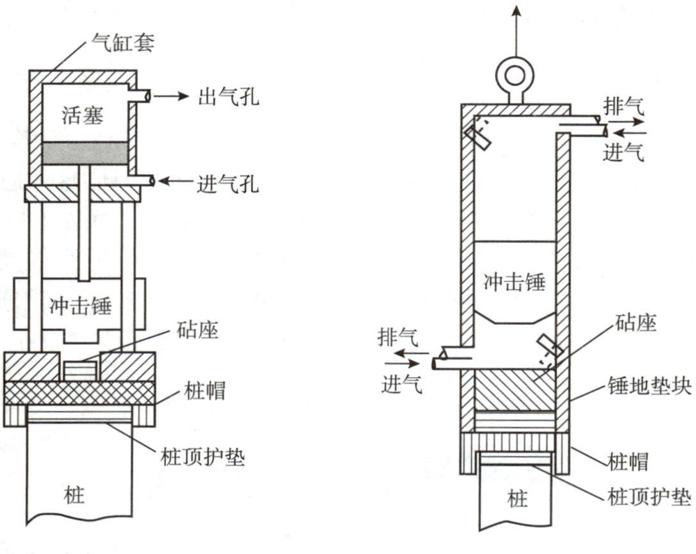

（a）单动汽锤　　（b）双动汽锤

图 7-13　汽锤工作原理示意图

提 示

与单动汽锤相比，双动汽锤的锤击频率高，但单击能量较小，宜用于轻型桩。若将双动汽锤倒装于桩上，则可用于拔桩，如钢板桩围堰中桩的拔除。

（3）柴油锤

蒸汽锤所需的提升能量（蒸汽）来自外部设备的供应，而柴油锤的能量来自其本身，它利用柴油燃烧爆炸产生的能量提升桩锤，如图 7-14 所示。柴油锤分筒式和杆式两种，前者的冲击部分是汽缸，虽构造简单，但锤击能量小，寿命短，目前已很少使用。筒式柴油锤利用锤芯（上活塞或冲击部分）锤击打桩，爆发力强，锤击能量大，而落距随贯入阻力的大小而变，即土质越硬，锤体跳得越高，下落后的打击能量就越大，是目前应用最为广泛的桩锤。其缺点是打桩时噪声大，振动剧烈，排出的油烟废气会污染环境。

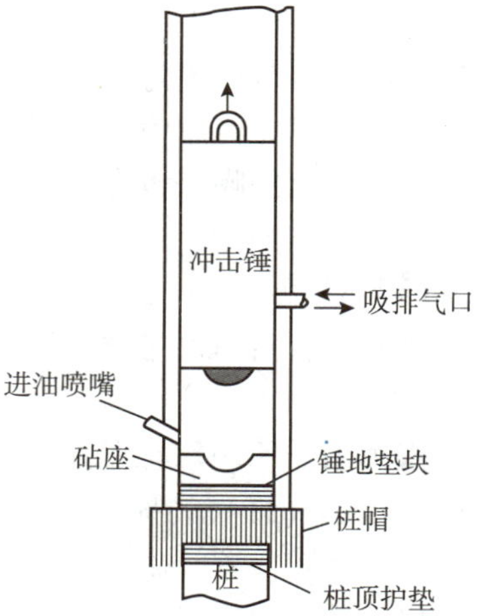

图 7-14　柴油锤（筒式）工作原理示意图

（4）液压锤

先靠液压提升锤体，再变换给油方向使锤体在重力和液体压力的推动下落下，冲击桩头，使桩下沉。液压锤通过液压提升和压下锤体，提升了冲击频率，并可显著增大冲击能量。同时增长锤与桩的接触时间，这样既加大了有效贯入能量，又可显著地减小桩头被击坏的概率。

提 示

与柴油锤相比，液压锤具有低噪声、无油烟、低耗能的优点，适合于各类土层和桩型，且打桩效率较高，桩锤的冲击力可调，施工时可不设桩垫。目前在国内外均有广泛的应用。

2. 振动沉桩

振动锤工作原理示意图如图 7–15 所示，锤中设有成对的逆向旋转的偏心轮（偏心块），工作时，偏心轮（块）产生的横向力相互抵消，竖向力则相互叠加，使桩上下振动，并克服土的阻力下沉。如各对偏心轮的转速相等，则为“单频率”振动，此时振动力系上下对称；如果在其中再增加一对或数对振动力较小但转速快一倍的偏心轮（块），则成为“双频”振动，通过调整两组振动的相位，可使向下的振动力大于向上的力，更利于沉桩。反向使用时，还可用于拔桩，例如，用于拆除钢板桩围堰中的桩。

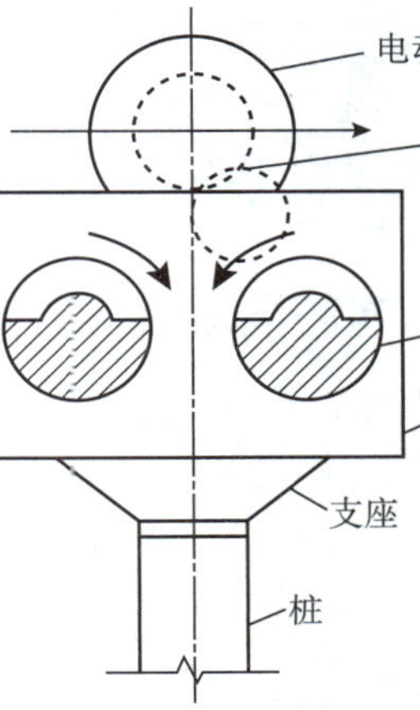

图 7–15 振动锤（单频）工作原理示意图

振动沉桩操作简便，沉桩效率高，工期短，不需要辅助设备。与锤击法比，不易损坏桩材，噪声较小。但振动锤构造较复杂，需大型供电设备且耗电量较大。此外，振动法适用于松软地层，一般不适用于硬黏土、砂砾和卵石土地基。

3. 静压沉桩

通过电动油泵液压或其他方式在桩顶或桩身施加静压力，使桩克服土阻力，沉入预定位置。

与前两种沉桩方法相比，静压法施工时无振动、无噪声，对周围环境影响小；同时，压桩产生的桩身应力远小于锤桩或振桩，不产生拉应力，桩可采用较低的配筋率。此外，沉桩时所受到的阻力也反映出桩的承载力，可供设计和施工参考。

静压法施工时，应该根据桩的承载力（取决于土层性质、桩的尺寸等）选择相应的压桩设备，通常多用于高压缩性黏土层或砂性较轻的软黏土地基。

知识拓展

收锤应遵守的基本原则

桩沉到设计深度时，即可收锤停打。另一种收锤标准则由桩所受到的阻力确定。例如，当最后 10 击的贯入量小于某量值，或最后 1 m 贯入量的击数大于某值时，即可停打，采用这类指标作为收锤标准的原理是：沉桩过程中桩所受到的阻力实际上将反映出桩在以后工作状态时的承载力大小。因此，定性上看，这一方法无疑是合理的。不过，在实际应用中，收锤标准受较多因素影响，是一个复杂的问题，往往需借助丰富的经验，这里不再详细讨论。

打桩时应采用合理的打桩顺序，以保证桩的施工质量及施工效率，同时还要尽量减小对周围环境的影响，例如，不会因打桩挤土造成周围建筑或地下管线的损害。其应遵守的基本原则如下。

（1）由中间开始，向两边或四周进行，减缓因挤土而造成各桩的入土深度相差过大，最终导致使用期间的不均匀沉降。

（2）先深桩，后浅桩。

（3）先打精度要求低的桩，再打精度要求高的桩。

（4）先打群桩，后打单桩。

7.4.2 钢筋混凝土灌注桩的施工方法

与预制桩不同，灌注桩是直接在设计桩位处成孔，然后在孔内下放钢筋笼，再浇灌混凝土而成，其横截面多为圆形。此外，预制桩多为等截面的，而灌注桩既可是等截面的，也可根据需要，在成孔时改变截面尺寸，做成变截面桩。例如，将底部做成扩大端，以提高桩的承载能力。成孔和混凝土的灌注是灌注桩施工的两个重要环节。灌注桩的成孔方式可分为以下几类。

1. 人工挖孔桩

人工挖孔桩是最原始的成孔方式，由人工逐段挖掘，边开挖边支护，如图 7-16 所示。挖孔桩的直径一般应不小于 800 mm，以便于开挖操作。护壁厚度宜不小于 100 mm，每节高 500~1 000 mm，可用混凝土浇注或砖砌筑。

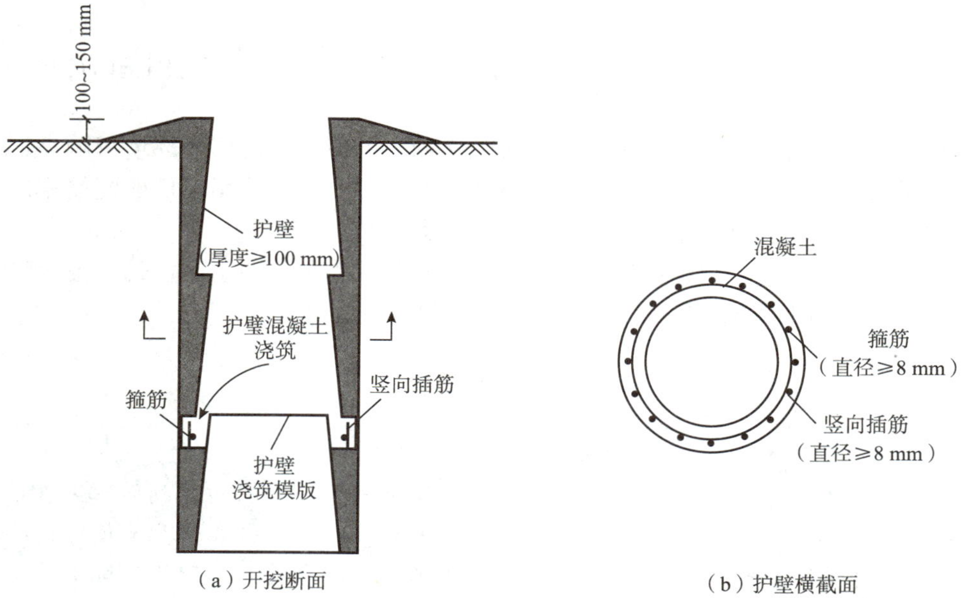

图 7-16 人工挖孔桩的开挖示意图

人工挖孔桩施工设备简单，噪声小，场区内各桩可同时施工，可做直径很大的桩而无困难，且孔底易清净。但由于挖孔时存在塌方、缺氧、有害气体、触电等危险，且桩孔中工作环境较差，其应用已显著减少。但在某些情况，如桩截面非圆形（边坡及滑坡工程中的抗滑桩多为矩形）、截面尺寸很大、施工机械无法施展时，人工挖孔的方法就成为合理的选择。

2. 沉管灌注桩

沉管灌注桩是最早的机械成孔方式。将钢管下端套上预制混凝土桩尖或设置活瓣桩尖（沉管时桩尖闭合，拔管时张开以便灌注混凝土），利用锤击或振动等方法沉管成孔，然后浇灌混凝土并拔出套管。其常用桩径为 300~500 mm，桩长常在 20 m 以内。

3. 钻（冲）孔灌注桩

利用钻机在土或岩石中钻（冲）成孔，是目前应用最为广泛的成孔方法。它的施工过程包括以下几个步骤。

（1）钻孔

首先在地面上选择位置，使用专用的钻机进行孔洞钻进。孔的直径和深度根据设计要求和地质条件而定。

（2）放置钢筋笼

在孔洞中放入预先制作好的钢筋笼。钢筋笼由钢筋按照设计要求编织而成，其长度一般超出孔洞一定长度。

（3）灌浆

一旦钢筋笼放入位置，就开始以泥浆或混凝土进行灌浆。灌浆方法可以采用自由落体或打捞管方式，确保灌浆充实、均匀、无空隙。

（4）等待固结

灌浆后需要保持一定的时间等待固结。这个时间通常由混凝土的强度等参数决定，以确保桩的质量和稳定性。

钻孔灌注桩具有承载能力强、适用于多种地质条件、施工过程相对简单等特点，因此在许多工程中得到广泛应用。

7.4.3 水中修建桩基

对跨河的大桥、湖泊或海洋中的结构等，常需在水中修建桩基础。虽然预制桩的下沉以及灌注桩的成桩技术与陆地上相似，但水的存在也会给桩基础的建造带来困难。

1. 水中定位

桩位的确定一般可采用全站仪、经纬仪。当桩位远离陆地时，更为方便直接的定位方法是依靠 GPS 等定位系统。对预制桩，可逐桩定位，沉桩。对灌注桩，在水中建好施工平台后，再精确进行桩的定位，并下钢护筒，然后挖桩。

2. 水中沉桩

水中沉桩主要需解决安置沉桩设备的平台。当水较浅且离岸不远时，可搭建栈桥，供打桩机移动到桩位；水较深时，可用驳船作为打桩机的平台；水很深时，则需用专用打桩船，如图 7-17 所示。

图 7-17　打桩船

3. 灌注桩的施工

当承台底面高于水位且水位不深时，可不设围堰隔水，而通过打钢管桩建立水上施工平台，然后在桩位处安放钢护筒，并钻孔施工，如图 7-18 所示。

若承台底面在水位以下，可设置围堰隔水。当水浅流速小时，可采用土石围堰等。否则，需采用钢围堰或钢筋混凝土围堰。其中，水深不是很大时，可采用钢板桩围堰、钢管桩围堰或单壁钢围堰；水很深时，则可采用双壁钢围堰，它由内、外钢壳和壳间数层水平桁架组成。为提高承载能力，可在钢围堰内设置钢管或型钢水平内支撑。

图 7-18　桩基施工平台

钢板（管）桩围堰采用打桩机打入土中，而单（双）壁钢围堰则需在岸上加工制作，然后浮运至桩位下沉。围堰完成后，在其中浇注封底混凝土，再将其中的水抽干，之后的施工就与陆地上施工相同了。除挡水外，钢围堰还可用作支撑，搭建施工平台。封底混凝土应有足够的厚度，以保证在底面水压的作用下不发生破坏。

4. 承台的修建

当采用围堰和封底混凝土或采用钢吊箱围堰隔水后，承台的修建便与陆地无多大差异了。

思政链接

万丈高楼平地起，一砖一瓦皆根基

我国自古就是基建大国，唐代长安城是我国古代最大的超级城市，它是在隋朝大兴土木基础上改建扩建而成，通过修整城墙，建立城楼，并随后修建了大明宫、兴庆宫两座宫殿，使长安城的规模更加宏大。仅大明宫的面积（3.3 km^2）就相当于 3 个凡尔赛宫、4 个紫禁城、12 个克里姆林宫、13 个卢浮宫、15 个白金汉宫。

我国最大的宫殿类建筑遗址——阿房宫遗址，1992 年经联合国教科文组织实地勘察，确认在宫殿类建筑中名列世界第一。

明朝年间由蒯祥设计的北京故宫，是现存世界最大宫殿之一，面积为 72 万 m^2，比白金汉宫、克里姆林宫都大得多。

我国的万里长城修建在地势险要的崇山峻岭。它在英语里面独享“Great Wall”一词。长城到底有多长？2012 年 6 月 5 日，国家文物局在北京居庸关长城宣布，历经近 5 年的调查认定，中国历代长城总长度为 21 196.18 km，包括长城墙体、壕堑、单体建筑、关堡和相关设施等长城遗产 43 721 处。这是我国首次科学、系统地测量历代长城的总长度。

我国具有世界现存最老、最高的木塔和最早、最大的单拱石拱桥。山西应县木塔，使用木料超过 2 600 t，高度 67.3 m，有 20 多层楼高，建于公元 11 世纪，距今 1 000 多年时间，经历了多次地震仍然屹立不倒。河北石家庄的赵州桥，全长 50 m，单拱跨度 37 m，建成于 605 年，距今已经 1 400 多年，是世界上现存最早的石拱桥，经历了 10 次水灾、8 次战乱和多次地震，特别是 1966 年 3 月 8 日邢台发生的 7.6 级地震，赵州桥距离震中只有 40 多千米，都没有被破坏。

可以想象，我们的祖先在科技落后的古代，在崇山峻岭、洪水泛滥和各种地势土体上修筑这么多的超级工程，何其伟大！然而，由于近代清政府的闭关锁国，导致中国科技一度落后。直至新中国成立后，我国科技工作者奋起直追，才逐渐追赶上了世界的脚步。现在最高的桥、最长的桥、最长的隧道等，都在中国。例如，世界最长的跨海大桥，第一是青岛海湾大桥（41.6 km），第二是杭州湾大桥（35.7 km），第三是珠港澳大桥（35.6 km），第四是上海的东海大桥（32.5 km）。再例如，世界最高的桥梁，前六名都在中国，第一是贵州北盘江大桥（高度 565 m），就是第六高的贵州清水河大桥，桥面到谷底也有 406 m。

在工程建设领域，崛起中的中国凭借着“青藏铁路”“三峡水利工程”“港珠澳大桥”等工程建设的奇迹，在世界工程领域竞争中绽放光彩。归根结底，这些成就离不开改革开放综合国力的提升，离不开中国工程师的不懈奋斗，更离不开坚守和发展的精神——一种在新时代背景下熔铸而成的中国特色工匠精神。

万丈高楼平地起，高楼大厦不是凭空拔地而起的，而是打好地基，一砖一瓦堆砌起来的。

项目小结

本项目主要介绍了深基础设计与施工，首先介绍了深基础认知阶段，为后续设计和施工奠定了基础；其次介绍了确定桩的承载力，为深基础设计提供了关键的计算方法和理论依据；再次介绍了设计原则与步骤，桩的类型选择等内容，为实际工程项目的设计提供了具体指导；最后介绍了桩基础施工，有助于学生掌握深基础施工的技术要点。

通过本项目的学习，读者能够全面了解深基础设计与施工所涉及的重要知识，理解深基础的特点和设计原则，掌握桩的承载力计算方法，并熟悉深基础的实际施工方法，从而提高工程项目的设计水平和施工质量。

课后实训

1. 成员分组

以 3~5 人为一组，选出组长并进行分工，将小组成员及分工情况填入表 7-3 中。

表 7-3 小组成员及分工情况

小组成员	姓名	学号	分工
组长			
组员			

2. 开展实训

将实训操作过程填入表 7-4 中。

表 7-4 实训开展工作表

姓名	日期
实训项目	
具体任务	
相关知识	
其他项目	
实训记录	
教师指导	

3. 考核评价

各组展示任务完成情况，并完成表 7-5 所示的考核评价表。

表 7-5　考核评价表

<table>
<tr><th rowspan="2">评价项目</th><th rowspan="2">评价内容</th><th rowspan="2">分值</th><th colspan="3">评分</th></tr>
<tr><th>自评</th><th>互评</th><th>师评</th></tr>
<tr><td rowspan="4">职业素养考核项目（40%）</td><td>考勤、仪容仪表</td><td>1C 分</td><td></td><td></td><td></td></tr>
<tr><td>安全意识、责任意识及服从意识</td><td>1C 分</td><td></td><td></td><td></td></tr>
<tr><td>团队合作、沟通交流能力</td><td>1C 分</td><td></td><td></td><td></td></tr>
<tr><td>维护场地、设备及工具等干净整洁</td><td>1C 分</td><td></td><td></td><td></td></tr>
<tr><td rowspan="3">专业能力考核项目（60%）</td><td>积极参与教学活动并理解实训活动要求</td><td>2C 分</td><td></td><td></td><td></td></tr>
<tr><td>工程基本专业知识查找及时、准确</td><td>2C 分</td><td></td><td></td><td></td></tr>
<tr><td>桩的承载力计算符合规范，任务完成度</td><td>2C 分</td><td></td><td></td><td></td></tr>
<tr><td colspan="2">合计：综合分数________自评（20%）+互评（20%）+师评（60%）</td><td>100 分</td><td></td><td></td><td></td></tr>
<tr><td>综合评语</td><td></td><td colspan="4">指导教师（签名）：</td></tr>
</table>

课 后 习 题

一、填空题

1. 当建筑场地的浅层土质不能满足建筑物对地基承载力和变形的要求时，应考虑采用________。

2. ________是先在施工现场桩位处成孔，然后在孔内放置钢筋笼，再灌入混凝土而成。

3. ________是一种最常用的深基础沉井，它能充分发挥建筑材料的强度，可以做成任何形状。

4. 房屋建筑多采用低承台桩基，为减小外部环境的不良影响，承台的埋深不应小于________mm。

二、简答题

1. 简述桩基础的适用条件。

2. 如何确定桥梁桩基承台？

项目 8

地基处理

项目概述

建筑物地基一般面临强度和稳定性问题、变形问题、渗漏问题、液化问题。当建筑物的天然地基存在上述问题之一或几个时，需要对其进行地基处理。天然地基通过地基处理形成人工地基，从而满足建筑物对地基的各种要求。地基处理除用于新建工程的软弱和特殊土地基外，也作为事后补救措施用于已建工程地基加固。

学习目标

知识目标

◆理解地基处理的目的及处理的对象。

◆熟悉各种地基处理方法的分类。

◆熟悉换填法的设计与施工工艺。

◆熟悉排水固结法的原理与施工工艺。

◆了解机械压实法的原理与施工工艺。

◆理解化学加固法的原理与施工工艺。

能力目标

◆根据地基的性质和工程要求，能够选择合适的地基处理方法，包括换填法、排水固结法、机械压实法、化学加固法等。

◆能够设计地基处理方案，包括换填法的垫层设计、排水固结法的排水系统和加载系统设计等。

素质目标

◆通过深入学习地基处理知识，培养学生对土木工程领域的专业素养和扎实的理论基础。

◆鼓励学生在地基处理领域不断探索创新，提升解决问题的创新能力和灵活思维。

案例导入

某市拟在海边进行码头扩建工程，其中工程地基为海积淤泥，厚度高达 45 m。市政府规划 2024 年在此修建公路、办公楼及仓库，因此需要大面积加固地基。

问题思考

结合所学知识，试写出合适的地基处理方案。

8.1　地基处理基本知识

建筑物是通过基础修筑在地基土之上的。由于建筑物上部结构材料强度很高，而地基土的强度相对较低、压缩性较大，因此必须设置一定结构形式和尺寸的基础，使地基的强度和变形满足设计的要求。如果天然地基很软弱，不能满足地基强度和变形等要求，则要对地基进行人工处理后再建造基础，这种人工处理方法称为地基处理。

8.1.1　地基处理的目的

地基处理的目的

地基处理的目的是利用换填、夯实、挤密、排水、胶结、加筋和热化学等方法对地基土进行加固，用以改良地基土的工程特性，主要包括以下几方面。

1. 提高地基的承载能力

地基处理可以通过加固或改良地基的方法，提高地基土壤的承载能力，使其能够承受建筑物或结构物的荷载，并确保不发生沉降或破坏。通过地基处理，可以有效控制地基的沉降速度和量，避免建筑物或结构物因为地基沉降而产生不均匀沉降导致结构损坏。

2. 改善动力特性

地基的动力特性表现：在地震时，饱和松散粉细砂（包括部分粉土）将产生液化，如交通荷载或打桩等原因使邻近地基产生振动下沉。为此，需要研究采取何种措施防止地基土液化，并改善其振动特性以提高地基的抗震性能。

3. 改善压缩特性

地基的高压缩性表现为建筑物的沉降和差异沉降大，如填土或建筑物荷载使地基产生固结沉降；建筑物基础的负摩擦力引起建筑物的沉降；基坑开挖引起邻近地基沉降；降水产生地基固结沉降。因此，需要采取措施以提高地基土的压缩模量，以减少地基的沉降或不均匀沉降；另外，防止侧向流动（塑性流动）产生的剪切变形，也是地基处理的目的。

4. 解决地基土壤的不均匀性

地基处理可以通过改良地基土壤的方式，使地基土壤的性质更加均匀，减小土层间的差异性，有利于整体承载能力的提高。

5. 增强土体的抗液化能力

对于可能受到液化作用影响的地区，地基处理可以增强土体的抗液化能力，降低液化风险，确保建筑物或结构物在地震发生时的安全性。

6. 改善特殊土的不良地基特性

如采取措施以消除或减少黄土的湿陷性和膨胀土的胀缩性等。

8.1.2　地基处理的对象

地基处理的对象包括软弱地基与不良地基两种。

1. 软弱地基

软弱地基在地表下相当深范围内为软弱土。软弱土包括淤泥、淤泥质土、冲填土和杂填土等。淤泥和淤泥质土比较广泛地分布在上海、天津、宁波、连云港、广州、厦门等沿海地区，以及昆明、武汉等内陆平原和山区。冲填土分布在我国长江、黄浦江、珠江两岸等地区。杂填土是指由于人类活动而任意堆填的建筑垃圾、工业废料和生活垃圾。杂填土的分布最广，成因没有规律，组成的物质杂乱，结构松散，分布极不均匀。这类土通常土壤的承载力、抗剪强度、稳定性等力学性质不足以满足工程要求，不能作为永久性大型建筑物的天然地基。需要经过处理或加固才能支撑建筑物或其他结构物的荷载。其中，淤泥和淤泥质土具有下列特性。

（1）天然含水量高。这类土的天然含水量很高，大于土的液限，呈流塑状态。

（2）孔隙比大。这类土的孔隙比 $e \geqslant 1.0$，即土中孔隙的体积等于或大于固体的体积。其中 $e \geqslant 1.5$ 的土称为淤泥，$1 \leqslant e < 1.5$ 的土称为淤泥质土。

（3）压缩性高。这类土的压缩性很高，一般压缩系数为 0.7~1.5 MPa^{-1}，属高压缩性土；最差的淤泥压缩系数可达 4.5 MPa^{-1}，属超高压缩性土。

（4）渗透性差。这类土的固体直径小，渗透系数也小，这类地基的沉降可能会持续几年或几十年才能稳定。

（5）具有结构性。这类土一旦受到扰动，其絮状结构受到破坏，土的强度显著降低，灵敏度大（通常大于 4）。

2. 不良地基

不良地基是指在建设工程中，对于建筑物或结构物来说，不具备足够承载能力、稳定性或变形控制能力的地基。不良地基包括饱和松散粉细砂、湿陷性黄土、膨胀土和季节性冻土、泥炭土、岩溶与土洞地基、山区地基等特殊土，都需要进行地基处理。不良地基可能由于多种因素导致，包括土质状况、地下水情况、地震影响等。在工程设计和施工中，对于不良地基，需要进行充分的勘察和分析，选择合适的处理方法和措施，确保建筑物或结构物在地基上具有安全、稳定的基础。

8.1.3 地基处理方法的分类

地基处理的方法分类多种多样，按处理深度可分为浅层处理和深层处理；按时间可分为临时处理和永久处理；按土的性质可分为砂性土处理和黏性土处理；按地基处理的作用机理大致可分为：土质改良、土的置换、土的补强。地基处理的基本方法有置换、夯实、挤密、排水、加筋、热学等，见表 8-1。

表 8-1 常用地基处理方法

分类	处理方法	原理及作用	适用范围
碾压及夯实	重锤夯实法、机械碾压法、振动压实法、强夯法（动力固结）	利用压实原理，通过机械碾压夯击，把表层地基土压实，强夯则利用强大的夯击能，在地基中产生强烈的冲击波和动应力，使土体动力固结密实	碎石、砂土、粉土、低饱和度的黏性土、杂填土等。对饱和黏性土可采用强夯法

续表

分类	处理方法	原理及作用	适用范围
换土垫层	砂石垫层、素土垫层、灰土垫层、矿渣垫层	以砂石、素土、灰土和矿渣等强度较高的材料置换地基表层软弱土，提高持力层的承载力，减少沉降量	暗沟、暗塘等软弱土地基
排水固结	天然地基预压、砂井预压、塑料排水板预压、真空预压、降水预压	通过改善地基排水条件和施加预压荷载，加速地基的固结和强度增长，提高地基的稳定性，并使基础沉降提前完成	饱和软弱土层；对于渗透性很低的泥炭土，则应慎重
振密挤密	振冲挤密、灰土挤密桩、砂桩、石灰桩、爆破挤密	采用一定的技术措施，通过振动或挤密，使土体孔隙减少，强度提高；也可在振动挤密的过程中，回填砂、砾石、灰土、素土等，与地基土组成复合地基，从而提高地基的承载力，减少沉降量	松砂、粉土、杂填土及湿陷性黄土
置换及拌入	振冲置换、深层搅拌、高压喷射注浆、石灰桩等	采用专门的技术措施，以砂、碎石等置换软弱土地基中部分软弱土，或在部分软弱土地基中掺入水泥、石灰或砂浆等形成加固体，与周边土组成复合地基，从而提高地基的承载力，减少沉降量	黏性土、冲填土、粉砂、细砂等。振冲置换法对于不排水抗剪强度$\tau_f<20$ kPa时慎用
土工聚合物	土工膜、土工织物、土工格栅等合成物	一种用于土工的化学纤维新型材料，可用于排水、隔离、反滤和加固补强等方面	软土地基、填土及陡坡填土、砂土
其他	树根桩、灌浆，冻结，托换技术，纠偏技术	通过独特的技术措施处理软弱土地基	根据建筑物和地基基础情况确定

有些地基处理方法具有多种处理效果。如碎石桩具有挤密、置换、排水和加筋多重作用；石灰桩又挤密又吸水，吸水后进一步挤密等。因此，在选择地基处理的方法时，要综合考虑其所获得的多种处理效果。

知识拓展

地基处理方法的选用原则

地基处理方法的选用原则如下。

(1) 选用方案应与工程的规模、特点和当地土的类别相适应。

(2) 处理后土的加固深度。

(3) 上部结构的要求。

(4) 能使用的材料。

(5) 能选用的机械设备，并掌握加固原理与技术。

(6) 周围环境因素和邻近建筑的安全。

(7) 对施工工期的要求，应留有余地。

(8) 专业技术施工队伍的素质。

(9) 施工技术条件与经济技术比较，尽量节省材料与资金。

8.2 换填法的设计与施工

当软弱土地基的承载力和变形满足不了建筑物的工程技术要求，而软弱土层的厚度又不是很大时，将基础底面下处理范围内的软弱土层部分或全部挖去，然后分层换填强度较大的砂、砂石、素土、灰土、高炉干渣、粉煤灰等其他性能稳定、无侵蚀性的材料，同时以人工或机械方法分层压、夯振动，使其达到要求的密实度，成为良好的人工地基。这种地基处理方法称为换土垫层法，也称换填法。通过换土垫层法，可以有效地减少软土地基的沉降，提高地基的承载力和整体稳定性。这种方法在工程实践中得到广泛应用，特别适用于软土地基较厚的区域，能够有效改善地基的工程性质，确保结构的安全和稳定。

换土垫层法常应用于以下多项工程。

1. 道路建设

在道路建设中，软弱地基可能导致路面沉降、裂缝等问题。通过采用换土垫层法，可以有效地改善软土地基的承载能力和稳定性，确保道路的安全和持久性。

2. 建筑基础处理

在建筑物的基础工程中，软土地基的承载能力常常成为一个关键问题。采用换土垫层法可以提高地基的承载能力，减少地基沉降，确保建筑物的稳定性和安全性。

3. 铁路、机场等工程

铁路、机场等工程对地基承载能力和稳定性要求较高，使用换土垫层法可以改善软土地基的工程特性，保障这些重要工程的正常运行和安全性。

4. 水利工程

在水利工程中，如渠道、堤坝等建设中，软土地基常会遇到承载能力不足的问题。通过采用换土垫层法，可以提高地基的承载能力，保障水利工程的稳定性和安全性。

换填法可提高地基承载能力，减少沉降量，加速软弱土层的排水固结，防止冻胀和消除膨胀土的胀缩作用。

8.2.1 垫层设计

垫层的设计关键是决定其回填土厚度 z 和宽度 b'。既要求有足够的厚度以置换部分软弱土层，又要求有足够大的宽度以防止砂垫层向两侧挤出。

1. 垫层厚度的确定

垫层的厚度 z 应根据需置换软弱土的深度或下卧土层的承载力确定，并应符合以下要求

$$p_z+p_{cz}\leqslant f_{az} \tag{8.1}$$

式中　p_z——相应于荷载效应标准组合时，标准组合下为标准值，其与设计值是两个概念，kPa；

p_{cz}——垫层底面处土的自重压力标准值，kPa；

f_{az}——垫层底面处经深度修正后的地基承载力特征值，kPa。

垫层底面处的附加压力值 p_z，也可按压力扩散 θ 简化计算。

条形基础

$$p_z = \frac{b(p_k - p_c)}{b + 2z \cdot \tan\theta}$$

矩形基础

$$p_z = \frac{b \cdot l(p_k - p_c)}{(b + 2z \cdot \tan\theta)(l + 2z \cdot \tan\theta)}$$

式中 b——矩形基础或条形基础底面的宽度，m；

l——矩形基础底面的长度，m；

p_k——相应于荷载效应标准组合时，基础底面处的平均压力，kPa；

z——基础底面下垫层的厚度，m；

θ——垫层的压力扩散角，(°)。

垫层的压力扩散角 θ 见表 8-2。

表 8-2 垫层的压力扩散角 θ

z/b 换填材料	中砂、粗砂、砾砂、圆砾、角砾、石屑、卵石、碎石、矿渣	黏性土和粉土 ($8<I_p<14$)	灰土
0.25	20°	6°	28°
≥0.50	30°	23°	28°

注：(1) 当 $\frac{z}{b} < 0.25$ 时，除灰土取 $\theta=28°$ 外，其余材料均取 0°，必要时，宜由试验确定。

(2) 当 $0.25 < \frac{z}{b} < 0.50$ 时，θ 值可内插求得。

(3) 土工合成材料加筋垫层其压力扩散角宜由现场静载荷试验确定。

其中，换填垫层的厚度不宜小于 0.5 m，否则作用不显著、效果差；也不宜大于 3 m，否则工程量大、不经济、施工难。具体设计时，可根据下卧土层的地基承载力，先假设一个垫层的厚度，然后按式 (8.1) 进行验算，若不符合要求，则改变厚度重新验算，直至满足设计要求为止。

2. 垫层宽度的确定

关于垫层宽度的计算，目前还缺乏可行的理论方法，在实践中常常按照当地某些经验数据（考虑砂垫层两侧土的性质）或按经验方法确定。常用的经验方法是扩散角法，垫层的宽度应满足基底应力扩散的要求，根据垫层侧面土的承载力，防止垫层向两侧挤出。

(1) 垫层的顶宽

垫层顶面每边宜超出基础底边不小于 300 mm，或从垫层底面两侧向上，按当地开挖基坑经验的要求放坡。

(2) 垫层的底宽

垫层的底宽按下式计算或据当地经验确定

$$b' \geqslant b+2z\tan\theta \tag{8.2}$$

式中 b'——垫层底面宽度，m；

z——基础底面下垫层的厚度，m；

θ——垫层的压力扩散角，可按表 8-2 采用，当 $\frac{z}{b}<0.25$ 时，仍按表 8-2 中 $\frac{z}{b}=0.25$ 取值。

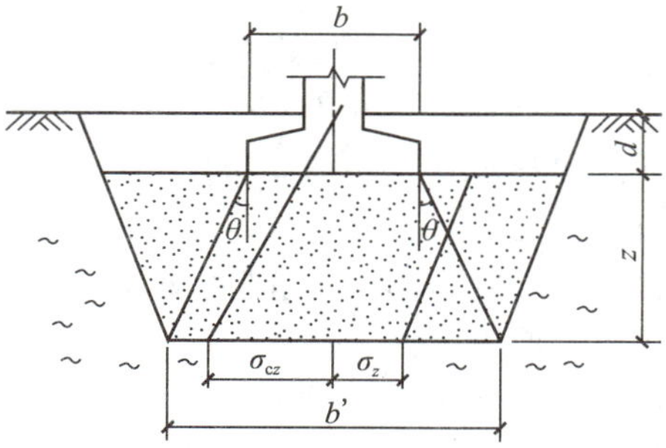

图 8-1　垫层的尺寸设计

知识拓展

砂垫层的施工要点

砂垫层的施工要点如下。

(1) 砂垫层所用材料必须具有良好的压实性，宜采用中砂、粗砂、砾砂、碎（卵）石等粒料。细砂也可作为垫层材料，但不易压实，且强度不高，宜掺入一定数量的碎（卵）石。砂和砂石材料，不得含有草根和垃圾等有机物质；用作排水固结的垫层材料含泥量不宜超过 3%。碎石和卵石的最大粒径不宜大于 50 mm。

(2) 在地下水位以下施工时，应采用排水或降低地下水位的措施，使基坑保持无积水状态。

(3) 砂和砂石垫层底面宜铺设在同一标高处，若深度不同，基坑底土面应挖成阶梯或斜坡搭接，并按先深后浅的顺序进行垫层施工，搭接处应夯压密实。

(4) 砂垫层的施工方法可采用碾压法、振动法、夯实法等多种方法。施工时应分层铺筑，在下层密实度经检验达到质检标准后，方可进行上层施工。

(5) 人工级配的砂石地基，应将砂石拌和均匀后，再进行铺填捣实。

8.2.2　施工质量检测

垫层质量可用标准贯入试验、静力触探、动力触探和环刀取样法检测，对垫层的总体质量验收也可通过载荷试验进行。

对粉质黏土、灰土、粉煤灰和砂石垫层的分层施工质量检验，可用环刀法、贯入仪、静力触探、轻型动力触探或标准贯入试验检验；对砂石、矿渣垫层，可用重型动力触探检验。压实系数也可采用环刀法、灌砂法、灌水法或其他方法检验。

采用环刀法检验垫层的施工质量时，取样点应位于每层厚度的 2/3 深度处。检验点数量，对大基坑每 50～100 m^2 不应少于 1 个检验点；对基槽每 10～20 m 不应少于 1 个检测点；每个独立柱基不应少于 1 个检测点。采用贯入仪或动力触探检验垫层的施工质量时，每分层检验点的间距应小于 4 m。

工程质量验收可通过荷载试验进行，在有充分试验依据时，也可采用标准贯入试验或静力触探试验。采用载荷试验检验垫层承载力时，每个单体工程不宜少于 3 个点；对于大型工程，则应按单体工程的数量或工程的面积确定检验点数。

8.3 排水固结法的原理与施工工艺

8.3.1 排水固结法

预压固结法亦称排水法，是通过在天然地基中设置竖向排水体（砂井或塑料排水板）和水平向排水体，利用建（构）筑物自身质量分级逐渐加载，或在建（构）筑物建造前先对地基进行加载预压，根据地基土排水固结的特性，使土体提前完成固结沉降，从而增加地基强度的一种软土地基加固方法。我国沿海地区广泛分布着饱和软黏土，这种土的特点是含水量大、孔隙比大、颗粒细、压缩性高、强度低、透水性差，在软土地区修建建筑物或进行填方工程时，会产生很大的固结沉降和沉降差，而且地基土强度不够，承载力和稳定性也往往不能满足工程要求。在工程中，常采用排水固结法对软土地基进行处理。

1. 预压法主要用途

预压法的主要用途包括以下几方面。

（1）使地基沉降在加载预压期间基本完成或大部分完成，减少竣工后地基的不均匀沉降。

（2）通过排水固结，加速增加地基土的抗剪强度，提高地基的承载力和稳定性。

（3）消除欠固结软土地基中桩基承受的负摩擦力等。

预压法适用于处理深厚的淤泥、淤泥质土和充填土等饱和黏性土地基。

2. 预压法原理

为了达到排水固结效果，预压（排水）固结法必须由排水系统和加压系统两部分共同组成。

设置排水系统的目的在于改变地基原有的排水边界条件，增加孔隙水排出的途径，缩短排水距离，加快排水速度，使地基在预压期间尽快完成设计要求的沉降量，并及时提高地基土强度。该系统由水平排水垫层和竖向排水体构成。设置加压系统的目的是对地基施加预压荷载，使地基土孔隙中的水产生压力差，从饱和地基中自然排出，使地基土固结完成压缩。

根据太沙基固结理论，饱和黏性土固结所需的时间和排水距离的平方成正比。为了加速土层固结，最有效的方法就是增加土层排水途径、缩短排水距离。排水固结法就是在被加固地基中置入砂井、塑料排水板等竖向排水体（图 8-2），使土层中孔隙水主要从水平向通过砂井和部分从竖向排出，从而极大加速地基的固结速率。

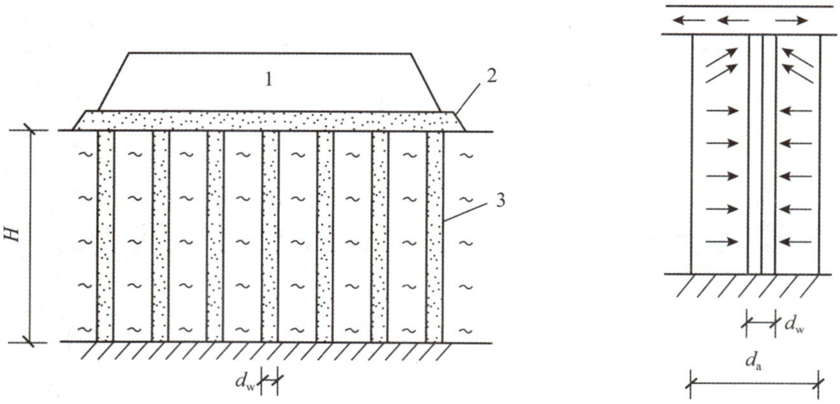

（a）剖面图　　　　（b）砂井排水途径

1—堆载；2—砂垫层；3—砂井。

图 8-2　砂井排水示意图

8.3.2　排水系统与加载系统

1. 排水系统

排水系统的作用主要在于改变地基原有的排水边界条件，增加孔隙水排出的途径，缩短排水距离。排水系统由竖向的排水体和水平向的排水垫层构成。竖直排水体有普通砂井、袋装砂井和塑料排水板。在地基中设置竖向排水体，常用的是砂井，它是先在地基中成孔，然后灌砂使之密实而成。

近几年来袋装砂井在我国得到较广泛的应用，它具有用砂料省、连续性好、不致因地基变形而折断、施工简便等优点，但砂井阻力对袋装砂井的效应影响较为显著。由塑料芯板和滤膜外套组成的塑料排水板作为竖向排水通道在工程上的应用日益增加，塑料排水板可在工厂制作，运输方便，尤其适合缺乏砂源的地区使用，可同时节省投资。

2. 加载系统

加载系统，即施加起固结作用的荷载，使土中的孔隙水因产生压差而渗流使土固结。加压系统的作用是通过对地基施加预压荷载，使地基土的固结压力增加而产生固结，其材料有固体（土、石料等）、液体（水等）、真空负压力荷载等。加载系统包括堆载预压法、真空预压法、降低地下水位法、电渗法、联合法等。排水固结法的设计，主要是根据上部结构荷载的大小、地基土的性质以及工期要求，确定竖向排水体的直径、间距、深度和排列方式，确定预压荷载的大小和预压时间，通过预压，使地基能满足建筑物对变形和稳定性的要求。

排水固结法的施工工艺和施工机械随着该法的广泛使用也得到了发展，如打设袋装砂井和塑料板的两用设备就具有轻型、简便的优点。真空预压、降水预压在工程中的应用也取得了良好的效果，积累了宝贵的经验。

排水系统是一种手段，如没有加载系统，孔隙中的水没有压力差就不会自然排出，地基也就得不到加固。如果只增加固结压力，不缩短土层的排水距离，则不能在预压期间尽快地完成设计所要求的沉降量，强度不能及时提高，加载也不能顺利进行。所以，上述两个系统在设计时总是联系起来考虑的。

8.3.3　预压法分类

堆载预压法与真空预压法的具体内容如下。

1. 堆载预压法

1943 年美国首次用堆载预压法处理沼泽地段路基获得成功。堆载材料一般用砂石或填土；油罐通常用充水预压；堤坝以自重分级加载预压。该方法通常用于在土地上施加预定的荷载，并保持一段时间，以压实土层和排除孔隙水。通过这种方式，可以减少土层的压缩性和沉降，提高地基的承载能力。

堆载预压法是用填土等加荷对地基进行预压，是通过增加总应力 σ，并使孔隙水压力 u 消散来增加有效应力 σ' 的方法。堆载预压是在地基中形成超静水压力的条件下排水固结，称为正压固结。软土在我国沿海和内陆地区都有相当大的分布范围。软土地基具有高压缩性、低渗透性、固结变形持续时间长等特点，排水固结是软土地基进行处理的有效方法。袋装砂井技术就是通过在软土地基中设置竖向排水以改变原有地基的边界条件，增加孔隙水的排出途径，缩短软基的固结时间，从而达到使原有地基满足使用要求的目的。

堆载预压，根据土质情况分为单级加荷或多级加荷；根据堆载材料分为自重预压、加荷预压和加水预压。堆载一般用填土、碎石等散粒材料；油罐通常用充水对地基进行预压。对堤坝等以稳定为控制的工程，则以其本身的重量有控制地分级逐级加载，直至设计标高；有时也采用超载预压的方法来减少堤坝使用期间的沉降。袋装砂井堆载预压地基是在软弱地基中用钢管打孔，装入砂袋作为竖向排水通道并在其上部设置砂砾垫层，作为水平排水通道。在砂砾垫层上压载以增加土中附加应力，使土体中孔隙水较快地通过袋装砂井和砂砾垫层排出，从而加速土体固结，使地基得到加固。

袋装砂井堆载预压地基可加速饱和软黏土的排水固结，使沉降及早完成和稳定，同时可大大提高地基的抗剪强度和承载力，防止地基土发生滑动破坏。该工艺施工机具简单，可就地取材，缩短了施工周期，降低了施工造价。袋装砂井固结排水法的施工工序如下。

（1）整平原地面

若原地面为稻田、藕田或荒地，应在路基两侧开沟排干地表水，清除表面杂草，平整地面。若原地面为鱼塘，应抽干塘水，清除表层淤泥 50～100 cm，后换填砂。

（2）摊铺下层砂垫层

在整平的地面或经换填砂后的鱼塘上摊铺 30 cm 厚的砂垫层，砂垫层应延伸出坡脚外 1 m，确保排水畅通。

（3）现场灌砂成井

按照砂井平面位置图（砂桩间距为 1.5 m），将打桩机具定位在砂井位置。打入套管，套管打入长度为砂井长度加 30 cm 砂垫层。砂袋灌入砂后，露天放置并应有遮盖，忌长时间暴晒，以免砂袋老化。砂井可用锤击法或振动法施工。导管应垂直，钢套管不得弯曲，沉桩时应用经纬仪或垂球控制垂直度。

（4）土工格栅、土工布铺设

砂井施工完成后，平整好原砂垫层。将土工格栅平整地铺设在砂垫层上，最大拉力方向应沿横断面方向铺设，接头处采用铅丝绑扎。

在土工格栅上铺 20 cm 砂垫层，伸出的砂袋应竖直埋设在砂垫层内，不得卧倒。在 20 cm 砂垫层上铺设土工布，沿路堤横向铺设，土工布两端施以不小于 5 kN/m 的预拉力，在路基两侧挖沟锚固。土工布之间采用缝接，缝接长度为 15 cm。

2. 真空预压法

真空预压是指在软土地基中打设竖向排水体后，在地面铺设排水用砂垫层和抽气管线，然后在砂垫层上铺设不透气的封闭膜使其与大气隔绝，再用真空泵抽气，使排水系统维持较高的真空度，利用大气压力作为预压荷载，增加地基的有效应力，以利于土体排水固结。真空预压适用于均质黏性土及含薄粉砂夹层黏性土等，尤其适用于新吹填土地基的加固。对于在加固范围内有足够补给水源的透水层，而又没有采取隔断措施时，不宜采用该法。

真空预压处理地基必须设置排水竖井。设计内容包括竖井断面尺寸、间距、排列方式和深度的选择；预压区面积和分块大小；真空预压工艺；要求达到的真空度和土层的固结度；真空预压和建筑物荷载下地基的变形计算；真空预压后地基土的强度增长计算等。真空预压法的施工要点如下。

（1）真空预压的抽气设备宜采用射流真空泵

空抽时必须达到 95 kPa 以上的真空吸力，真空泵的设置应根据预压面积大小和形状、真空泵效率和工程经验确定，但每块预压区至少应设置两台真空泵。

（2）真空管路设置应符合相关规定

真空管路设置应符合如下规定。

① 真空管路的连接应严格密封，在真空管路中应设置止回阀和截门。

② 水平向分布滤水管可采用条状、梳齿状及羽毛状等形式，滤水管布置宜形成回路。

③ 滤水管应设在砂垫层中，其上覆盖厚度 100~200 mm 的砂层。

④ 滤水管可采用钢管或塑料管，外包尼龙纱或土工织物等滤水材料。

（3）密封膜应符合相关规定

密封膜应符合如下要求。

① 密封膜应采用抗老化性能好、韧性好、抗穿刺性能强的不透气材料。

② 密封膜热合时宜采用双热合缝的平搭接，搭接宽度应大于 15 mm。

③ 密封膜宜铺设 3 层，膜周边可采用挖沟埋膜，平铺并用黏土覆盖压边及膜上覆水等方法进行密封。

④ 地基土渗透性强时应设置黏土密封墙。黏土密封墙宜采用双排水泥土搅拌桩。搅拌桩直径不宜小于 700 mm。当搅拌桩深度小于 15 m 时，搭接宽度不宜小于 200 mm，当搅拌桩深度大于 15 m 时，搭接宽度不宜小于 300 mm。成桩搅拌应均匀，黏土密封墙的渗透系数应满足设计要求。

8.3.4　预压法质量检测

1. 质量检验和监测

预压法施工过程中，质量检验和监测包括下列内容。

（1）对塑料排水带应进行纵向通水量、复合体抗拉强度、滤膜抗拉强度、滤膜渗透系数和等效孔径等性能指标现场随机抽样测试。

（2）对不同来源的砂井和砂垫层砂料，应取样进行颗粒分析和渗透性试验。

（3）对以地基抗滑稳定性控制的工程，应在预压区内预留孔位，在加载不同阶段进行原位十字板剪切试验和取土进行室内土工试验；加固前的地基土检测，应在打设塑料排水带之前进行。

（4）对预压工程，应进行地基竖向变形、侧向位移和孔隙水压力等监测。

2. 工程竣工验收检验

（1）排水竖井处理深度范围内和竖井底面以下受压土层，经预压所完成的竖向变形和平均固结度应满足设计要求。

（2）应对预压的地基土进行原位试验和室内土工试验。原位试验可采用十字板剪切试验或静力触探，检验深度不应小于设计处理深度。

原位试验和室内土工试验，应在卸载 3~5 d 后进行。检验数量按每个处理分区不少于 6 点进行检测，对于堆载斜坡处应增加检验数量。

竣工验收后的地基承载力必须达到设计要求的标准，检验数量按每个处理分区不应少于 3 点进行检测。

8.4　机械压实法的原理与施工工艺

8.4.1　机械压实法概述

1. 适用范围

当建筑物建筑在填土上，为了提高地基土的强度，减小其压缩性和渗透性，增加土的密实度，经常要采用夯打、振动或碾压等方法使地基土得到压实，从而保证地基和土工建筑物的稳定。碾压法用于地下水位以上填土的压实；振动压实法用于振实非黏性土或黏粒含量少、透水性较好的松散填土地基；（重锤）夯实法主要适用于稍湿的杂填土、黏性土、砂性土、湿陷性黄土和碎石土、砂土、粗粒土与低饱和度细粒土的分层填土等地基。

2. 土的压实原理

（1）最优含水率与最大干密度

黏性土进行压实时，土太湿或太干都不能把土压实，只有在适当的含水率范围内才能压实。黏性土在某种压实功能作用下，达到最密时的含水率，称为最优含水率，对应的干密度称为最大干密度。各类土的矿物成分与粒径级配不同，其最大干密度与最优含水率也不相同。

（2）击实试验

可用击实试验测定最大干密度与最优含水率的数值。通过击实试验，以干密度 ρ_d 为纵坐标，以含水率 ω 为横坐标，绘制 ρ_d-ω 关系曲线。取曲线峰值相应的纵坐标，为试样的最大干密度 ρ_{dmax}，其对应的横坐标，即为试样的最优含水率 ω_{opt}，如图 8-3 所示。

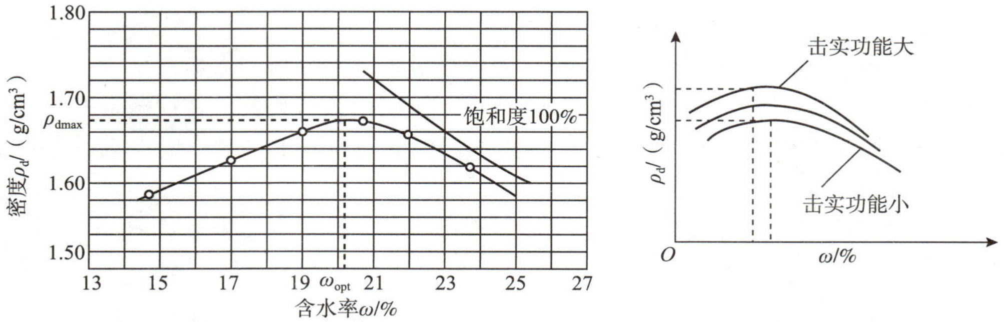

（a）干密度与含水率的关系曲线　　（b）击实功能对击实曲线的影响

图 8-3　击实曲线

如图 8-3（a）所示，当土的含水率很低时，土的干密度 ρ_d 随着含水率 ω 的增大而增大，ρ_d-ω 曲线向上；但当 $\omega>\omega_{opt}$ 后，ρ_d 随 ω 的增大反而降低，ρ_d-ω 曲线向下弯曲。

（3）黏性土最优含水率

$$\omega_{opt}=\omega_p+（1\%\sim2\%）\omega_p$$

（4）影响黏性土压实的其他因素

影响黏性土压实的因素还有压实功能大小与土的粒径级配。同一种土的压实功能加大，则其最大干密度增大，相应的最优含水率降低，如图 8-3（b）所示的三条曲线。对黏粒含量高或塑性指数大的黏性土，其 ρ_{dmax} 较低，相应的 ω_{opt} 较高。

（5）砂土的击实性能与黏性土不同

由于砂土的粒径大，孔隙大，结合水的影响微小，总的说比黏性土容易压实。干砂在压力与振动作用下容易压实；稍湿的砂土，因水的表面张力作用，使砂粒相互靠紧，阻止其移动，压实效果稍差，如充分洒水，饱和砂土表面张力消失，压实效果又变良好。

8.4.2　机械压实法分类

1. 分层碾压法

分层碾压法是用压路机、推土机或羊足碾等机械，在需压实的场地上，按计划与次序往复碾压，分层铺土，分层压实。这种方法适用于地下水位以上，大面积回填压实，也可用于含水率较低的素填土或杂填土地基处理，例如，修筑堤坝、路基。分层碾压法的基本步骤如下。

（1）分层处理

首先将填土分成一层层的，每层厚度通常在几十厘米至数米之间，具体取决于工程设计要求和土壤性质。

（2）碾压压实

对每一层填土进行碾压压实处理，通过振动碾压机、压路机或其他适用的设备，将填土压实并排除其中的空隙，提高填土的密实度和承载能力。

(3) 控制质量

在碾压过程中，通常需要对填土的密实度、含水量等进行严格的控制和监测，以确保每一层填土达到设计要求的压实度。

(4) 层层叠加

依次对每一层填土进行碾压处理，直至整个填土层的压实完成。在不同层次之间可能需要设置隔离层，以避免不同性质的土壤相互渗透或影响。

通过分层碾压法，可以有效地提高填土地基的承载能力和稳定性，减少地基沉降和变形，确保地基工程的安全和可靠性。这种地基处理方法在道路、铁路、机场、堤坝和建筑物等工程中得到广泛应用。

根据一些地区经验，可采用80~120 kN的压路机碾压杂填土，压实深度为30~40 cm，地基承载力可采用80~120 kPa。

2. 振动压实法

振动压实是一种在地基表面施加振动把浅层松散土振密的方法，主要的机具是振动压实机。这种方法主要用于处理杂填土、湿陷性黄土、炉渣、细砂、碎石等类土，振动压实的效果与被压实土的成分和振压时间有关。且在开始时振密作用较为显著、随时间的推移变形渐趋于稳定。在施工时应先进行现场试验测试，根据振实的要求确定振压的时间。振动压实法的基本步骤如下。

(1) 振动设备选择。选择适用的振动设备，如振动板、振动滚筒、振动锤等，具体取决于填土的性质、厚度和工程要求。

(2) 振动施加。将振动设备放置在填土表面或深入填土内部，启动振动设备，振动力会导致填土颗粒之间的相互作用，使土粒发生重新排列和压实。

(3) 振动移动。振动设备在填土表面或内部进行移动，以确保整个填土区域都得到充分的振动处理。通过适当的振动频率和速度，可以使填土中的空隙逐渐减少，提高填土的密实度。

(4) 密实度控制。在振动压实过程中，通常需要对填土的密实度进行控制和监测，可以使用密实度测试方法来评估填土的压实程度，确保达到设计要求。

通过振动压实法，填土的密实度可以得到有效提高，填土内部的空隙减少，土体更加均匀和稳定，从而提高地基的承载能力和稳定性。

8.5　化学加固法的原理与施工工艺

8.5.1　化学加固法

化学加固法是指利用水泥浆液、黏土浆液或其他化学浆液，通过灌注压入、高压喷射或机械搅拌，使浆液与土颗粒胶结起来，以改善地基土的物理和力学性质的地基处理方法。化学加固法加固地基的化学浆液种类很多，根据加固目的的不同可以选择不同的材料。根据向土中加入化学材料的方法不同，化学加固法又可区分为不同地基处理技术。

1. 化学浆液材料

（1）水泥浆液

通常采用高标号的硅酸盐水泥，水灰比为 1∶1。为调节水泥浆的性能，可掺入速凝剂或缓凝剂等外加剂。常用的速凝剂有水玻璃和氯化钙，其用量为水泥用量的 1%~2%；常用的缓凝剂有木质素磺酸钙和酒石酸，其用量约为水泥用量的 0.2%~0.5%。水泥浆液为无机系浆液，取材充足，配方简单，价格低廉又不污染环境，是世界各国最常用的浆液材料。

（2）以水玻璃为主剂的浆液

水玻璃（$Na_2O \cdot nSiO_2$）在酸性固化剂作用下可以产生凝胶。常用水玻璃—氯化钙浆液与水玻璃—铝酸钠浆液。以水玻璃为主的浆液也是无机系浆液，无毒，价廉，可灌性好，也是目前常用的浆液。

（3）以丙烯酰胺为主剂的浆液

以水溶液状态注入地基，使它与土体发生聚合反应，形成具有弹性而不溶于水的聚合体。材料性能优良，浆液黏度小，凝胶时间可准确控制在几秒至几十分钟内，抗渗性能好，抗压强度低。但浆材中的丙凝对神经系统有毒，且污染空气和地下水。

（4）以纸浆废液为主的浆液

以纸浆废液为主的浆液属于“三废利用”，源广价廉。但其中的铬木素浆液，含有六价铬离子，毒性大，会污染地下水。

2. 化学浆液注入方法

（1）压力灌浆法（简称灌浆法）

灌浆法原则上不破坏岩体或土体的结构，在静压力作用下将胶凝材料的浆液灌注到岩体或土体的裂隙或孔隙中，硬化后形成固结体，起防渗堵漏和加固作用。

（2）高压喷射注浆法

高压喷射注浆法通过特殊喷嘴，用高压水、气流切割土体，随之喷入水泥浆液，使浆液与土混合，固化后形成水泥土的柱状或壁状固结体。

（3）深层搅拌法

深层搅拌法用特制的深层搅拌机械，在地基深处不断旋转，同时将水泥或石灰的浆体或粉体喷入，与软土就地混合硬化后形成水泥土或灰土桩柱体。

上述方法中以灌浆法发展较早，应用范围也最广泛，但对细砂、黏土等细孔隙不易灌入，需使用特殊技术和材料。高压喷射注浆法适用于松散土层，不受可灌性的限制，但对砂粒太大、砾石含量过多及含纤维质多的土层有困难。深层搅拌法仅适用于软黏土。

提 示

在选择和设计化学加固方案之前，需要准确评估土壤的物理和化学性质，包括颗粒分布、含水量、压缩性、可塑性等，这有助于确定适合的化学药剂和应用方法。根据土壤性质和工程要求，选择合适的化学药剂进行加固处理。

8.5.2　化学加固法浆液注入方法

1. 压力灌浆法

压力灌浆法是指利用液压、气压或电化学原理，通过注浆管把浆液均匀地注入地层中，浆液以填充、渗透和挤密等方式，替代土颗粒间或岩石裂隙中的水分和空气后占据其位置，经一段时间硬化后，浆液将原来松散的土粒或裂隙胶结成一个整体，形成一个结构新、强度大、防水性能好和化学稳定性良好的固结体。

（1）灌浆设备

① 根据不同的浆液可选用清水泵、泥浆泵或砂浆泵，并按设计要求选用合适的压力型号。

② 液浆搅拌机。

③ 注浆管常用钢管制成，选择合适的直径，并有一段带孔的花管。

（2）设计基本要求

灌浆设计前应进行室内浆液配比试验和现场灌浆试验，以确定设计参数和检验施工方法及设备，具体设计应满足下列要求。

① 软弱地基应优先选用水泥浆浆液，也可选用水泥和水玻璃的双液型混合浆液。

② 注浆孔之间间距不应太大，宜为 1～2 m，并能使被加固的土体在深度范围内能连成整体。

③ 注浆量和注浆有效范围应通过现场的注浆试验确定，在黏性土地基中，浆液注入率宜为 15%～20%。

④ 注浆压力，在砂土中宜为 0.2～0.5 MPa，在黏性土中宜为 0.2～0.3 MPa。

（3）灌浆方法

① 渗透灌浆。用钻机成孔，将注浆管放入孔中需要灌浆的深度，钻孔四周顶部封死。启动压力泵，将搅拌均匀的浆液压入土的孔隙和岩石的裂隙中，同时挤出土中的自由水。凝固后，土体与岩石裂隙胶结成整体。此法基本上不改变原状土的结构和体积，所用灌浆压力较小。灌浆材料用水泥浆或水泥砂浆，适用于卵石、中、粗砂和有裂隙的岩石。

② 挤密灌浆。需用较高的压力灌入浓度较大的水泥浆或水泥砂浆。注浆管管壁为封闭型，浆液在注浆管底端挤压土体，使地层上抬。硬化后的浆土混合物为坚固球体。此法适用于黏性土。

③ 劈裂灌浆。需采用更高的压力，超过地层的初始应力和抗拉强度，引起岩石和土体的结构破坏。使地层中原有的裂隙或孔隙张开，形成新的裂隙或孔隙，促成浆液的可灌性并增大扩散距离。凝固后，效果良好。

2. 高压喷射注浆法

高压喷射注浆法是利用钻机把带有喷嘴的注浆管钻进至土层的预定位置后，以高压设备使浆液成为 20～40 MPa 的高压射流从喷嘴中喷射出来，冲击破坏土体，同时钻杆以一定速度渐渐向上提升，将浆液与土粒强制搅拌混合，浆液凝固后，在土中形成一个固结体。20 世纪 70 年代初期，高压水射流技术开始应用到灌浆工程中，逐步发展为新型的地基加固和防渗止水的施工方法——高压喷射注浆法。

（1）分类

① 高压喷射注浆法按注浆形式分类，如图 8-4 所示，可分为定喷法（若在高压喷射过程中，钻杆只进行提升运动，而不旋转，称为定喷）、摆喷法（在高压喷射过程中，钻杆边提升，边左右旋摆某角度，称为摆喷）、旋喷法（若在喷射固化浆液的同时，喷嘴以一定的速度旋转、提升喷射的浆液和土体混合形成圆柱形桩体，则称为高压旋喷法）。

旋喷常用于地基加固，定喷和摆喷常用于形成止水帷幕。

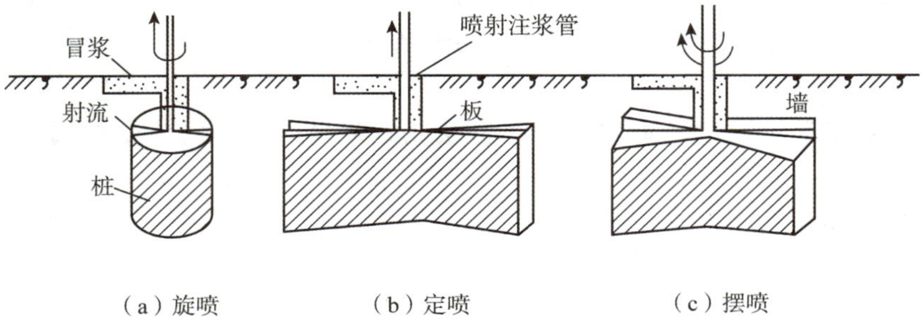

图 8-4　高压喷射注浆形式示意图

② 按喷射管的结构分类，可分为单管法、二重管法、三重管法。单管旋喷注浆法是利用钻机把安装在注浆管（单管）底部侧面的特殊喷嘴，置入土层预定深度后，用高压泥浆泵等装置，以 20 MPa 左右的压力，把浆液从喷嘴中喷射出去冲击破坏土体，使浆液与从土体上崩落下来的土搅拌混合，经过一段时间凝固，便在土中形成一定形状的固结体。当二重注浆管钻进到土层的预定深度后，通过在管底部侧面的一个同轴双重喷嘴，同时喷射出高压浆液和空气两种介质的喷射流冲击破坏土体。即以高压泥浆泵等高压发生装置喷射出 20 MPa 左右压力的浆液，从内喷嘴中高速喷出，并用 0.7 MPa 左右的压力把压缩空气从外喷嘴中喷出。

在高压浆液和它外圈环绕气流的共同作用下，破坏土体的能量显著增大，最后在土中形成较大的固结体。三重管为三根同心圆的管子，内管通水泥浆，中管通高压水，外管通压缩空气。在钻机成孔后，把三重旋喷管吊放入孔底，打开高压水与压缩空气阀门，通过旋喷管底端侧壁上直径 2.5 mm 的喷嘴，喷射出压力为 20 MPa 的高压水和环绕一股 0.7 MPa 压力的圆筒状气流，冲切土体，在土中形成大空隙，再由泥浆泵注入压力为 2～5 MPa 的高压水泥浆液，从内管的另一喷嘴喷出，使水泥浆与冲散的土体拌和。三重旋喷管慢速边旋转、边喷射、边提升，可把孔周围地基加固成直径为 1.2~2.5 m 的坚硬柱体，如图 8-5 所示。

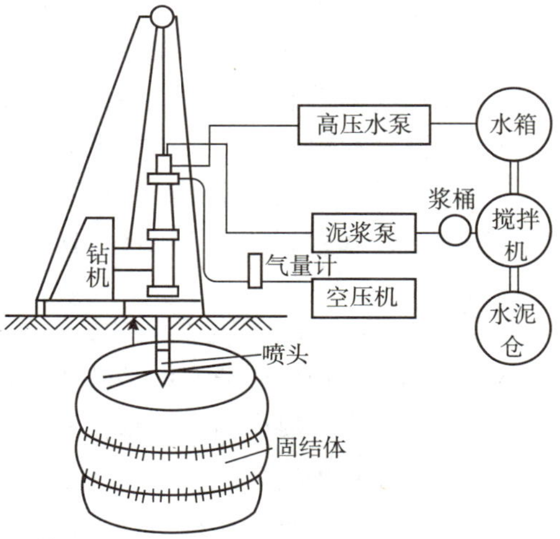

图 8-5　三重管旋喷注浆示意图

(2) 适用范围

高压喷射注浆法适用于处理淤泥、淤泥质土、黏性土、粉土、黄土、砂土、人工填土和碎石土等地基。针对建筑和新建建筑的地基处理，尤其对事故处理，地面只需钻一个小孔，地下即可加固直径大于 1 m 的旋喷桩，优点突出。例如，陕西秦岭电厂有 4 个直径为 6 m、高为 3.6 m 的大水箱严重倾斜，危及坡下化学水处理大车间，采用旋喷桩即加固好了水箱地基。

(3) 施工要点

① 施工前应根据现场环境和地下埋设物的位置等情况，复核高压喷射注浆的设计孔位。

② 高压旋喷注桩的施工参数应根据土质条件、加固要求通过试验或根据工程经验确定，并在施工中严格加以控制。单管法及双管法的高压水泥浆和三管法高压水的压力宜大于 30 MPa，流量大于 30 L/min，气流压力宜取 0.7 MPa，提升速度可取 0.1~0.2 m/min。

③ 高压喷射注浆，对于无特殊要求的工程宜采用强度等级为 32.5 级及以上的普通硅酸盐水泥，根据需要可加入适量的外加剂及掺合料。外加剂和掺合料的用量，应通过试验确定。

④ 水泥浆液的水灰比应按工程要求确定，可取 0.8~1.2，常用 0.9。

⑤ 高压喷射注浆的施工工序为机具就位、贯入喷射管、喷射注浆、拔管和冲洗等。

⑥ 喷射孔与高压注浆泵的距离不宜大于 50 m。钻孔的位置与设计位置的偏差不得大于 50 mm。垂直度偏差不大于 1%。

(4) 注浆法的特点

① 能够比较均匀地加固透水性很小的细粒土。

② 不会发生浆液从地下流失。

③ 能在室内或洞内净空很小的条件下对土层深部进行加固施工。

注浆法加固后的地基承载力，一般可按复合地基或桩基考虑。由于加固后的桩柱直径上下不一致，且强度不均匀，若单纯按桩基考虑则不安全，条件许可情况下，尽可能做现场载荷试验来确定地基承载力。

3. 深层搅拌法

深层搅拌法是利用水泥（或石灰）等材料作为固化剂，通过特制的深层搅拌施工机械，在地基深处将软土和固化剂（浆液或粉体）强制搅拌，硬化后形成具有整体性、水稳定性和一定强度的水泥加固土，从而提高地基强度，增大其变形模量。

(1) 施工工艺

水泥浆搅拌法的具体步骤如下，图 8-6 为深层搅拌法示意图。

① 用起重机悬吊深层搅拌机，将搅拌头定位对中。

② 预搅下沉。启动电机，搅拌轴带动搅拌头，边旋转搅松地基边下沉。

③ 制备水泥浆压入地基。当搅拌头沉到设计深度后，略微提升搅拌头，将制备好的水泥浆由灰浆泵通过中心管，压开球形阀，注入地基土中，边喷浆、边搅拌、边提升，使水泥浆和土体强制拌和，直至设计加固的顶面，停止喷浆。

④ 重复搅拌。将搅拌机重复搅拌下沉、提升一次，使水泥浆与地基土充分搅拌均匀。

⑤ 清洗管道中残存水泥浆，移至新孔。

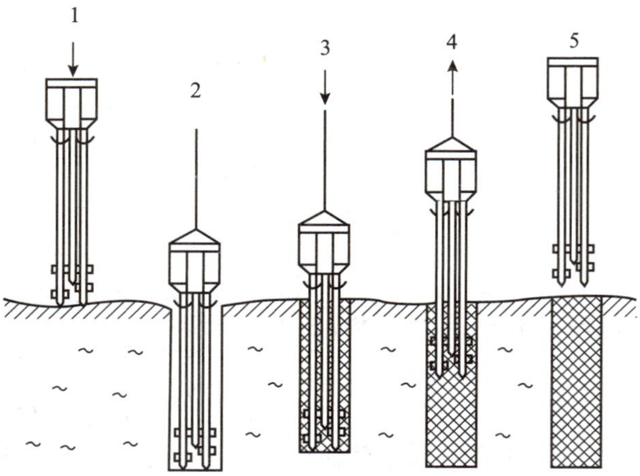

1—定位；2—预搅下沉；3—重复搅拌下沉；4—重复喷浆搅拌提升；5—搅拌结束。

图 8-6　深层搅拌法示意图

粉体喷搅法的具体步骤如下。

① 移动钻机，准确对孔，主轴调直。

② 启动电机，逐级加速，正转预搅下沉并在钻杆内连续送压缩空气，以干燥通道。

③ 启动 YP-1 型粉体发送器，在搅拌头沉至设计深度并在原位钻动 1~2 min 后，将强度等级为 42.5 的普通硅酸盐水泥粉呈雾状喷入地基，掺和量为 180~240 kg/m^3，按 0.5 m/min 的速度反转提升搅拌头，边喷粉、边提升、边搅拌，至设计停灰标高后，应慢速原地搅拌 1~2 min。

④ 重复搅拌。再次将搅拌头下沉与提升一次，使粉体搅拌均匀。

⑤ 钻具提升到地面后，移位进行下一根桩施工。

（2）适用范围

水泥土搅拌法适用于处理正常固结的淤泥与淤泥质土、粉土（稍密、中密）、饱和黄土、素填土、黏性土。此搅拌法不适用于含大孤石或障碍物较多且不易清除的杂填土、欠固结的淤泥和淤泥质土、硬塑及坚硬的黏性土、密实的砂类土，以及地方水渗流引起的影响成桩质量的土层。当地基土的天然含水量小于 30%（黄土含水量小于 25%）时不宜采用粉体搅拌法。

水泥土搅拌法也适用于加固较深较厚的淤泥，淤泥质土、粉土和含水量较高且地基承载力不大于 120 kPa 的黏性土地基，对超软土效果更为显著，多用于墙下条形基础、大面积堆料厂房地基工程。

深层搅拌形成的桩体的直径一般为 200~800 mm，形成的连续墙的厚度一般为 120~300 mm。加固深度一般大于 5.0 m，国内最大加固深度已达 27 m，国外最大加固深度可达 60 m。

提　示

水泥土搅拌法用于处理泥炭土、有机质土、塑性指数大于 25 的黏土，地下水具有腐蚀性时以及无工程经验的地区，必须通过现场试验确定其适用性。

（3）深层搅拌法的特点

在地基加固过程中无振动、无噪声，对环境无污染；对土壤无侧向挤压，对邻近建筑物影响很小；可按建筑物要求做成柱状、壁状、格子状和块状等加固形状；可有效提高地基强度（当水泥掺量为 8%和 10%时；加固体强度分别为 0.24 MPa 和 0.65 MPa，而天然软土地基强度仅为 0.006 MPa）；施工期较短，造价低廉，效益显著。

8.6　其他地基处理方法

8.6.1　强夯法

强夯法又名动力固结法或动力压实法。这种方法是反复将夯锤提到一定高度使其自由落下（落距一般为 10~40 m），给地基以冲击和振动能量，从而提高地基的承载力，降低土的压缩性、改善砂土的抗液化条件、消除湿陷性黄土的湿陷性等。采用强夯法或强夯置换法处理的地基称为夯实地基。

1. 强夯法加固地基的机理

（1）动力密实机理

强夯加固多孔隙、粗颗粒、非饱和土为动力密实机理，强大的冲击能强制超压密地基，使土中气相体积大幅度减小。

（2）动力固结机理

强大的冲击能与冲击波破坏土的结构，使土体局部液化并产生许多裂隙，作为孔隙水的排水通道，加速土体固结土体发生触变，强度逐步恢复。

（3）动力置换机理

强夯加固淤泥为动力置换机理，即强夯将碎石整体挤入淤泥成整式置换或间隔夯入淤泥成桩式碎石墩。

强夯法具有施工工艺和施工设备简单、适用土质范围广、加固效果显著，可取得较高的承载力、工效高、施工速度快、节省加固原材料、施工费用低、耗用劳动力少等优点，在我国发展迅速。强夯法还可改善地基土液化性能和消除湿陷性黄土的湿陷性，同时，夯击还提高了土的均匀程度，减少可能出现的差异沉降。其适用于处理碎石土、砂土、低饱和度的粉土与黏性土、湿陷性黄土、素填土和杂填土等地基。

2. 施工规定与步骤

（1）施工规定

根据《建筑地基处理技术规范》可知，强夯夯锤质量可取 10~60 t，其底面形式宜采用圆形或多边形，锤底面积宜按土的性质确定，锤底静接地压力值可取 25~80 kPa，单击夯击能高时取大值，单击夯击能低时取小值，对于细颗粒土锤底静接地压力宜取较小值。锤的底面宜对称设置若干个与其顶面贯通的排气孔，孔径可取 300~400 mm。

（2）强夯法施工步骤

① 清理并平整施工场地。

② 标出第一遍夯点位置，并测量场地高程。

③ 起重机就位，夯锤置于夯点位置。

④ 测量夯前锤顶高程。

⑤ 将夯锤起吊到预定高度，开启脱钩装置，待夯锤脱钩自由下落后，放下吊钩，测量锤顶高程，若发现因坑底倾斜而造成夯锤歪斜时，应及时将坑底整平。

⑥ 重复步骤⑤，按设计规定的夯击次数及控制标准，完成一个夯点的夯击。当夯坑过深出现提锤困难，又无明显隆起现象，而尚未达到控制标准时，宜将夯坑回填不超过1/2 深度后，继续夯击。

⑦ 换夯点，重复步骤③~⑥，完成第一遍全部夯点的夯击。

⑧ 用推土机将夯坑填平，并测量场地高程。

⑨ 在规定的间隔时间后，按上述步骤逐次完成全部夯击遍数，最后用低能量满夯，将场地表层松土夯实，并测量夯后场地高程。

8.6.2 挤密法

挤密法是以振动、冲击或带套管等方法成孔，然后向孔中填入砂、石、土（或灰土、二灰）、石灰或其他材料，再加以振实而成为直径较大桩体的方法。挤密桩属于柔性桩，它主要靠桩管打入地基时对地基土的横向挤密作用，在一定的挤密功能作用下土粒彼此移动，小颗粒填入大颗粒的孔隙，颗粒间彼此紧靠，孔隙减小，此时土的骨架作用随之增强，从而使土的压缩性减小和抗剪强度提高。由于桩身本身具有较高的承载能力和较大的变形模量，且桩体断面较大，占松软土加固面积的 20%~30%，故在黏性土地基加固时，桩体与桩周土组成复合地基，可共同承担建筑物的荷载。挤密桩按其填入材料的不同分别称为砂石桩、土桩、灰土桩等。

知识链接

挤密砂桩的“砂桩”与堆载预压的“砂井”在作用上也是有区别的，砂桩的作用主要是地基挤密，因而桩径较大，桩距较小；而砂井的作用主要是排水固结，所以井径较小，井距较大。

1. 土或灰土桩挤密法

土或灰土桩挤密法适用于处理地下水位以上的湿陷性黄土、素填土、杂填土、黏性土等地基，地基处理深度一般在 5~10 m。若地基土的含水率 $\omega>23\%$ 及饱和度 $S_r>0.65$ 时，难以挤密，不宜选用此法。

（1）土桩和灰土桩的设计

桩孔直径根据工程量、挤密效果、施工设备、成孔方法及经济等情况而定，一般选用直径为 300~450 mm。桩长根据土质情况、桩处理地基的深度、工程要求和成孔设备等因素确定，一般为 5~15 m。桩孔一般按等边三角形布置，桩孔之间的中心距离，可为桩孔直径的 2.0~2.5 倍，也可按下式估算

$$s = 0.95d\sqrt{\frac{\bar{\lambda}_c\rho_{dmax}}{\bar{\lambda}_c\rho_{dmax} - \bar{\rho}_d}} \tag{8.3}$$

式中　s——桩孔之间的中心距离，m；

d——桩孔直径，m；

$\bar{\lambda}_c$——桩间土经成孔挤密后的平均挤密系数，不宜小于 0.93。

ρ_{dmax}——桩间土的最大干密度，t/m^3；

$\bar{\rho}_d$——地基处理前土的平均干密度，t/m^3。

桩孔的数量可按下式估算

$$n = \frac{A}{A_e} \tag{8.4}$$

$$A_e = \frac{\pi d_e^2}{4} \tag{8.5}$$

式中　n——桩孔的数量；

A——拟处理地基的面积，m^2；

A_e——单根土或灰土挤密桩所承担的处理地基面积，m^2；

d_e——单根桩分担的处理地基面积的等效圆直径，m。

桩孔按等边三角形布置时，有 $d_e = 1.05s$；桩孔按正方形布置时，有 $d_e = 1.13s$。

灰土挤密桩和土挤密桩处理地基的面积，应大于基础或建筑物底层平面的面积。当采用局部处理时，对非自重湿陷性黄土、素填土和杂填土等地基，每边不应小于基底宽度的 0.25 倍，并不应小于 0.5 m；对自重湿陷性黄土地基，每边不应小于基底宽度的 0.75 倍，并不应小于 1 m。当采用整片处理时，超出建筑物外墙基础底面外缘的宽度，每边不宜小于处理土层厚度的 1/2，并不应小于 2 m。桩孔内的填料，应根据工程要求或处理地基的目的确定，桩体的夯实质量宜用平均压实系数 $\bar{\lambda}_c$ 控制。当桩孔内用灰土或素土分层回填、分层夯实时，桩体内的平均压实系数 $\bar{\lambda}_c$ 值，均不应小于 0.96。消石灰与土的体积配合比，宜为 2∶8 或 3∶7。

灰土挤密桩和土挤密桩复合地基承载力特征值，应通过现场单桩或多桩复合地基载荷试验确定。初步设计当无试验资料时，可按当地经验确定，但对于灰土挤密桩复合地基的承载力特征值，不宜大于处理前的 2 倍，并不宜大于 250 kPa；对于土挤密桩复合地基的承载力特征值，不宜大于处理前的 1.4 倍，并不宜大于 180 kPa。灰土挤密桩和土挤密桩复合地基的变形计算，应符合现行国家标准《建筑地基基础设计规范》（GB 50007—2011）的有关规定，其中复合土层的压缩模量，可采用载荷试验的变形模量代替。

（2）土桩和灰土桩的施工

成孔方法应按设计要求和现场条件选用振动沉管、锤击沉管或冲击等方法成孔，使素土向桩孔周围挤密。地基土湿度宜接近最优含水 ω_{opt}；当含水率 $\omega<12\%$时，宜加水增湿至 ω_{opt}。向孔内填料前，孔底必须夯实；然后用素土在 ω_{opt} 状态下分层回填夯实；压实系数 $\lambda_c \geqslant 0.95$。成孔和回填夯实宜间隔进行，对大型工程可采取分段施工。

桩孔中心点偏差，满堂布桩应不大于 0.4D，条基布桩应不大于 0.25D（D 为桩径）；

桩孔垂直度偏差不应大于1.5%；对个别断面允许20 mm的桩孔直径偏差；桩孔深度不应小于设计深度0.5 m。土桩挤密处理地基，在基础底面以上应预留0.7~1.0 m厚的土层；待施工结束后，将表层挤松的土挖除，或分层夯压密实。雨季施工应防雨，冬季施工应防冻。施工结束后进行质量检验或其他原位测试。

2. 砂石桩挤密法

砂石桩挤密法是指采用振动、冲击或水冲等方式在地基中成孔后，再将碎石、砂或砂石挤压入已形成的孔中形成由砂石所构成的密实桩体，并和桩周土组成复合地基的地基处理方法。砂石桩挤密法适用于挤密松散砂土、粉土、黏性土、素填土和杂填土等地基。对饱和黏性土上对变形控制要求不严的工程也可采用砂石桩置换处理。该法亦可用于可液化地基。

（1）作用原理

由于成桩方法不同，在松散砂土中成桩时对周围砂层产生挤密作用或同时也产生振密作用。采用冲击法或振动法往砂土中下沉桩管和一次拔管成桩时，由于桩管下沉对周围砂土产生很大的横向挤压力，桩管就将地基中同体积的砂挤向周围的砂层，使其孔隙比减小，密度增大，这就是挤密作用。有效挤密范围可达3~4倍桩直径。当采用振动法往砂土中下沉桩管和逐步拔出桩管成桩时，下沉桩管对周围砂层产生挤密作用，拔起桩管对周围砂层产生振密作用，有效振密范围可达6倍桩直径左右。振密作用比挤密作用更显著，其主要特点是砂桩周围一定距离内地面发生较大的下沉。密实的砂桩在软弱黏性土中取代了同体积的软弱黏性土，即起置换作用并形成“复合地基”，使承载力有所提高，地基沉降减小。此外，砂桩在软弱黏性土地基中可以像砂井一样起排水作用，从而加快地基的固结沉降速率。

（2）砂石桩设计

砂石桩处理范围应大于基底范围，处理宽度宜在基础外缘扩大1~3排桩。对可液化地基，在基础外缘扩大宽度不应小于可液化土层厚度的1/2，并不应小于5 m。砂石桩直径可采用300~600 mm，可根据地基土质情况和成桩设备等因素确定。对饱和黏性土地基宜选用较大直径。砂石桩孔位宜采用等边三角形布置或正方形布置。砂石桩的间距应通过现场试验确定，但不宜大于砂石桩直径的4倍。砂石桩桩长可根据工程要求和工程地质条件通过计算确定，一般不宜小于4 m。当松软土层厚度不大时，砂石桩桩长宜穿过松软土层；当松软土层厚度较大时，砂石桩桩长应不小于最危险滑动面以下2 m的深度；对按变形控制的工程，砂石桩桩长应满足处理后地基变形不超过建筑物的地基变形允许值并满足软弱下卧层承载力的要求。填砂石量可按下述公式计算

$$S=\frac{A_p l d_s}{1+e_1}(1+0.01\omega) \tag{8.6}$$

式中 S——填砂石量（以重量计），kN；

A_p——砂石桩的截面积，m^2；

l——砂石桩的桩长，m；

d_s——砂石桩的比重；

ω——砂石料的含水率，%；

e_1——填砂石之后桩的孔隙比。

砂石桩填料应采用粗粒洁净材料：砾砂、粗砂、中砂、圆砾、角砾、卵石、碎石等。

填料中含泥量不得大于 5%，并不宜含有大于 50 mm 的颗粒。砂石桩复合地基承载力应按现场复合地基载荷试验确定其标准值。

思政链接

吴炳焜：岩土工程开拓者

吴炳焜，岩土工程专家，资深教授，我国土力学及基础工程学科的开拓者之一。他长期致力于土力学及基础工程的教学和科学研究工作，尤在桩基理论方面具有深厚的造诣，并取得了丰硕的成果，为该学科的发展和我国的铁路工程建设做出了重要贡献。

1949 年在唐山工学院任教后，吴炳焜就积极开展了土力学理论的研究工作。1954 年，他在《土木工程学报》上发表论文《散体的限界平衡》，将索河洛夫斯基的粒性介质理论系统地介绍到我国，随后，又在《土木工程学报》上发表讨论文章，对土力学中两个经典土压理论提出了自己的独到见解，澄清了人们的一些模糊认识。第一个五年计划期间，在大西北进行的大规模基本建设中，因对该地区广泛分布的黄土的工程力学性质认识不清，造成铁路路基及厂矿建筑基础病害频频，为此，国内开展了对黄土的研究。他则于 1956 年带领学校一批年轻教师参加了铁道部组织的考察组，前往西北地区进行实地调查，并最终选定在具有典型湿陷性质的兰州近郊东岗镇第四级台地上进行现场荷载试验。在历时 1 年半的试验期间，他多次亲临工地指导和参加试验工作。试验完成后，根据试验数据，他对黄土地基的承载特性进行了深入的理论分析，相应的研究成果以长篇论文《由地基加载试验研究兰州台地浅层黄土的变形》发表于《黄土资料》（人民铁道出版社）。同一时期，他还自东岗镇和距兰州五六十公里的邵家堂取回大量原状土样，应用当时最先进的土工仪器——三轴试验仪进行了共计 80 余组的三轴压力试验。之后，他应用塑性理论对试验结果进行分析研究，确定出黄土的强度及变形性质，其成果以长篇论文《兰州黄土的变形性质和抗剪强度》发表于第一届全国土力学与基础工程论文报告会上。上述研究成果为当时我国黄土地基基础规范的制定做出了重要贡献。

20 世纪 50 至 60 年代，我国修建武汉长江大桥和南京长江大桥时，桥下基础采用了管柱这种新型基础形式，吴炳焜承担了相应的科研工作。他对管柱振沉过程中土阻力的变化规律及管柱岩石地基承载力这两个重要问题分别进行了深入的系统研究，研究了土阻力系数的确定方法，对大桥工程局和铁道科学研究院的管柱振沉资料进行了分析，其研究成果于 1962 年以长篇论文《管柱振沉运动》发表于《全国铁路论文报告会土建组论文集》。在此基础上，进一步的研究成果还于 1965 年以论文《The Resistance of Soils in Vibro-sinking of Precast Reinforced Concrete Pipe Piles of Large Diameter》（大直径钢筋混凝土管柱振沉过程中的土阻力）发表于第六届国际土力学与基础工程会议论文集，产生较大学术影响。

20 世纪 80 年代，已逾古稀之年的他又开始了新的攀登。以粒性力学为基础，建立土力学的基本理论，是他自 50、60 年代起就一直思考的问题，为此，他一直坚持大量阅读数学、力学、物理等有关书籍，为以后的研究工作奠定了牢固的基础。终于，经过数年潜心的研究，自 1993 年始，他相继发表了《The Probabilistic Aspects of Stress Tensors in Mechanics Of Particulate Media》（粒性力学中应力张量的概率形态，刊于西南交通大学学报英文版）等 4 篇研究论文。在这些论文中，他从概率的角度出发，针对粒性介质的特点，重新定义了应力的概念，并建立了相应的平衡方程。在此基础上，又引入静定应力张量的概念，对半无限体在带状荷载作用下的应力分布等问题进行了求解。他对这一问题的研究一直未断，可惜后期的研究成果尚未整理发表，便溘然长逝了，给我们留下了无尽的遗憾。

项目小结

本项目主要介绍了地基处理的相关知识和方法，首先介绍了地基处理相关内容，为后续深入学习和实践奠定了基础；其次介绍了换填法的设计与施工，以及排水固结法相关原理，为工程实践提供了系统的实施方法；再次介绍了机械压实法和化学加固法的原理与施工工艺，为地基处理提供了不同的技术选择和实施方案；最后介绍了其他地基处理方法，包括强夯法和挤密法，为读者提供了更多的地基处理选项和思路。

通过本项目的学习，读者能够了解地基处理的相关知识和方法，掌握各种地基处理技术的设计原理和施工工艺，以及质量检测等关键内容，从而为实际工程项目的地基处理提供全面的支持和指导。

课后实训

1. 成员分组

以 3~5 人为一组，选出组长并进行分工，将小组成员及分工情况填入表 8-3 中。

表 8-3　小组成员及分工情况

小组成员	姓名	学号	分工
组长			
组员			

2. 开展实训

将实训操作过程填入表 8-4 中。

表 8-4　实训开展工作表

姓名	日期
实训项目	
具体任务	
相关知识	
其他项目	
实训记录	
教师指导	

3. 考核评价

各组展示任务完成情况，并完成表 8-5 所示的考核评价表。

表 8-5 考核评价表

评价项目	评价内容	分值	评分		
			自评	互评	师评
职业素养考核项目（40%）	考勤、仪容仪表	10 分			
	安全意识、责任意识及服从意识	10 分			
	团队合作、沟通交流能力	10 分			
	维护场地、设备及工具等干净整洁	10 分			
专业能力考核项目（60%）	积极参与教学活动并理解实训活动要求	20 分			
	工程基本专业知识查找及时、准确	20 分			
	地基处理操作符合规范，任务完成度	20 分			
合计：综合分数______ 自评（20%）+互评（20%）+师评（60%）		100 分			
综合评语		指导教师（签名）：			

课后习题

一、填空题

1. ________是指在建设工程中，对于建筑物或结构物来说，不具备足够承载能力、稳定性或变形控制能力的地基。

2. 垫层质量可用标准贯入试验、静力触探、动力触探和环刀取样法检测。对垫层的总体质量验收也可通过________进行。

3. ________适用于均质黏性土及含薄粉砂夹层黏性土等，尤其适用于新吹填土地基的加固。

4. ________是用压路机、推土机或羊足碾等机械，在需压实的场地上，按计划与次序往复碾压，分层铺土，分层压实。

二、简答题

1. 简述地基处理的对象。
2. 简述化学浆液注入的方法。

项目9

区域性地基及其工程处理

项目概述

我国地域辽阔，分布着多种多样的土。某些类型的土，由于不同的地理环境、气候条件、地质成因、历史过程、物质成分和次生变化等原因，具有与一般土不同的特殊性质。当其作为建筑物地基时，如不注意这些特性，可能会引起事故。存在于不同区域的特殊土具有各自特殊的工程性质，通常把这些具有特殊工程地质的土类称为特殊土。各种天然形成的特殊土的地理分布存在着一定的规律，表现出一定的区域性，故又有区域性特殊土之称。

学习目标

知识目标

◆理解特殊土地基的性质，对软土地基、湿陷性黄土地基、冻土地基、膨胀土地基和红黏土地基的特点有深入的认识。

◆了解软土地基、湿陷性黄土地基、冻土地基工程的处理方法。

◆熟悉膨胀土地基、红黏土地基工程的评价方法和处理技术。

能力目标

◆针对不同特殊土地基问题，具备设计地基处理方案和处理技术的能力。

◆能够组织和实施软土地基、湿陷性黄土地基、冻土地基、膨胀土地基和红黏土地基工程处理工作，确保施工进度和质量。

◆能够对地基处理效果进行评估和检测，确保处理效果符合设计要求。

素质目标

◆培养学生在面对特殊土地基工程处理问题时，能够全面分析问题并提出解决方案的能力。

◆培养学生对地基工程处理质量和安全的高度责任感，注重细节、严谨执行，确保工程品质。

案例导入

某市居民楼为9层框架建筑物，原建筑场地中有10.5~17.8 m厚的软土层，软土层表面为 3~8 m 的细砂层，建成不久后即发现墙身开裂，建筑物沉降最大达 58 cm，中间沉降量大，两端小。进一步了解后发现，该建筑物是箱形基础上的框架结构，设计者在细砂层面上回填砂石碾压密实，然后把碾压层作为箱形的持力层，在开始基础施工到装饰竣工完成的一年半中，基础最大沉降达 58 cm，由于沉降差较大，造成了上部结构产生裂缝。

问题思考

根据所学内容，详细说明该地基土的工程措施。

9.1 特殊土地基处理概述

我国主要的区域性特殊土有软土、湿陷性黄土、膨胀土、红黏土、多年冻土以及液化土等。为保证各类构筑物的安全和正常使用，应根据其工程特点和要求，因地制宜地对地基进行综合治理，以防止发生工程事故。

9.1.1 软土地基概述

软土一般指外观以灰色为主，天然比大于或等于 1.0，天然含水量大于液限并且具有灵敏结构性的细粒土。它包括淤泥、淤泥质土（淤泥质黏性土、粉土）、泥炭和泥炭质土等，其压缩系数一般为 0.5~1.5 MPa^{-1}，最大可达 1.5 MPa^{-1}，不排水抗剪强度小于 20 kPa。

1. 软土的分布

我国软土分布很广，如长江、珠江地区的三角洲沉积；上海、天津塘沽、浙江温州、宁波、江苏连云港等地的滨海相沉积；闽江口平原的溺谷相沉积；洞庭湖、洪泽湖、太湖以及昆明滇池等地区的内陆湖泊相沉积；河滩沉积位于各大、中河流的中下游地区；沼泽沉积的有内蒙古、东北地区的大兴安岭和小兴安岭、华南及西南森林地区等。此外，广西、贵州、云南等省的某些地区还存在山地型的软土，是泥灰岩、炭质页岩、泥质砂页岩等风化产物和地表的有机物质经水流搬运，沉积于低洼处，长期饱水软化或间有微生物作用而形成。沉积的类型以坡洪积、湖沉积和冲沉积为主。其特点是分布面积不大，但厚度变化很大，有时相距 2~3 m 内，厚度变化可达 7~8 m。

2. 软土的类型与工程特性

（1）我国软土类型

我国厚度较大的软土，一般表层有 0~3 m 厚的中或低压缩性黏性土，俗称表土层，其层理上大致可分为以下几种类型。

① 上层为 1~3 m 褐黄色粉质黏土，第二、第三层为淤泥质黏土，一般厚约 20 m，属高压缩性土，第四层为较密实的黏土层或砂层。

② 上层由人工填土及较薄的粉质黏土组成，厚 3~5 m，第二层为 5~8 m 的高压缩性淤泥层，基岩离地表较近，起伏变化较大。

③ 上层为 1 m 以上厚的黏性土，其下为 30 m 以上的高压缩性淤泥层。

④ 上层为 3~5 m 厚褐黄色粉质黏土，以下为淤泥及粉砂夹层交错形成。

⑤ 上层同④，第二层为厚度变化很大、呈喇叭口状的高压缩性淤泥，第三层为较薄的残积层，其下为基岩，多分布在山前沉积平原或河流两岸靠山地区。

⑥ 上层为浅黄色黏性土，其下为饱和软土或淤泥及泥炭，成因复杂，绝大部分为坡洪积、湖沼沉积、冲积以及沉积，分布面积不大，属于厚度变化悬殊的山地型软土。

（2）工程特性

由于软土的生成环境、矿物组成和结构性显著并含有机质，故软土的黏粒、粉粒成分及其天然含水量高、孔隙比大、所含有机质的性质，影响了土的强度和压缩性。软土的抗剪强度很低，软土地基的承载力常为 20~80 kPa。与土体的排水固结程度有关，在不排水条件下，其黏聚力很低，内摩擦角也很小。由于土体的高孔隙性以及大量有机质的存在，软土的压缩性很大。软土地基的变形特性与其天然固结状态相关，欠固结软土在荷载作用下沉降较大，天然状态下的软土层大多属于正常固结状态。由于其黏粒的含量较高，软土具有很低的渗透性，而且在水平及垂直方向的渗透系数不一样，使建筑物地基易产生差异沉降，尤其在有机质大量存在时，会产生气泡，堵塞渗流通道，在荷载作用下，排水固结速率很慢，影响地基的强度，延长建筑物沉降时间。由于沉降环境的不同，黏土层中常局部夹有厚薄不同的粉土或透镜体，使其在水平和垂直方向上有差异，建筑物易产生不均匀沉降。

提 示

在软土层中开挖、打桩、降水时，应按《岩土工程勘察规范（2009 年版）》（GB 50021—2001）有关规定执行。

9.1.2 湿陷性黄土地基概述

1. 黄土的特征及分布

黄土是一种产生于第四纪地质历史时期干旱条件下的沉积物，其外观颜色较杂乱，主要呈黄色或褐黄色，颗粒组成以粉粒（0.005~0.075 mm）为主，同时含有砂粒和黏粒。它的内部物质成分和外部形态特征与同时期其他沉积物不同。一般认为不具层理的风成黄土为原生黄土，原生黄土经流水冲刷、搬运和重新沉积形成的黄土称次生黄土，常具有层理和砾石夹层。

湿陷性黄土在中国分布较广，且地层多、厚度大，广泛分布在甘肃、陕西、山西大部分地区，以及河南、河北、山东、宁夏、辽宁、新疆等部分地区。当黄土作为建筑物地基时，首先要判断它是否具有湿陷性，其次才考虑是否需要地基处理以及如何处理。

2. 黄土的类型

按黄土形成年代的早晚划分，有老黄土和新黄土之分，见表 9-1。具有天然含水量的黄土，如未受水浸湿，一般强度较高，压缩性较小，某些黄土在一定压力下受水浸湿，土结构迅速破坏，产生显著的附加下沉，强度也迅速降低，称为湿陷性黄土，主要属于晚更新世（Q_3）的马兰黄土以及全新世（Q_4）的次生黄土。该类黄土形成年代较晚，土质均匀或较为均匀，结构疏松，大孔发育，有较强烈的湿陷性。在一定压力下受水浸湿，土结构不破坏，并无显著附加下沉的黄土称为非湿陷性黄土，一般属于中更新世（Q_2）的午城黄土，其形成年代久远，土质密实，颗粒均匀，无大孔或略具大孔结构，一般不具有湿陷性或仅具轻微湿陷性。

表 9-1　黄土的地层划分

时代		地层的划分	说明
全新世（Q_4）黄土	新黄土	黄土状土	一般具湿陷性
晚更新（Q_3）黄土		马兰黄土	
中更新世（Q_2）黄土	老黄土	离石黄土	上部部分土层具湿陷性
早更新世（Q_1）黄土		午城黄土	不具湿陷性

注：全新世（Q_4）黄土包括湿陷性（Q'_4）黄土和新近堆积（Q'_2）黄土。

9.1.3　冻土地基概述

多年冻土

1. 冻土的分布

在寒冷季节温度低于 0 摄氏度，土中水冻结成冰，此时土称为冻土。我国多年冻土主要分布在青藏高原、天山、阿尔泰山地区和东北大小兴安岭等纬度或海拔较高的严寒地区。东部和西部的一些高山顶部也有分布。多年冻土占我国领土的 20% 以上，占世界多年冻土面积的 10%。

2. 冻土的分类

冻土根据其冻融情况分为季节性冻土、隔年冻土和多年冻土。

季节性冻土是指冬季冻结，夏季全部融化的冻土；若冬季冻结，一两年内不融化的土称为隔年冻土；凡冻结状态持续 3 年或以上的土称为多年冻土。多年冻土的表土层，有时夏季融化，冬季再结冰，也属于季节性冻土。随着土中水的冻结，土体产生体积膨胀，即冻胀现象。《冻土地区建筑地基基础设计规范》（JGJ 118—2011）将作为建筑地基的冻土，分类如下。

根据持续时间可分为季节冻土与多年冻土；根据所含盐类与有机物的不同可分为盐渍化冻土与冻结泥炭化土；根据变形特性可分为坚硬冻土、塑性冻土与松散冻土；根据冻土的融沉性与土的冻胀性分成若干亚类。土层冬季冻结，夏季全部融化，冻结延续时间一般不超过一个季节时，称为季节性冻土层。其下边界线称为冻深线或冻结线。

知识链接

冻胀会使地基土隆起，使建造在其上的建（构）筑物被抬起，引起开裂、倾斜甚至倒塌，使得路面鼓包、开裂、错缝或折断等。对工程危害最大的是季节性冻土地区，当土层解冻融化后，土层软化，强度大大降低。这种冻融现象又使得房屋、桥梁和涵管等发生大量沉降和不均匀沉降，道路出现翻浆冒泥等危害。因此，冻土的冻融必须引起注意，并采取必要的防治措施。

9.1.4 膨胀土地基概述

1. 膨胀土的成因及其分布

膨胀土一般指黏粒成分主要由强亲水性的蒙脱石和伊利石矿物组成，具有吸水膨胀和失水收缩的特点，是胀缩性能显著的黏性土。膨胀土的成因环境主要为温和湿润，具备化学风化的良好条件，以硅酸盐为主的矿物不断分解，钙被大量淋失，钾离子被次生矿物吸收形成伊利石——蒙脱石混合矿物为主的黏性土。

膨胀土在我国分布广泛，与其他土类不同的是其主要呈岛状分布。根据现有资料，在广西、云南、贵州、湖北、河北、河南、四川、安徽、山东、陕西、江苏和广东等地均有不同范围的分布。

2. 膨胀土特性

膨胀土是土中黏性成分主要由亲水性矿物组成，具有显著的吸水膨胀软化和失水收缩开裂变形特性的一种黏性土，通常强度较高、压缩性低。一般黏性土都具有胀缩性，但其胀缩量不大，对工程的影响不大。而膨胀土的膨胀—收缩—再膨胀的往复变形特性非常显著。建造在膨胀土地基上的建筑物，随季节气候变化会反复不断地产生不均匀的抬升和下沉，而使建筑物破坏。

我国膨胀土形成的地质年代大多数为第四纪晚更新世（Q_3）及其以前，少量为全新世（Q_4）。膨胀土颜色呈黄、黄褐、红褐、灰白或花斑等色。膨胀土多呈坚硬-硬塑状态，液性指数 I_L 常接近 0 或小于 0，孔隙比一般为 0.6~1.2，结构致密，压缩性较低。

裂隙发育是膨胀土的一个重要特征，常见光滑面或擦痕。裂隙有竖向、斜交和水平 3 种，裂隙间常充填灰绿、灰白色黏土。竖向裂隙常露出地表面，裂隙宽度随深度增加而逐渐尖灭；斜交剪切裂隙越发育，膨胀性越严重。膨胀土分布地区还有一个特点，即在旱季常出现地裂，长可达数十米至百米，深数米，在雨季则可闭合。

3. 工程地质分类

我国膨胀土按地貌、地层、岩性、矿物成分等因素，以工程地质方法分为三类，见表 9-2。

表 9-2　膨胀土工程地质分类

类别	地貌	地层	岩性	矿物成分	物理性指标				分布的典型地区
					ω/%	e	ω_L/%	I_P	
一类	分布在盆地的边缘与丘陵地	晚第三纪至第四纪湖相沉积及第四纪风化层	以灰白、灰绿的杂色黏土为主（包括半成岩的岩石），裂隙特别发育，常有光滑面或擦痕	以蒙特石为主	20~37	0.6~1.1	45~90	21~48	云南蒙自，广西宁明，河北邯郸，河南平顶山，湖北襄樊

续表

类别	地貌	地层	岩性	矿物成分	物理性指标				分布的典型地区
					ω/%	e	ω_L/%	I_P	
二类	分布在河流的阶地	第四纪冲积、洪积坡洪积层（包括少量冰水沉积）	以灰褐、褐黄、红黄色黏土为主，裂隙很发育，有光滑面与擦痕	以伊利石为主	18～23	0.5～0.8	36～54	18～30	安徽合肥，四川成都，湖北拔江、郧县、山东临沂
三类	分布在岩溶地区平原谷地	碳酸盐类岩石的残积、坡积及其冲积层	以红棕，棕黄色高塑性黏土为主，裂隙发育，有光滑面和擦痕		27～38	0.9～1.4	50～100	20～45	广西贵县、来宾、武宣

9.1.5　红黏土地基概述

1. 红黏土的成因与分布

红黏土是指在炎热湿润气候条件下的石灰岩、白云岩等碳酸盐系的出露区经长期的成土化学风化作用（又称红土作用），形成的高塑性黏土物质，其液限一般大于50%，通常为红色，故称为红黏土。红黏土一般堆积于洼地和山麓坡地，上硬下软，具有明显的胀缩性，有时还呈紫红色、棕红色、黄褐色等。红黏土的颗粒经水流再次搬运到低洼处堆积成新的土层，其颜色较未搬运者浅，常含粗颗粒，但仍保持红黏土的基本特征，这种液限大于45%的坡、洪积黏土称为次生红黏土。在相同物理指标时，次生红黏土的力学性能低于红黏土。

红黏土及次生红黏土广泛分布在我国的云贵高原、四川东部、广西、粤北及鄂西、湘西等地区的低山、丘陵地带顶部和山间盆地、洼地、缓坡及坡脚地段。

2. 红黏土的特性

红黏土的物理力学性质指标见表9-3，从表中可看出，它具有较高的力学强度和较低的压缩性；各种指标变化幅度较大，具有高分散性。红黏土的这些特殊工程性质与其生成环境及其相应的组成物质是密切相关的。

随着深度的增加，红黏土的天然含水率、孔隙比、压缩系数都有较大的增加，状态由坚硬、硬塑变为可塑、软塑，而强度则大幅度降低。在水平方向上，地势较高处的红黏土，天然含水率和压缩性较低，强度较高；而地势较低的则相反。

表9-3　红黏土主要物理力学指标

物理力学指标	黏粒含量/%	天然重度/（kN/m³）	天然含水率/%	饱和度/%	相对密度	液限/%	塑限/%
一般值	55～70	16.5～18.5	30～60	85以上	2.76～2.90	50以上	30～60
物理力学指标	压缩模量/MPa	变形模量/MPa	内摩擦角/（°）	孔隙比	黏聚力/kPa	塑性指数	液性指数
一般值	6～16	10～30	0～3	1.1～1.7	50～160	25～50	-0.1～0.4

9.2 软土地基工程处理

9.2.1 软土地基的评价

软土地基的评价应根据软土工程特性，结合不同的工程要求进行工程评价。

1. 颗粒分析和土壤分类

通过颗粒分析试验，确定软土的颗粒组成和颗粒级配，根据其颗粒大小、形状和含量等特征，进行土壤分类。

2. 液限和塑限

液限和塑限是软土的重要指标，可以通过标准试验，如液限试验和塑限试验等进行测定。液限表示土壤的含水量上限，塑限表示土壤在含水量较高时可塑性的范围。液限和塑限的数值可以用于判断软土的可塑性和液态指数。

3. 荷载传递性和沉降特性

软土地基的荷载传递性和沉降性能对工程稳定性和结构变形有重要影响。通过标准固结试验、超固结试验等得到软土的压缩参数和固结特性，以评估荷载传递性和沉降特性。

4. 剪胀特性和剪切强度

软土的剪胀特性和剪切强度是评价其稳定性和抗剪能力的重要指标。通过直剪试验、三轴剪切试验等获得软土的剪切参数，如内摩擦角、剪切强度等。

5. 地下水状况

软土地基的地下水状况对其工程性能和稳定性影响显著。了解地下水位、孔隙水压力、排水性质等，评估软土在饱和和非饱和状态下的工程行为。

6. 现场观测和监测

进行现场观测和监测，包括测定地表沉降、孔隙压力、变形监测等，以了解软土地基的实际工程响应情况，并为评价提供实时数据。

其中，地基的沉降量可采用分层总和法计算，并乘以经验系数；也可采用土的应力历史的沉降计算方法。对软土地基的工程评价时，应特别强调软土地基承载力综合评定的原则，不能单靠理论计算，要以地区经验为主。软土地基承载力的评定，变形控制原则比按强度控制原则更重要。

知识链接

软土地基主要是受力层中的倾斜基岩或其他倾斜坚硬地层，是软土地基的一大隐患，很有可能导致不均匀沉降，以及蠕变滑移而产生剪切破坏，因此对这类地基不但要考虑变形，而且要考虑稳定性。若主要受力层中存在砂层，砂层将起排水通道作用，加速软土固结，有利于地基承载力的提高。

9.2.2 软土地基的处理

在软土地基上修建各种构筑物时，要特别重视地基的变形和稳定问题，并考虑上部结构与地基的共同作用，采用必要的建筑及结构措施，确定合理的施工顺序和地基处理方法，并应采取下列措施。

（1）充分利用表层密实的黏性土（一般厚 1~2 m）作为持力层，基底尽可能浅埋（埋深 d=300~800 cm），但应验算下卧层软土的强度。

（2）尽可能减小基底附加应力，如采用轻型结构、轻质墙体、扩大基础底面、设置地下室或半地下室等。

（3）采用换土垫层或桩基础等，但应考虑欠固结软土产生的桩侧负摩阻力。

（4）采用砂井预压，加速土层排水固结。

（5）采用高压喷射、深层搅拌、粉体喷射等处理方法。

（6）使用期间，对大面积地面堆载划分范围，避免荷载局部集中、直接压在基础上。

当遇到暗塘、暗沟、杂填土及冲填土时，须查明范围、深度及填土成分。较密实均匀的建筑垃圾及性能稳定的工业废料可作为持力层，而有机质含量大的生活垃圾和对地基有侵害作用的工业废料，未经处理不宜作为持力层，并根据具体情况，选用如下处理方法。

（1）不挖土，直接打入短桩。如上海地区通常采用长约 7 m、断面 200 mm×200 mm 的钢筋混凝土桩，每桩承载力 30~70 kN，并认为承台底土与桩共同承载，其中土承受该桩所受荷载的 70%左右，但不超过 30 kPa，对暗塘、暗沟下有强度较高的土层效果更佳。

（2）填土不深时，可挖去填土，将基础落深，或用毛石混凝土、混凝土等加厚垫层，也可用砂石垫层处理。若暗塘、暗沟不宽，也可设置基础梁直接跨越。

（3）对于低层民用建筑可适当降低地基承载力，直接利用填土作为持力层。

（4）冲填土一般可直接作为地基。若土质不良时，可选用上述方法加以处理。

9.3 湿陷性黄土地基工程处理

9.3.1 黄土湿陷性影响因素分析

1. 含水量变化

黄土的湿陷性与含水量密切相关，土壤含水量增加时，土壤的塑性和可形变性增强，易发生湿陷。因此，黄土地区的降雨量和地下水位变化都会对土壤的湿陷性产生影响。

地下水位对土壤的湿陷性有显著影响。地下水位上升会使土壤吸水膨胀，导致湿陷；而地下水位下降则会减少土壤的湿陷倾向。

2. 土壤结构

黄土的颗粒结构和土粒间的胶结物质会影响土壤的湿陷性。黄土中胶结物的含量和成分，以及颗粒的组成和分布，对于黄土的结构特点和湿陷性的强弱有着重要的影响。我国黄土湿陷性存在着由西北向东南递减的趋势，与自西北向东南方向砂粒含量减少而黏粒含量增多是一致的。此外，黄土中的盐类以及其存在状态对湿陷性也有着直接影响。如以较难溶解的碳酸钙为主而具有胶结作用时，湿陷性减弱，但石膏及其他碳酸盐、硫酸盐和氯化物等易溶盐的含量越大时，湿陷性越强。

3. 土壤含盐量

土壤中的盐分含量会影响土壤的胶结性和流变性，进而影响土壤的湿陷性。高盐土壤容易发生湿陷，特别是在盐碱地区。

4. 荷载应力

外部荷载的应力作用会引起土壤颗粒间的变形和排水，从而影响土壤的湿陷性。大的荷载应力可能导致土壤的加速沉降和湿陷。

5. 土壤压缩性

黄土的压缩性是土壤湿陷性的重要参数之一，压缩性较大的黄土更容易发生湿陷。土壤压缩性受含水量、荷载应力等因素的影响。

6. 地形条件

地形起伏和坡度会影响黄土地基的排水性能和面积受力情况，从而影响土壤的湿陷性。坡度大的区域容易发生局部沉陷和湿陷。

9.3.2 黄土地基湿陷性评价

1. 黄土湿陷性的判定

（1）湿陷系数 δ_s

黄土湿陷性在国内外都采用湿陷系数式 δ_s 值来判定。湿陷系数 δ_s 为单位厚度的土层，由于浸水在规定压力下产生的湿陷量，它表示了土样所代表黄土层的湿陷程度。其试验方法如下。

δ_s 可通过室内浸水压缩试验测定。把保持天然含水量和结构的黄土土样装入侧限压缩仪内，逐级加压，达到规定的试验压力，土样压缩稳定后，进行浸水，使含水量接近饱和，土样又迅速下沉，再次达到稳定，得到浸水后土样高度 h'_p，由式（9.1）求得土的湿陷系数 δ_s。

$$\delta_s = \frac{h_p - h'_p}{h_0} \tag{9.1}$$

式中　h_0——土样的原始高度，mm；

h_p——保持天然湿度和结构的土样，加压至一定压力时下沉稳定后的高度，mm；

h'_p——上述加压稳定后的土样，在浸水作用下下沉稳定后的高度，mm。

（2）测定湿陷系数的压力

在工程中，当式 $\delta_s<0.015$ 时，应定为非湿陷性黄土；当 $\delta_s \geq 0.015$ 时，应定为湿陷性黄土。试验时测定湿陷系数的压力 p 应采用黄土地基的实际压力。但初勘阶段，建筑物的平面位置、基础尺寸和埋深等尚未确定，即实际压力大小难以预估。

① 应自基础底面（初勘时，自地面下 1.5 m）算起。

② 10 m 以上的土层应用 200 kPa。

③ 10 m 以下至非湿陷性土层顶面，应用其上覆土的饱和自重应力（当大于 300 kPa 时，仍应用 300 kPa）。

④ 对压缩较高的新近堆积黄土，基底下 5 m 以内的土层宜用 100~150 kPa 压力，5~10 m 和 10 m 以下至非湿陷性黄土层的顶面，应分别用 200 kPa 和上覆土的饱和自重压力。

（3）黄土湿陷性判别标准

湿陷系数式 $\delta_s<0.015$，应定为非湿陷性黄土；湿陷系数式 $\delta_s\geq0.015$，应定为湿陷性黄土。

（4）湿陷性黄土的湿陷程度

湿陷性黄土的湿陷程度，可根据湿陷系数式 δ_s 值的大小分为下列三种。

① 当 $0.015\leq\delta_s\leq0.03$ 时，湿陷性轻微。

② 当 $0.03<\delta_s\leq0.07$ 时，湿陷性中等。

③ 当 $\delta_s>0.07$ 时，湿陷性强烈。

2. 场地湿陷类型的划分

工程实践表明，自重湿陷性黄土无外荷载作用时，浸水后也会迅速发生剧烈的湿陷，甚至一些很轻的建筑物也难免遭受其害。而非自重湿陷性黄土地基则很少发生。对两种湿陷性黄土地基，所采取的设计和施工措施应有所区别。因此，必须正确划分场地的湿陷类型。

建筑物场地的湿陷类型，应按实测自重湿陷量 Δ'_{zs}，或计算自重湿陷量 Δ_{zs} 判定。实测自重湿陷量应根据现场试坑浸水试验确定，其结果可靠，但费水费时，并且有时受各种条件限制而不易做到。

计算自重湿陷量 Δ_{zs} 可按下式计算

$$\Delta_{zs}=\beta_0\sum_{i=1}^{n}\delta_{zsi}h_i \tag{9.2}$$

式中　β_0——根据我国建筑经验，因各地区土质而异的修正系数，对陇西地区可取 1.5，陇东、陕北、晋西地区可取 1.2，关中地区取 0.9，其他地区取 0.5；

δ_{zsi}——第 i 层地基土样在压力值等于上覆土的饱和（$S_r>0.85$）自重应力时，试验测定的自重湿陷系数（当饱和自重应力>300 kPa 时，仍用 300 kPa）；

h_i——地基中第 i 层土的厚度，m；

n——计算总厚度内土层数。

当 $\Delta_{zs}\leq7$ cm 时，应定为非自重湿陷性黄土场地；当 $\Delta_{zs}>7$ cm 时，应定为自重湿陷性黄土场地。用上式计算时，土层总厚度从天然地面（挖、填方场地应自设计地面）算起，到全部湿陷性黄土层底面为止，勘探点未穿透湿陷性黄土层时，应计算至控制性勘探点深度止。其中 $\delta_{zs}<0.015$ 的土层（属于非自重湿陷性黄土层）不应累计在内。

3. 黄土地基的湿陷等级

湿陷性黄土地基的湿陷等级，即地基土受水浸湿，发生湿陷的程度，可以用地基内各土层湿陷下沉稳定后所发生湿陷量的总和（总湿陷量）来衡量。

地基总湿陷量 Δ_s，应按下式计算

$$\Delta_s = \sum_{i=1}^{n} \alpha\beta\delta_{si}h_i \tag{9.3}$$

式中　α——不同深度地基土浸水概率系数，按地区经验取值。无地区经验时可按表 9-4 取值。对地下水有可能上升至湿陷性土层内，或侧向浸水影响不可避免的区段，取 $\alpha=1.0$；

β——考虑基底下地基土的受力状态及地区等因素的修正系数，缺乏实测资料时，可按表 9-5 的规定取值；

δ_{si}——第 i 层土的湿陷系数；

h_i——第 i 层土的厚度，m。

表 9-4　浸水概率系数 α

基础底面下深度 z/m	α
$0\leqslant z\leqslant 10$	1.0
$10<z\leqslant 20$	0.9
$20<z\leqslant 25$	0.6
$z>25$	0.5

表 9-5　修正系数 β

位置及深度		β
基底下 0~5 m		1.5
基底下 5 m~10 m	非自重湿陷性黄土场地	1.0
	自重湿陷性黄土场地	所在地区的 β_0 值且不小于 1.0
基底下 10 m 以下至非湿陷性黄土层顶面或控制性勘探孔深度	非自重湿陷性黄土场地	Ⅰ区、Ⅱ区取 1.0，其余地区取工程所在地区的 β_0 值
	自重湿陷性黄土场地	取工程所在地区的 β_0 值

注：Ⅰ区指陇西地区；Ⅱ区指陇东、陕北、晋西地区。

湿陷等级的判定可根据基底下各土层累计的总湿陷量 Δ_s 和计算自重湿陷量 Δ_{zs} 大小和场地湿陷类型，见表 9-6。

表 9-6　湿陷性黄土地基的湿陷等级

湿陷类型 / Δ_{zs}/mm / Δ_s/mm	非自重湿陷性场地	自重湿陷性场地	
	$\Delta_{zs}\leqslant 70$	$70<\Delta_{zs}\leqslant 350$	$\Delta_{zs}>350$
$50<\Delta_s\leqslant 100$	Ⅰ（轻微）	Ⅰ（轻微）	Ⅱ（中等）
$100<\Delta_s\leqslant 300$	Ⅰ（轻微）	Ⅱ（中等）	
$300<\Delta_s\leqslant 700$	Ⅱ（中等）	Ⅱ（中等）或Ⅲ（严重）	Ⅲ（严重）
$\Delta_s>700$	Ⅱ（中等）	Ⅲ（严重）	Ⅳ（很严重）

注：对 $70<\Delta_{zs}\leqslant 350$、$300<\Delta_s\leqslant 700$ 一档的划分，当湿陷量的计算值 $\Delta_s>600$ mm、自重湿陷量的计算值 $\Delta_{zs}>300$ mm 时，可判为Ⅲ级，其他情况可判为Ⅱ级。

Δ_s 是湿陷性黄土地基在规定压力下充分浸水后可能发生的湿陷变形值。设计时应根据黄土地基的湿陷等级考虑相应的设计措施。相同情况下湿陷程度越高，设计措施的要求也越高。

知识拓展

湿陷性黄土地基的勘察

开展湿陷性黄土地基的勘察是为了充分了解黄土地基的地质特征、工程性质和变化规律，为工程设计和施工提供准确的基础资料。在湿陷性黄土地区进行地基勘察时，需要特别关注土壤的湿陷性特点。以下是在湿陷性黄土地区进行地基勘察的一般步骤和内容。

1. 地质调查与地形勘测

进行地表地质调查，了解湿陷性黄土地区的地质特征、地貌特征、地下水情况等，特别要关注土壤湿陷性的形成机制和影响因素。

进行地形测量和地形分析，了解地势起伏、坡度情况，确定地形对土壤湿陷性的影响，为工程设计提供重要参考。

2. 土壤取样与地下水勘察

通过取土样进行室内试验，包括颗粒分析、液限塑限试验、压缩性试验、剪切强度试验等，获取土壤的湿陷性参数和工程性质。了解湿陷性黄土地区的地下水位变化规律、水质情况，分析地下水对土壤湿陷性的影响，确定地下水处理和控制措施。

3. 湿陷性分析

根据土壤取样数据和室内试验结果，对土壤的湿陷性进行综合分析，评估土壤的湿陷倾向和程度，预测土壤的变形和沉降情况。

4. 地基承载力评价与稳定性分析

通过静力触探、动力触探、板载试验等手段，评价地基的承载力和变形特性，确定合理的地基设计参数。

对地基的稳定性进行分析，包括整体稳定性和局部稳定性，预测土体可能发生的滑动、沉降和变形情况。

5. 排水设计

结合湿陷性黄土地区的地下水情况和土壤渗透性，设计合理的排水系统，保证地基的排水通畅，减少土壤受水影响。

6. 地基处理方案

根据勘察结果和分析，提出合理的地基处理方案，包括加固加筑、排水处理、基础形式选择等建议，确保工程安全稳定。

在湿陷性黄土地区的地基勘察中，需结合实际情况采用综合的勘察手段和技术，确保获得准确、全面的地质信息和土壤性质数据，为工程设计和施工提供可靠的依据。

9.3.3 黄土湿陷性地基处理

当湿陷性黄土地基的压缩变形、湿陷变形或强度不能满足设计要求时，应针对不同的土质条件和建筑物类别，采取相应的措施。

1. 建筑物的类别

建筑物应根据其重要性、地基受水浸湿可能性的大小和在使用上对不均匀沉降限制的严格程度，分为甲、乙、丙、丁四类，见表 9-7。

表 9-7　建筑物分类

类型	内容
甲类建筑	高度大于 60 m 的高层建筑；高度大于 50 m 的构筑物；高度大于 100 m 的高耸结构；特别重要的建筑；地基受水浸湿可能性大的重要建筑；对不均匀沉降有严格限制的建筑
乙类建筑	高度 24～60 m 的高层建筑；高度 30～50 m 的构筑物；高度 50～100 m 的高耸结构；地基受水浸湿可能性较大或较小的重要建筑；地基受水浸湿可能性大的一般建筑
丙类建筑	除乙类以外的一般建筑和构筑物。多层住宅楼、办公楼、教学楼；高度不超过 50 m 的烟囱；跨度小于 24 m 和吊车额定起重量大于 30 t 的机加工车间；食堂，县、区影剧院，理化试验室
丁类建筑	1～2 层的简易住宅、简易办公房屋；小型机加工车间；小型工具、机修车间；小型库房等次要建筑

2. 建筑工程的设计措施

（1）地基处理措施

地基处理的主要措施包括消除地基的全部或部分湿陷量；或采用深基础、桩基础穿透全部湿陷性土层，或将基础设置在非湿陷性黄土层上。

（2）防水措施

① 基本防水措施。在建筑物布置、场地排水、地面防水、屋面排水、散水、排水沟、管道敷设、管道材料和接口等方面，应采取措施防止雨水或生产、生活用水的渗漏。

② 检漏防水措施。在基本防水措施的基础上，对防护范围内的地下管道，应增设检漏管沟和检漏井。

③ 严格防水措施。在检漏防水措施的基础上，应提高防水地面、排水沟、检漏管沟和检漏井等设施的材料标准，如增设卷材防水层、采用钢筋混凝土排水沟等。

（3）结构措施

结构措施包括设置封闭圈梁、采用变形适应性结构，减小或调整建筑物的不均匀沉降。

3. 各类建筑对地基处理的要求

（1）甲类建筑

对甲类建筑进行地基处理时，应穿透全部湿陷性土层；或消除地基的全部湿陷量，或将基础设置在非湿陷层。处理厚度要求如下。

① 非自重湿陷性黄土场地，应将基础下湿陷起始压力小于附加压力与上覆土的饱和自重压力之和的所有土层进行处理；或处理至基础下的压缩层深度为止。

② 在自重湿陷性黄土场地，应处理基础以下的全部湿陷性土层。

（2）乙类建筑

对乙类建筑进行地基处理时，应消除地基部分湿陷量。其最小处理厚度如下。

① 非自重湿陷性黄土场地，不应小于压缩层厚度的 2/3，且下部未处理湿陷性黄土层

的湿陷起始压力值不应小于100 kPa。

② 自重湿陷性黄土场地，不应小于湿陷性土层厚度的2/3，并应控制未处理土层的湿陷量不大于150 mm。

③ 如基础宽度大或湿陷性黄土层厚度大，处理地基压缩层深度的2/3或全部湿陷性黄土层深度的2/3确有困难时，处理厚度：前者不小于4 m；后者不小于6 m。

（3）丙类建筑

对丙类建筑进行地基处理时，应消除地基部分湿陷量的最小处理厚度。

（4）丁类建筑

丁类建筑的地基一律不处理。

4. 常用的地基处理方法

选择地基处理方法，应根据建筑物的类别、湿陷性黄土的特征、施工条件和当地材料，并经综合技术经济比较确定。常用的地基处理方法见表9-8。

表9-8　湿陷性黄土地基常用的处理方法

名称	适用范围	一般可处理（或穿透）基底下的湿陷性土层厚度/m
垫层法	地下水位以上，局部或整片处理	1～3
强夯法	S_r<60%的湿陷性黄土局部或整片处理	3～12
挤密法	地下水位以上，局部或整片处理	5～15
桩基础	基础荷载大，有可靠的持力层	≤30
预浸水法	Ⅲ、Ⅳ级自重湿陷性黄土场地，6 m以上尚应采用垫层等方法处理	可消除地面下6 m以下全部土层的湿陷性
单液硅化或碱液加固法	一般用于加固地下水位以上的已有建筑物地基	≤10单液硅化加固的最大深度可达20

9.4　冻土地基工程处理

冻土地基工程是在寒冷地区进行的一种特殊的地基工程，主要针对存在冻土或者冰冻土层的场地。在进行冻土地基工程时，需要考虑冻土的物理特性和影响因素，采取相应的处理方法确保工程的安全和稳定性。

9.4.1　物理力学的性质

1. 按冻土中未冻水含量区分

（1）坚硬冻土

土中未冻水含量很少，土粒被冰牢固地胶结。坚硬冻土的强度高，压缩性低；在荷载作用下呈脆性破坏。

（2）塑性冻土

土中含大量未冻水，在一定温度和应力条件下可以表现出塑性变形的土壤，冻土的强度不高，压缩性较大。通常情况下，当土壤中的水分达到一定比例时，土壤会呈现出塑性行为，即在外力作用下会发生形变而不恢复原状。塑性冻土中的水分含量和温度会影响其塑性行为。

（3）松散冻土

土的含水率较小，土粒未被冰所胶结，导致土壤实际体积增大，土壤颗粒之间的间隙增大，使土壤呈现松散状态的冻土。

2. 冻土的构造与融陷性

（1）冻土的构造

① 晶粒状构造：冻结时，水分就在原来的孔隙中结成晶粒状的冰晶。一般的砂土或冻结速率大、含水率小的黏性土，具有这种构造，如图 9-1（a）所示。

② 层状构造：土层在单向冻结并有水分转移时，形成层状构造。冰和矿物颗粒离析，形成冰夹层。在冻结速率小，冻结过程中有水分迁移的饱和黏性土与粉土中常见，如图 9-1（b）所示。

③ 网状构造：在多向冻结条件下，由于水分转移成网状构造，称为蜂窝状构造，如图 9-1（c）所示。

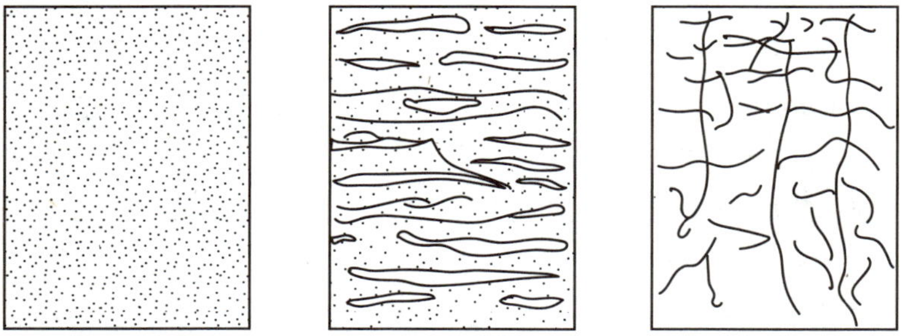

（a）晶粒状构造　　（b）层状构造　　（c）网状构造

图 9-1　冻土的构造

（2）冻土的融沉性

融沉性是评价冻土工程性质的重要指标。晶粒构造冻土融沉性小，网状构造冻土融沉性大。融沉性应由试验测定，并以融沉系数 A_0 表示

$$A_0 = \frac{h - h'}{h} = \frac{e - e'}{1 + e} \tag{9.4}$$

式中　h、e——分别为冻土试样融化前的厚度与孔隙比；

h'、e'——分别为冻土试样融化后的厚度与孔隙比。

$A_0<3\%$，为弱融沉；$3\% \leqslant A_0 \leqslant 10\%$ 为融沉；$10\% < A_0 \leqslant 25\%$ 为强融沉；$A_0 > 25\%$ 为融陷。

多年冻土的融化下沉性，根据土的融化下沉系数 δ_0 的大小，划分为不融沉、弱融沉、融沉、强融沉和融陷 5 级。冻土层的平均融沉系数 δ_0 按下式算

$$\delta_0 = \frac{h_1 - h_2}{h_1} = \frac{e_1 - e_2}{1 + e_1} \times 100 \tag{9.5}$$

式中　h_1、e_1——分别为冻土试样融化前的高度（mm）和孔隙比；

h_2，e_2——分别为冻土试样融化后的高度（mm）和孔隙比。

3. 冻土的特殊物理指标

（1）相对含冰量 i_0（%）

$$i_0=\frac{\text{冰的质量}}{\text{全部水的质量}}$$

（2）冰夹层含水率 ω_b（%）

$$\omega_b=\frac{\text{冰夹层的质量}}{\text{土骨架的质量}}$$

（3）未冻水含量 ω_r

$$\omega_r=(1-i_0)\omega$$

（4）饱冰度 V（%）

$$V=\frac{\text{冰的质量}}{\text{土的总质量}}=\frac{i_0\omega}{1+\omega}$$

（5）冰夹层含冰量 B_b（%）

$$B_b=\frac{\text{冰透晶体和冰夹层体积}}{\text{冻土总体积}}$$

（6）冻胀量 V_P

土在冰冻过程中的相对体积膨胀以小数表示，按下式计算

$$V_P=\frac{\gamma_r-\gamma_d}{\gamma_r} \tag{9.6}$$

式中，γ_r、γ_d 分别为冻土融化后和融化前的干重度，kN/m^3。

4. 冻土的抗压强度与抗剪强度

（1）冻土的抗压强度

由于冰的胶结作用，冻土的抗压强度大于未冻土，并随气温降低而增高。在长期荷载下，冻土具有强烈的流变性，其极限抗压强度远低于瞬时荷载下抗压强度。

（2）冻土的抗剪强度

在长期荷载下，冻土的抗剪强度低于瞬时荷载的强度。融化后土的黏聚力将大幅下降，因此可能造成事故。

5. 冻土地基的融沉变形

（1）冻土融化前后孔隙比变化

短期荷载下，冻土压缩性很低，可不计其变形。但冻土融化时，结构破坏，有的成为高压缩性的土体，产生剧烈变形。由图 9-2（a）冻土的压缩曲线可见，当温度由 $-\theta$ ℃至 θ ℃时，孔隙比突变 Δe；图 9-2（b）表示融化前后孔隙比之差 Δe 与压力 p 的关系。在 $p\leqslant 500$ kPa 时，视为线性关系，以下式表示

$$\Delta e=A+ap \tag{9.7}$$

式中　A——$\Delta e-p$ 曲线在纵坐标上的截距，称融化下沉系数；

a——$\Delta e-p$ 曲线的斜率，为冻土融化时的压缩系数。

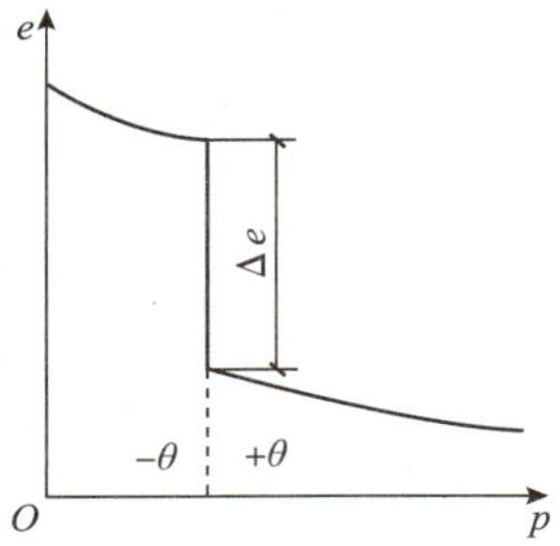

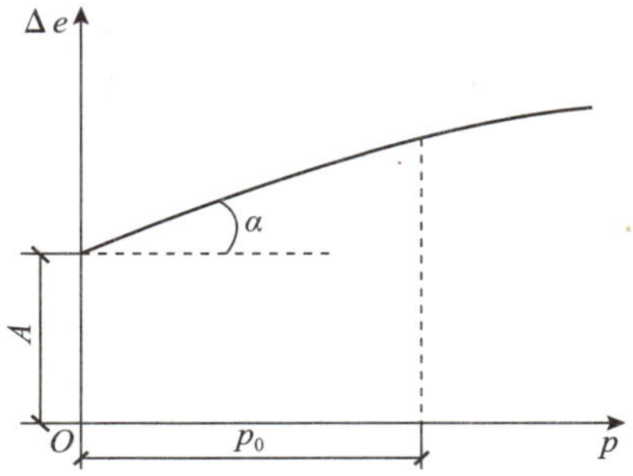

图 9-2　冻土融化前后孔隙比变化曲线

（2）冻土地基的融沉变形 s 计算方法

冻土地基的融沉变形 s 按下式计算

$$s=\frac{\Delta e}{1+e_1}h=\frac{A}{1+e_1}h+\frac{ap}{1+e_1}h=A_0h+a_0ph \tag{9.8}$$

式中　e_1——冻土的原始孔隙比；

h——土层融前的厚度，m；

A_0——冻土的相对融沉量（融沉系数），$A_0=\frac{A}{1+e_1}$；

a_0——冻土引用压缩系数，$a_0=1+\frac{a}{1+e_1}$，MPa^{-1}；

p——作用在冻土上的总压力，即土的自重压力和附加压力之和，kPa。

提　示

冻土地基容易受到冻融作用的影响，容易引起地基的变形和破坏。因此需要采取相应的措施，如加强排水系统、选择适当的地基材料等。

9.4.2　冻土地基处理

考虑到工程冻害均由地基土与基础构筑物共同作用而产生，工程中的防冻胀措施从总体上可分为两个方面：一方面是地基土改良；另一方面是基础和结构物抗冻胀。

1. 地基土改良

地基土改良主要有机械法（粗颗粒土换填、强夯法）、热物理法（土体疏干、加固周围土体）、物理化学法（盐化、电化学处理）等。

（1）机械法防冻胀措施

机械法防冻胀是基于改变土颗粒的粒度成分或接触条件，减少水分迁移的原理。它是挖除粉粒含量高的土并用较纯净的砂砾石换填以减少冻胀破坏的方法，主要是利用饱水粗颗粒土冻结时，水分不向冻结锋面迁移，而向相反方向迁移，因此，可避免强烈的分凝冻胀。非饱和粗颗粒土冻结时，虽然水分是向冻结锋面迁移，但比其他的土小得多。

(2) 热物理法防冻胀措施

热物理法防冻胀措施是基于改变土中水热状况，减少水分迁移量的原理。铺设隔热层不但可以改变隔热层下土中的温度进程，而且可以把一维的水热迁移问题转化为二维问题，以此来改变水分迁移的方向和强度。细颗粒土或者砂土上铺设隔热层，使得其下土层的温度高于邻近的土层，冻结迟缓，引起冻结时水分的双向迁移，即隔热层下土层的水分自下而上的垂直迁移和由隔热层下土层向邻近无隔热层的横向水分迁移。由于横向水分迁移先出现且强度较大，所以隔热层土层均处于脱水状态。

(3) 物理化学法防冻胀措施

物理化学法防冻胀措施是基于添加某种试剂改变土壤水的成分和性质或者改变土颗粒的集聚状态，减少水分迁移量的原理。盐化法通过在土中添加化学试剂，改变土中水溶液的溶质成分或浓度，减少土的冻结温度，使土层即使在负温下仍处于未冻状态或在较低的负温下冻结。利用电化学的方法，通过阳极端向阴极端的疏干排水，使土的渗透性降低，力学性能和冻胀量显著降低。一般来说，如果方法使用得当，物理化学方法防治冻胀效果是显著的，其主要缺点是代价昂贵且效果随冻融循环次数增多而减弱。

2. 基础和结构物抗冻胀

基础和结构物抗冻胀主要从结构物自身的设计和施工方面来改善其抗冻胀的能力。为提高基础和结构物的抗冻胀能力，可以采取以下措施。

(1) 合理设计基础

根据当地的气候条件和土壤特性，选择合适的基础类型和尺寸，确保基础具有足够的承载能力和抗冻胀能力。

(2) 隔离层设置

在基础底部设置隔离层，如隔水膜、隔离板等，阻止冻土对基础的影响，减少冻胀对基础的影响。

(3) 合理排水

保证基础及周围区域的排水畅通，避免积水形成，减少水分对土壤冻胀的影响。

(4) 地基加固

采取加固地基的措施，如设置地基桩、加强基础支承层等，增加基础的稳定性和承载能力。其中，增大上部荷载可有效防治冻胀。季节冻土区内，土层由地表向下冻结，水分由下向上迁移，上部荷载通过基础底面向下传递。因此，由应力梯度引起的自上而下的水分迁移抵消了部分由温度梯度引起的自下而上的水分迁移量。

(5) 结构物设计

在结构物设计中考虑冻胀引起的变形和力学反应，设计合适的连接部位和变形缝，减少结构物的应力集中。

(6) 维护保养

及时进行结构物的维护保养，修补裂缝和保持结构物的密封性，防止水分进入结构内部导致冻胀问题。

9.5 膨胀土地基工程处理

9.5.1 涨缩性指标

1. 自由膨胀率（δ_{ef}）

自由膨胀率（δ_{ef}）是指研磨成粉末的干燥土样，浸泡于水中，经充分吸水膨胀后所增加的体积与原干体积的百分比，按下式计算

$$\delta_{ef} = \frac{V_W - V_0}{V_0} \tag{9.9}$$

式中　V_W——膨胀稳定后测得试样的体积，mL；

V_0——试样原有的体积，mL。

自由膨胀率是一个重要的指标，可用来初步判别是否为膨胀土。一般来说，自由膨胀率大的土，其膨胀性也较强。

2. 膨胀率（δ_{ep}）

膨胀率（δ_{ep}）是指在不同压力作用下，处于侧限条件下的原状土样在浸水膨胀稳定后，试样增加的高度与原高度之比，按下式计算

$$\delta_{ep} = \frac{h_W - h_0}{h_0} \tag{9.10}$$

式中　h_W——土样浸水膨胀稳定后的高度，mm；

h_0——试验开始时土样的原始高度，mm。

膨胀率反映了在不同压力作用下膨胀土膨胀后孔隙比的变化。膨胀率和压力之间是反向变化的关系，压力越小，膨胀率越大。

3. 线缩率（δ_s）

线缩率（δ_s）是指在工程地质中，岩石或土壤在受到一定应力作用后，其体积发生的变化程度，即土的垂直收缩变形与原始高度之百分比，按下式计算

$$\delta_s = \frac{h_0 - h}{h_0} \times 100\% \tag{9.11}$$

式中　h——试验中某时刻测得的土样高度，mm；

h_0——试验开始时土样的原始高度，mm。

线缩率可以用来衡量岩石或土壤在受力作用下的变形程度，这对工程设计和施工非常重要。

4. 收缩系数（λ_s）

收缩系数（λ_s）是原状土样在直线收缩阶段内，含水量每减少1%时，所对应的竖向线缩率的改变值。按下式计算

$$\lambda_s = \frac{\Delta\delta_s}{\Delta\omega} \tag{9.12}$$

式中　$\Delta\delta_s$——两点含水量之差对应的竖向线缩率之差值,%;

$\Delta\omega$——收缩过程中,直线变化阶段内,两点含水量之差,%。

9.5.2 膨胀土场地及地基评价

1. 膨胀土判别

膨胀土的判别是解决膨胀土地基勘察、设计的首要问题。其主要依据是工程地质特征与自由膨胀率δ_{ef}。当$\delta_{ef}\geqslant 40\%$,且具有上述膨胀土野外特征和建筑物开裂破坏特征,胀缩性能较大的黏性土,应判定为膨胀土。

2. 膨胀潜势

不同胀缩性能的膨胀土对建筑物的危害程度明显不同,故判定为膨胀土后,还要进一步确定膨胀土的胀缩性能,即胀缩强弱。根据自由膨胀率δ_{ef}的大小,膨胀土的膨胀潜势可分为弱、中、强三类,见表9-9。

表9-9　膨胀土的膨胀潜势分类

自由膨胀率/%	膨胀潜势
$40\leqslant\delta_{ef}<65$	弱
$65\leqslant\delta_{ef}<90$	中
$\delta_{ef}\geqslant 90$	强

3. 胀缩等级

根据建筑物地基的胀缩变形对低层砖混结构房屋的影响程度,膨胀土地基的胀缩等级可按膨胀潜势分为Ⅰ、Ⅱ、Ⅲ级见表9-10。等级越高,其膨胀性越强,以此作为膨胀土地基的评价。

表9-10　膨胀土地基的膨胀等级

地基分级变形量 S_c/mm	等级
$15\leqslant S_c<35$	Ⅰ
$35\leqslant S_c<70$	Ⅱ
$S_c\geqslant 70$	Ⅲ

9.5.3 膨胀土地基工程处理

在膨胀土地基上修建建筑物或者构筑物,应采取积极预防的措施,这些工程措施可从以下几个方面来考虑。

1. 建筑措施

为减少大气对膨胀土的胀缩影响,基础最少埋深不小于1 m。屋面排水宜采用外排水,水落管下端距散水面不应大于300 mm,并不得设在沉降缝处,排水量较大时应采用雨水明沟或管道排水。场址选择时应选具有排水通畅,并有可能采用分级挡土墙治理、胀缩性较弱的地段,避开地形复杂、地裂、冲沟、浅滑坡发育或可能发育、地下水位变化剧烈的地段。

总平面设计时宜使同一建筑物地基土的分级变形差不大于35 mm,竖向设计宜保持自然地形，避免大挖大填，应考虑场地内排水系统的管道渗水或排泄不畅对建筑物升降变形的影响。在坡地上建筑时要验算坡体的稳定性，考虑坡体的水平移动和坡体内土的含水量变化对建筑物的影响。对不稳定或可能产生滑动的斜坡必须采取可靠的防治滑坡措施，如设置支挡结构，排除地面及地下水、设置护坡等措施。

膨胀土地区建筑物的室内地面设计应根据使用要求分别对待，对使用要求严格的地面，可根据地基土的胀缩性采取相应的设计措施。三级膨胀土地基和使用要求特别严格的地面，可采用地面配筋或地面架空的措施。对使用要求不严格的地面，可采用预制块铺设。大面积地面应做分格变形缝。地面、墙体、地沟、地坑和设备基础之间宜采用变形缝隔开，变形缝均应填嵌柔性防水材料。

建筑体型应力求简单，符合下列情况应设置沉降缝。

（1）挖方与填方交界处或地基土显著不均匀处。

（2）建筑物平面转折部位、高度或荷重有显著差异部位。

（3）建筑结构或基础类型不同的部位。

2. 结构措施

在膨胀地基上，应尽量避免使用对地基变形敏感的结构类型。设计时应考虑地基的胀缩变形对轻型结构建筑物的损坏作用。为了加强建筑物的整体刚度，可适当设置钢筋混凝土圈梁或钢筋砖腰箍。可采取增加基础附加荷载等措施以减少土的胀缩变形。另外，还要辅以防水处理。建筑物的角端和内外墙的连接处，必要时可增设水平钢筋。

3. 地基处理

选择基础的埋置深度是地基工程设计中非常重要的一项考虑因素，深度的选择需要考虑多种因素，包括土壤特性、工程要求、气候条件等。以下是选择基础埋置深度时需要考虑的几个关键因素。

（1）土壤类型

不同类型的土壤具有不同的承载能力和变形特性，通常需要根据土壤的承载力参数来确定基础的埋置深度，确保基础能够稳定支撑结构。可采用桩基，可用于大气影响深度较深、基础埋置深度大的情形。

（2）水文地质条件

地下水位和土壤湿度对基础的稳定性有重要影响，需要根据地下水位和土壤湿度情况确定基础埋置深度，避免水分对基础造成影响。

（3）结构荷载

结构物的荷载大小直接影响基础的设计和埋置深度选择，较大的荷载通常需要较深的基础埋置深度来保证结构的稳定性。

（4）冻融影响

在寒冷气候条件下，需要考虑土壤冻融引起的沉降和变形问题，一般会增加基础的埋置深度来避免冻胀对结构造成不利影响。

（5）气候条件

当地的气候条件对基础的埋置深度选择也有影响，例如，气温变化、降水情况等，都会对基础的稳定性提出要求。

9.6　红黏土地基工程处理

9.6.1　红黏土地基的评价

1. 承载能力高

红黏土的表层，通常呈坚硬—硬塑状态，强度高，压缩性低，为良好地基。红黏土通常具有较高的承载能力，适合作为基础承载土壤。其密实性较好，具有一定的抗压强度，能够支撑较重的结构物。

红黏土的底层，接近下卧基岩面附近，尤其在基岩面低洼处，因地下水积聚，常呈软塑或流塑状态。该处红黏土强度较低，压缩性较高，为不良地基。

2. 抗渗性能好

由于红黏土颗粒之间具有较好的密实性和胶结性，因此通常表现出较好的抗渗性能，能够减少地下水对基础的影响。

3. 可塑性强

红黏土含有较多的黏土颗粒，使其具有较强的可塑性，有利于在施工中塑性成型和变形控制，适合进行挖土、填土等土方工程。

4. 变形性较大

红黏土在潮湿或受水分变化时往往会出现较大的变形，容易引起沉降、收缩等问题，因此在设计时需要考虑其变形特性并采取相应的处理措施。

5. 对施工影响较大

红黏土具有较强的黏附性和黏聚性，容易黏附在工程设备和施工工具上，给施工带来一定的困难，需要采取适当的施工措施进行处理。

知识链接

地基处理设计调查研究内容

1. 结构条件

建筑物的体形、刚度、结构受力体系、建筑材料和使用要求；荷载大小、分布和种类；基础类型、布置和埋深；基底压力、天然地基承载力和变形容许值等。

2. 地基条件

地形及地质成因、地基成层状况；软弱土层厚度、不均匀性和分布范围；持力层位置及状况；地下水情况及地基土的物理和力学性质。

各种软弱地基的性状是不同的，现场地质条件随着场地的位置不同也是多变的。即使同一种土质条件，也可能具有多种地基处理方案。如果根据软弱土层厚度确定地基处理方案，当软弱土层厚度较薄时，可采用简单的浅层加固的方法，如换填垫层法；当软弱土层厚度较厚时，则可按加固土的特性和地下水位高低采用排水固结法、水泥土搅拌桩法、挤密桩法、振冲法或强夯法等。如遇砂性土地基，若主要考虑解决砂土的液化问题，则一般可采用强夯法、振冲法或挤密桩法等。如遇软土层中夹有薄砂层，则一般不需设置竖向排水井，而可直接采用堆载预压法；另外，根据具体情况也可采用挤密桩法等。如遇淤泥质土地基，由于其透水性差，一般应采用竖向排水井和堆载预压法、真空预压法、土工合成材料、水泥土搅拌法等。如遇杂填土、冲填土和湿陷性黄土地基，在一般情况下采用深层密实法是可行的。

3. 环境影响

在地基处理施工中应考虑场地的环境影响。如采用强夯法和振动砂桩挤密法等施工时，振动、噪声和挤土对邻近建筑物和居民会产生影响和干扰；如采用堆载预压法时，将会有大量土方运进输出，既要有堆放场地，又不能妨碍交通；如采用真空预压法或降水预压法时，往往会使邻近建筑物周围地基产生附加下沉；如采用旋喷桩或石灰桩时，有时会污染周围环境。

总之，施工时对场地的环境影响也不是绝对的，应慎重对待和妥善处理。

4. 施工条件

（1）用地条件

如施工时占地较大，对施工虽较方便，但有时却会影响工程造价。

（2）工期

从施工观点，若工期允许较长，可有条件选择缓慢加荷的堆载预压法方案。但有时工程要求工期较短，需要早日完工投产使用，这样就限制了某些地基处理方法的采用。

（3）工程用料

尽可能就地取材，如当地产砂，则应考虑采用砂垫层或挤密砂桩等方案的可能性；如当地有石料供应，则应考虑采用碎石桩或碎石垫层等方案。

（4）其他

施工机械的有无、施工难易程度、施工管理质量控制、管理水平和工程造价等因素也是采用何种地基处理方案的关键因素。

9.6.2 红黏土地基处理

因为各地区的地质条件有一定的差异，使得同一地区、同一成因和埋藏条件下的红黏土的地基承载力也有所不同。因此，在确定红黏土地基承载力时，应充分考虑地质条件、埋藏条件（如随埋深变化的湿度）和上部结构等情况，提高其承载能力、改善工程地质条件，减少变形和沉降等不利影响。

1. 增加承载力

利用加固技术，如灌注桩、搅拌桩、地下墙等，增加地基的承载能力，提高基础的稳定性。为了有效地利用红黏土作为天然地基，针对其强度具有随深度递减的特征，在无冻胀影响地区、无特殊地质地貌条件和无特殊使用要求的情况下，基础宜尽量浅埋，把坚硬或硬塑状态的土层作为地基的持力层，既可充分利用表层红黏土的承载能力，又可节约基础材料，便于施工。

2. 土体改良与地基处理

通过添加改良剂，如石灰、水泥、矿渣等，改良红黏土的工程性质，提高其抗压强度和稳定性。采用预应力加固技术，如地下锚杆、地锚等，对红黏土地基进行加固，减少变形和沉降。

采用加压排土、加固土层、回填加固等方式，改善红黏土地基的密实度和稳定性。对软弱的红黏土地基可采用加固、处理浅层软土等方式，稳固地基，防止地基沉降。

3. 排水处理

加设排水管道或进行排水沟设计，排除红黏土地基中的过量水分，避免因水分变化引起的地基沉降和变形。

4. 隔离层设置

在基础底部设置隔离层，如隔水膜、隔离板等，减少地基受水分影响，提高基础的稳定性。

思政链接

2029 年世界建筑师大会花落北京

2023 年 7 月 9 日，在丹麦哥本哈根召开的国际建筑师协会（简称国际建协）会员代表大会上，国际建协主席胡赛・路易斯正式宣布北京成为 2029 年（第 30 届）世界建筑师大会举办城市。

此次申办工作在北京市政府与住房和城乡建设部领导下，由北京市规划和自然资源委与中国建筑学会共同完成。世界建筑师大会每三年举办一届，由国际建协和联合国教科文组织联合举办，并在举办大会的当年向世界建筑师大会举办城市授予“世界建筑之都”称号。

据介绍，北京市于 1999 年成功举办了第 20 届世界建筑师大会，时隔三十年后，将再次举办该项会议。

此次申办成功是国际建协对我国城市建设成就的高度认可，对加强建筑设计行业的国际交流与合作，促进首都国际交往中心建设具有重要意义。同时，也将有助于带动行业转型升级，激发建筑创作活力，提升建筑设计行业影响力，促进北京城市总体规划的实施，推动首都建设的高质量发展。在本次大会上，清华大学建筑学院院长张利当选为国际建协副主席。

项目小结

本项目主要介绍了区域性地基及其工程处理的相关知识，首先介绍了软土地基、湿陷性黄土地基、冻土地基、膨胀土地基和红黏土地基的特点和概况，为后续的工程处理提供了背景和认知；其次介绍了软土地基的评价和处理方法，使学生能够了解软土地基的特性以及如何选择合适的处理方法；再次介绍了湿陷性黄土地基的影响因素和评价方法，并提供了相应的处理方法，以应对湿陷性黄土地基问题；最后介绍了红黏土地基的评价和处理方法，为学生在处理红黏土地基问题时提供了指导和参考。

通过本项目的学习，读者能够全面了解各种区域性地基的特点和问题，掌握相应的评价方法和工程处理技术，以提高工程项目在特殊地基条件下的设计水平和施工质量。

课后实训

1. 成员分组

以 3~5 人为一组，选出组长并进行分工，将小组成员及分工情况填入表 9-11 中。

表 9-11　小组成员及分工情况

小组成员	姓名	学号	分工
组长			
组员			

2. 开展实训

将实训操作过程填入表 9-12 中。

表 9-12　实训开展工作表

姓名	日期
实训项目	
具体任务	
相关知识	
其他项目	
实训记录	
教师指导	

3. 考核评价

各组展示任务完成情况，并完成表 9-13 所示的考核评价表。

表 9-13　考核评价表

评价项目	评价内容	分值	评分		
			自评	互评	师评
职业素养考核项目（40%）	考勤、仪容仪表	10 分			
	安全意识、责任意识及服从意识	10 分			
	团队合作、沟通交流能力	10 分			
	维护场地、设备及工具等干净整洁	10 分			
专业能力考核项目（60%）	积极参与教学活动并理解实训活动要求	20 分			
	工程基本专业知识查找及时、准确	20 分			
	特殊土地基处理操作符合规范，任务完成度	20 分			
合计：综合分数________自评（20%）+互评（20%）+师评（60%）		100 分			
综合评语		指导教师（签名）：			

课后习题

一、填空题

1. 我国厚度较大的软土，一般表层有 0～3 m 厚的中或低压缩性黏性土，俗称________。

2. 某些黄土在一定压力下受水浸湿，土结构迅速破坏，产生显著的附加下沉，强度也迅速降低，称为________。

3. 湿陷性黄土地基的湿陷等级，可以用地基内各土层湿陷下沉稳定后所发生________来衡量。

4. 在多向冻结条件下，由于水分转移成网状构造，称为________。

5. ________指在工程地质中，岩石或土壤在受到一定应力作用后，其体积发生的变化程度，即土的垂直收缩变形与原始高度之百分比。

二、简答题

1. 如何对软土地基进行评价？

2. 如何判定湿陷性黄土的湿陷程度？

参 考 文 献

[1] 周宏，陈兰云，吴育萍．土力学及地基基础［M］．北京：机械工业出版社，2024.
[2] 靳晓燕．土力学与地基基础［M］．重庆：重庆大学出版社，2024.
[3] 路维，杨建功，王邵臻．土力学［M］．北京：机械工业出版社，2024.
[4] 董桂花．土力学与地基基础［M］．北京：清华大学出版社，2023.
[5] 肖进．土力学与地基基础［M］．4 版．重庆：重庆大学出版社，2023.
[6] 朱建群，李明东．土力学与地基基础［M］．北京：中国建筑工业出版社，2023.
[7] 李辉，肖进，马时强．土力学与地基基础［M］．重庆：重庆大学出版社，2023.
[8] 高向阳，宗德媛，赵静．土力学与地基基础［M］．北京：北京大学出版社，2023.
[9] 王建华，张璐璐，陈锦剑，等．土力学与地基基础［M］．北京：中国建筑工业出版社，2022.
[10] 唐业茂．土力学与地基基础［M］．北京：机械工业出版社，2022.